ENCYCLOPÉDIE DE CHIMIE INDUSTRIELLE

L'EAU POTABLE

TRAVAUX DU MÊME AUTEUR

Sur les dissolutions d'iodoforme (Union pharmaceutique, déc. 1887, et Journal de Pharmacie et de Chimie, février 1888).

Sur les falsifications du safran en poudre, en collaboration avec M. le professeur Rietsch, de Marseille (Journal de Pharmacie et de Chimie, mars 1888).

Note sur une nouvelle pipette à brôme (Union pharmaceutique, sept. 1888).

Sur la coloration artificielle des pâtes alimentaires (Journal de Pharmacie et de Chimie, sept. 1888).

Falsifications des pâtes alimentaires (altérations et coloration artificielle) (Annales d'hygiène publique et de médecine légale, février 1889).

Sur une falsification de la poudre de safran (Union pharmaceutique, août 1889).

L'acidification des vins, en colloboration avec M. L. Roos, chimiste en chef du Laboratoire des douanes de Cette (Annales d'hygiène publique et de médecine légale, janvier 1890).

Falsification des vinaigres. — Sur le procédé Payen pour la recherche des acides minéraux libres (Journal de Pharmacie et de Chimie, mai 1891).

De l'emploi de l'ammoniaque dans les incendies (Union pharmaceutique, sept. 1891).

Sur la falsification de l'huile de lin par les huiles de résine (Journal de Pharmacie et de Chimie, février 1892).

Les microbes au point de vue agricole (Conférence à la Société d'agriculture, d'horticulture et d'acclimatation du Var. Provence agricole, 1892).

Recherches bactériologiques sur les eaux d'alimentation de la Ville de Toulon (Annales d'hygiène publique et de médecine légale, juin 1893, t. XXIX).

Sur l'acidification des vins (Provence agricole, août 1893).

Les eaux de boisson de la commune de La Valette (Var) (Communication au Conseil d'hygiène et de salubrité de l'arrondissement de Toulon, 27 déc. 1893).

La purification des eaux (Annales d'hygiène publique et de médecine légale, janvier 1894, t. XXXI).

La falsification des denrées alimentaires dans l'arrondissement de Toulon (Communication au Conseil d'hygiène, 11 mai 1894).

Rapport sur les travaux effectués au Laboratoire municipal de Toulon pendant les années 1892 et 1893.

Sur l'emploi de la tuberculine dans la prophylaxie de la tuberculose (Communication au Conseil d'hygiène de Toulon. Séance du 11 décembre 1894).

FRANÇOIS COREIL

DIRECTEUR DU LABORATOIRE MUNICIPAL DE TOULON
MEMBRE DU CONSEIL D'HYGIÈNE ET DE SALUBRITÉ
EXPERT PRÈS LES TRIBUNAUX

L'EAU POTABLE

Avec 136 figures intercalées dans le texte

GÉNÉRALITÉS

ANALYSE CHIMIQUE

EXAMEN MICROSCOPIQUE DES EAUX

ANALYSE BACTÉRIOLOGIQUE

AMÉLIORATION DES EAUX

PARIS

LIBRAIRIE J.-B. BAILLIÈRE ET FILS

Rue Hautefeuille, 19, près du boulevard Saint-Germain.

1896

FRANÇOIS COREIL

DIRECTEUR DU LABORATOIRE MUNICIPAL DE TOULON
MEMBRE DU CONSEIL D'HYGIÈNE ET DE SALUBRITÉ
EXPERT PRÈS LES TRIBUNAUX

L'EAU POTABLE

Avec 136 figures intercalées dans le texte

GÉNÉRALITÉS

ANALYSE CHIMIQUE

EXAMEN MICROSCOPIQUE DES EAUX

ANALYSE BACTÉRIOLOGIQUE

AMÉLIORATION DES EAUX

PARIS

LIBRAIRIE J.-B. BAILLIÈRE et FILS

Rue Hautefeuille, 19, près du boulevard Saint-Germain.

1896

PRÉFACE

L'eau potable est celle qui sert de boisson à l'homme et aux animaux. Son rôle, dans l'alimentation et dans l'étiologie de quelques maladies, a une importance telle que — dans ces dernières années surtout — un nombre considérable d'études intéressantes ont été publiées sur le plus précieux et le plus indispensable des liquides. Mais ces études, qui envisagent la question chacune sous une face particulière, se trouvent disséminées dans les opuscules, brochures, volumes, etc., qu'il n'est pas permis à chacun d'avoir entre les mains et qu'il n'est pas toujours commode de consulter.

Le volume traitant cette question d'une manière à la fois succincte et complète n'existait pas.

C'est pourquoi nous avons cru devoir résumer et condenser dans ce travail, que nous présentons aujourd'hui au public, tous les renseignements d'une certaine importance que nous avons pu recueillir. Nous exposons également, dans ce volume, certaines expériences personnelles et nous donnons certaines indications que nous devons à la pratique du laboratoire, et qui seront certainement utiles à tous ceux qui ne sont pas familiarisés avec l'étude des eaux, toujours si délicate et si complexe.

Car la question de l'eau potable est infiniment plus compliquée qu'autrefois.

Au commencement du siècle par exemple, les chimistes chargés d'analyser les eaux en évaporaient des quantités considérables et, recueillant les dépôts amorphes ou cristallins qu'ils obtenaient, arrivaient à retrouver quelques-uns des principes que renferment les eaux.

Plus tard, la chimie faisant les progrès incessants que l'on sait, les chimistes eurent recours à des méthodes d'analyse de plus en plus perfectionnées et parvinrent à déterminer exactement tous les corps solides ou gazeux qui peuvent se trouver dans les eaux.

Il n'y a pas bien longtemps encore (jusqu'en 1888 ou 1889), c'était au chimiste et au chimiste seul que l'on s'adressait pour être fixé sur la valeur d'une eau potable.

Dans ces dernières années, la bactériologie ayant enrichi de nouveaux faits cette question de l'eau potable, le chimiste avec ses connaissances spéciales ne suffit plus, et il faut qu'il soit doublé d'un micrographe et d'un biologiste. A l'heure actuelle, quand on veut connaître d'une manière complète les qualités d'une eau, il faut non seulement en faire une analyse chimique, mais encore pratiquer l'analyse *biologique* ou *bactériologique*, dont les difficultés sont connues de tous ceux qui ont voulu s'occuper des eaux potables à ce point de vue particulier.

En soumettant les eaux aux moyens d'investigation dont on est actuellement en possession, on s'est souvent aperçu que certaines d'entre elles, que l'on croyait irréprochables, étaient mauvaises ou suspectes. On devait s'attendre à de semblables résultats, les méthodes d'analyse aujourd'hui usitées étant beaucoup plus complètes que celles d'autrefois et se rapprochant davantage de la perfection.

Les procédés d'amélioration et de purification des eaux ont également été l'objet, dans ces derniers temps, d'études extrêmement importantes, et ont reçu des perfectionnements qui seront décrits dans le présent volume.

L'étude des procédés à mettre en œuvre pour analyser les eaux ou les purifier intéresse tous ceux qui ont souci de l'hygiène et de la santé des populations. Et c'est pourquoi nous pensons que notre livre pourra être de quelque utilité aux médecins, aux pharmaciens, aux chimistes, aux hygiénistes, à tous ceux enfin qui ont le devoir de ne pas rester indifférents à la question de l'eau potable.

F. CORBIL.

Toulon, 15 août 1895.

LES EAUX POTABLES

INTRODUCTION

De tous les liquides connus, l'eau est le plus nécessaire à tout être vivant, qu'il appartienne au règne animal ou au règne végétal. Elle forme les deux tiers du poids du corps des animaux et se trouve chez les végétaux dans des proportions souvent plus grandes.

Cette eau, nous la perdons par les voies urinaires, par les sécrétions de la peau et par la respiration; d'où la nécessité de boire pour la remplacer. Il n'est donc pas de liquide plus indispensable. Bien que les aliments solides en fournissent une certaine quantité, il est certain que c'est sous forme de boisson que nous en absorbons le plus. On admet que les aliments solides donnent à l'homme l'eau qu'il perd par la respiration et par la sudation, et qu'il en faut en tout, sous forme d'aliments solides ou liquides, deux litres par jour.

A en croire M. Zaborowski (1), l'eau est l'unique boisson de certains peuples civilisés. Dans l'Amérique du Nord, où pourtant le vin et la bière ne manquent pas, on ne boit que de l'eau à table.

Dans la plus grande partie de l'Allemagne, il en est, paraît-il, de même. On ne boit généralement aux repas qu'un verre

(1) Zaborowski, *Les Boissons hygiéniques*, Paris, 1880.

d'eau pure. Entre les repas toutefois, on prend du café léger avec un peu de lait et parfois de la bière.

En Russie, c'est également l'eau qui est la seule boisson admise aux repas.

« Les sauvages boivent tous de l'eau habituellement, même ceux qui connaissent la fabrication des boissons fermentées. Il en est de même des innombrables populations végétariennes du sud de l'Asie, etc.

« La majeure partie de l'humanité est donc restée au régime de l'eau pure. »

Quoi qu'il en soit, l'eau est l'unique boisson consommée par un assez grand nombre de personnes qui, il faut en convenir, ne s'en portent pas plus mal.

L'eau est-elle un aliment?

Si l'on prend le mot *aliment* dans son sens le plus large, l'eau potable peut être considérée comme un aliment.

L'eau est indispensable, nous l'avons vu, pour remplacer celle que nous perdons de diverses manières, et elle est utile à notre nutrition, parce qu'elle renferme certains corps, certains sels qui se trouvent dans notre organisme.

Mais est-il bien nécessaire que l'eau contienne ces principes pour être la principale des boissons?

Certains auteurs prétendent que l'eau est un véritable aliment qui cède à notre corps ses sels et, en particulier, ses sels de chaux, et citent à l'appui de cette hypothèse les expériences de Boussingault et de Chossat. D'autres admettent que les principes minéraux contenus dans les eaux douces s'y trouvent dans de si faibles proportions, qu'ils sont complètement inutiles et qu'ils ne servent pas à augmenter les éléments qui constituent nos différents tissus.

En réalité, il n'est pas absolument nécessaire que l'eau renferme des sels, des sels de chaux en particulier, puisque l'on emploie fréquemment comme eau potable de bonne qualité des eaux extrêmement pures (l'eau distillée et les eaux provenant de terrains granitiques). La quantité de sels utiles fournis par les aliments est, d'autre part, tellement considérable, si on la compare à ceux de l'eau, qu'il est à peu près indifférent que

celle-ci soit très pure ou ne le soit pas (1). Nous le répétons :
le rôle de l'eau potable est de fournir à notre organisme de
l'eau, et rien de plus; c'est aux aliments qu'il appartient d'y
introduire les sels minéraux.

L'homme s'est préoccupé de tout temps de la qualité des eaux
potables. Les médecins de l'antiquité, Hippocrate, Oribase et
Galien, entre autres, connaissaient l'influence des eaux sur la
santé. Hippocrate a posé des principes d'hydrologie encore très
intéressants à étudier (2).

D'après M. Marchand (3), Tissot demandait que l'on choisît
une eau de fontaine douce, froide, moussant facilement avec
le savon, cuisant bien les légumes et lavant bien le linge.

Un peu plus tard, en 1733, de Jussieu disait : « La bonne
qualité des eaux étant une des choses qui contribuent le plus
à la santé des citoyens d'une ville, il n'y a rien que les magis-
trats aient plus d'intérêt à entretenir que la salubrité de celles
qui servent à la boisson, et à remédier aux accidents par lesquels
ces eaux pourraient être altérées. »

Depuis le commencement de ce siècle jusqu'à nos jours, des
savants distingués, et en grand nombre, se sont occupés d'hydrologie. Les études auxquelles ils se sont livrés à ce sujet et
qu'ils ont conduites pour la plupart à bonne fin, nous permettent de résoudre aujourd'hui presque tous les problèmes relatifs à l'eau potable. C'est surtout dans ces dernières années, et
grâce aux récentes découvertes dues à la bactériologie, que la
question a fait les plus grands progrès.

Depuis que l'on a contasté que les eaux potables pouvaient
servir de transport aux germes de certaines maladies, les hygiénistes ont attaché une importance capitale à fournir aux
populations de l'eau véritablement potable.

On doit toutefois remarquer que, malgré les améliorations
apportées au régime des eaux de nombreuses communes,

(1) Il s'agit de la pureté au point de vue des sels normaux que
renferment les eaux douces.

(2) Hippocrate, *Des airs, des eaux et des lieux. Œuvres complètes*,
traduction de Littré, 1840, t. II.

(3) Marchand, *Des eaux potables en général*, Paris, 1855.

malgré la meilleure volonté des hygiénistes et de l'administration supérieure, un nombre considérable de villes fournissent encore à leurs habitants de l'eau plus ou moins mauvaise.

En effet, à Paris, à Marseille, à Lyon, Cherbourg, Lorient, etc., pour ne citer que quelques exemples, boit-on de l'eau qui mérite le nom de *potable*? Chacun sait qu'il n'en est rien.

Si nous considérons, d'autre part, les petites communes, nous sommes obligés de reconnaître que beaucoup d'entre elles, bien que possédant des sources d'excellente eau potable, consomment de l'eau absolument contaminée. Ainsi il nous souvient que telle commune de 3000 habitants possède une eau, excellente à l'origine, mais qui se souille en traversant des champs cultivés. Telle autre a également une eau abondante et de bonne qualité; mais cette eau se pollue dans son parcours à travers des jardins maraîchers, arrosés avec des matières fécales humaines transportées d'une grande ville voisine. Telle autre enfin voit son eau parfaitement potable dénaturée par l'adjonction d'une nouvelle source fortement suspecte.

Le régime des eaux est dans des conditions bien plus défectueuses encore à la campagne. Quand on ne se sert pas d'eau de mare, on a recours à l'eau de citernes mal entretenues. Quand on boit de l'eau de puits, elle est retirée de puits plus ou moins contaminés par les fosses à fumier ou les fosses d'aisance situées, chose incroyable, la plupart du temps dans le voisinage.

Les exemples de ce genre seraient trop nombreux à citer.

Cependant, depuis 1884, un grand nombre de modifications ont été apportées au régime des eaux en France.

M. Monod, directeur de l'assistance et de l'hygiène publique, a fait ressortir, dans un rapport au Comité consultatif d'hygiène de France (1), les améliorations apportées de 1884 à 1891 au service des eaux potables dans les différentes villes.

Ce travail remarquable nous indique le nombre de projets d'amenée d'eau examinés par le Comité, l'importance et la va-

(1) *Recueil des travaux du Comité consultatif d'hygiène publique de France et des actes officiels de l'administration sanitaire*, t. XXI. Année 1891.

leur des travaux exécutés, et l'influence de la nouvelle distribution d'eau sur la mortalité.

Trois cent trente-trois projets d'amenée d'eau ont été soumis au Comité consultatif d'hygiène qui a émis un avis favorable pour 316 d'entre eux et qui a exprimé des conclusions défavorables pour les 17 autres. Sur ces 316 projets, 207 étaient exécutés à l'époque où M. le Directeur de l'hygiène publique avait fait son rapport, et les dépenses effectuées par les communes pour ces différents travaux se sont élevées à la somme respectable de 17.745.022 francs.

M. Monod a recherché quelle a été la mortalité pour vingt-cinq de ces communes, où la distribution de la nouvelle eau a eu lieu au plus tard en 1888. M. Monod a choisi cette date afin d'établir une comparaison entre deux années avant l'usage de la nouvelle eau et deux années après.

Il résulte de ces recherches de M. Monod que, pour quatre de ces communes, le nouveau régime des eaux n'a pas exercé d'influence sur le taux de la mortalité et que, pour les vingt et une autres, celle-ci a diminué de 0,03 à 13,43 pour 1000. En outre, pour toutes ces dernières, la mortalité pour fièvre typhoïde est presque nulle depuis qu'on y fait usage d'une bonne eau potable.

M. Bechmann, ingénieur en chef des Ponts et Chaussées, a commencé une enquête dans le but de savoir comment sont alimentées en eau les villes de France.

Il résulte de cette enquête que les travaux exécutés pour distribuer l'eau potable ont suivi une progression ascendante.

Il y a eu en effet :

7 distributions d'eau		avant l'année 1700 ;
8	—	de 1700 à 1800 ;
4	—	de 1800 à 1820 ;
94	—	de 1820 à 1870 ;
74	—	de 1870 à 1880 ;
92	—	de 1880 à 1892.

Actuellement sur 691 villes ayant répondu au questionnaire de M. Bechmann, il y en a 449 qui ont des distributions régulières.

Il n'en est pas moins vrai qu'il reste encore beaucoup à faire, pour que nos populations boivent de l'eau méritant bien le qualificatif de *potable*.

Nous avons divisé notre étude sur les eaux potables de la manière suivante :

Dans la *première partie* nous examinons les *divers éléments de l'eau potable*, les *relations de l'eau avec les maladies* et les *propriétés des différentes eaux potables*.

La *deuxième partie* comprend l'analyse chimique.

La *troisième partie* a trait à l'examen microscopique des eaux.

Dans la *quatrième partie*, nous étudions l'analyse bactériologique ou biologique des eaux.

Enfin, nous passons en revue, dans une *cinquième partie*, les procédés les plus connus d'amélioration ou de stérilisation des eaux.

PREMIERE PARTIE

GÉNÉRALITÉS

CHAPITRE PREMIER

DIVERS ÉLÉMENTS DE L'EAU POTABLE

Article Iᵉʳ. — Eléments normaux de l'eau.

L'eau est formée de 2 volumes d'hydrogène et de 1 volume d'oxygène (1).

L'analyse de l'eau, c'est-à-dire sa décomposition en ses deux éléments, est due à Lavoisier. La synthèse ou la formation de l'eau à l'aide des deux gaz qui la composent a été obtenu, il y a plus de cent ans, par Wat, en Angleterre, et par Lavoisier, en France. L'analyse et la synthèse de l'eau sont des opérations que l'on exécute journellement dans les cours de chimie les plus élémentaires.

Mais l'eau chimiquement pure, telle qu'on l'obtient par la combinaison de l'hydrogène et de l'oxygène, n'existe pas dans la nature.

Les eaux que nous buvons sont toutes plus ou moins chargées de gaz, de matières solides en suspension ou en dissolution et de substances organiques et organisées. Il faut en excepter cependant l'eau distillée; la plus pure des eaux potables, qui, lorsqu'elle est récemment préparée, ne contient que des gaz en dissolution.

Les gaz dissous dans l'eau sont ceux de l'atmosphère, l'azote, l'oxygène et l'acide carbonique.

Les substances solides sont minérales ou organiques.

Parmi les premières, on trouve le plus fréquemment : du

---

(1) La formule de l'eau est : H^2O (atomique); HO (équivalents).

carbonate de chaux, des chlorures alcalins, des sulfates de chaux, de magnésie, de la silice, des silicates, et quelquefois, à l'état de traces, du fer, du fluor, de l'iode, de l'ammoniaque, de l'acide azotique, etc.

Les matières organiques des eaux sont dissoutes ou en suspension. Ce sont des corps plus ou moins bien définis, tels que l'ulmine, l'acide ulmique, les acides crénique et apocrénique, etc.

On trouve enfin dans les eaux des substances végétales (algues, champignons, microbes ou bactéries) et des animaux (protozoaires, vers et crustacés).

Article II. — Eléments nuisibles pouvant se trouver dans l'eau.

L'eau de boisson peut servir de véhicule à certains germes pathogènes et donner lieu par suite à diverses maladies. Elle peut également transporter des œufs ou larves d'animaux, des animaux même, capables de produire chez l'homme des affections plus ou moins graves. Nous étudierons, dans un chapitre consacré à ce sujet, les relations de l'eau avec les maladies.

Mais l'eau n'est pas seulement nuisible par la présence de ces micro-organismes ou de ces œufs ou larves d'animaux ; elle peut contenir certains principes nocifs d'origine chimique, que nous allons passer en revue.

Gaz. — Parmi les principes gazeux, l'hydrogène sulfuré ou phosphoré et le gaz d'éclairage sont ceux qui peuvent être nuisibles à l'économie. Leur odeur et certains caractères, que nous donnerons plus loin, permettront de les reconnaître facilement et d'éviter ainsi une cause assez rare d'accidents.

Matières minérales. — Les principales matières minérales, que peuvent contenir les eaux, sont des métalloïdes, des métaux et des sels.

Le plomb, le zinc, l'arsenic, le mercure, etc., peuvent se rencontrer dans les eaux de boisson et occasionner de graves intoxications.

Les accidents causés par des sels de plomb ou de zinc reconnaissent pour cause l'usage de tuyaux, de conduites, de vases fabriqués avec ces métaux.

La présence du mercure et de l'arsenic provient presque toujours d'une cause accidentelle ou d'une tentative criminelle.

L'eau contient encore des sels alcalins et terreux dissous dans les terrains traversés, des sels dus à la transformation des matières organiques (nitrates et nitrites) et que la nappe souterraine recueille particulièrement dans les lieux habités. Les eaux trop riches en substances salines sont indigestes et impropres aux usages domestiques ; cependant, d'après Letheby, dont la statistique s'étend à 65 villes d'Angleterre, cette richesse en sels serait en raison inverse de la mortalité.

Les eaux troubles, que charrient les fleuves et qui constituent souvent l'unique boisson des riverains, ont causé, d'après certains auteurs, des diarrhées d'une nature grave. On peut se demander cependant si ce sont réellement les matières terreuses ou des micro-organismes pathogènes qui ont été la cause des accidents. Gallois s'est mis lui-même au régime de l'eau limoneuse et n'a constaté que le manque de charme d'une semblable boisson. La Medjerdah, en Tunisie, charrie des dépôts considérables, et cependant son eau, trouble presque en tout temps, est bue sans inconvénients par les riverains (Arnould).

Dans le sud de l'Algérie, les eaux pluviales sont réunies dans les dépressions du terrain et forment là autant de petites mares où viennent s'abreuver les troupeaux. Les eaux, continuellement agitées par les animaux, tiennent en suspension de grandes quantités de limon. Les nomades du Sud n'ont cependant pas d'autre boisson que ce liquide fortement coloré, dont leur santé ne ressent, du reste, aucune influence fâcheuse.

Il y a là probablement une question d'*accoutumance*. Il se peut que la même eau, bue par une personne n'en usant pas habituellement, ne soit pas sans inconvénients.

Matières organiques. — Les matières organiques sont pour l'eau une source d'infection capable de provoquer les plus graves accidents. Ces matières organiques sont constituées par des corps en suspension ou en dissolution : débris de toute sorte, fragments de végétaux, détritus et produits provenant de la putréfaction d'animaux, matières fécales, etc.

Ces différents corps ne peuvent mettre dans l'eau des agents virulents, des bactéries pathogènes, s'ils ne proviennent eux-mêmes d'animaux atteints d'affections bacillaires.

Il est probable que les débris et produits animaux sont plus

1.

nuisibles à la santé que les substances végétales. Nous savons, en effet, que, sous l'influence de la *putréfaction*, il se forme des corps présentant les caractères des alcaloïdes (*ptomaïnes*), et peut-être des glucosides. Ces corps possèdent des propriétés éminemment toxiques qu'ils peuvent communiquer à l'eau.

D'après Arnould (1), il est fréquent de voir des paysans boire des eaux où ont séjourné des cadavres de petits rongeurs et où sont tombées des feuilles mortes.

L. Colin attribue la dysenterie à l'eau chargée de matières organiques en décomposition.

D'après Jacquemet, l'eau du puits du désert, dans laquelle tombent des débris de branches de palmier et où il y a quelquefois un cadavre humain, serait une cause fréquente de diarrhées.

Certaines peuplades de l'Afrique (Touaregs) empoisonnent l'eau des puits et des sources, lorsqu'elles sont poursuivies par des ennemis, en y jetant soit des corps d'animaux, soit des plantes vénéneuses, euphorbiacées et solanées, assez abondantes dans le pays. L'eau contient alors des ptomaïnes ou des alcaloïdes végétaux, dont l'action pourrait être dangereuse pour ceux qui la boiraient. Fort heureusement, l'eau prend le plus souvent une odeur et un goût qui mettent en garde contre un pareil breuvage. Mais, dans le désert, la soif est parfois tellement ardente que les premiers arrivés à la source ou au puits sont victimes de leur hâte à se désaltérer.

Nous le répétons, si une eau ne contient pas de micro-organismes pathogènes de telle ou telle maladie, elle est incapable d'engendrer cette maladie. Une eau ne pourra produire une fièvre typhoïde que si elle recèle le bacille d'Eberth ; elle sera impuissante à créer un cas de choléra, si elle ne renferme pas le komabacille de Koch. Qu'elle soit, dans certains cas, un adjuvant puissant dans la genèse de ces maladies, nous ne le nions pas. En portant atteinte à l'intégrité de la muqueuse stomacale ou intestinale, en créant une sorte de *locus minoris resistantiæ* du tube gastro-intestinal, en mettant enfin l'organisme dans des conditions de défense moindre contre les agents spécifiques morbides, le rôle pathogénique de l'eau est indéniable.

Les matières organiques dissoutes peuvent correspondre au

____

(1) Arnould, *Nouveaux éléments d'hygiène*, 3ᵉ édition, Paris, 1895.

poison septique de Panum et Bergmann, au ferment non figuré de Hiller, au poison fécal, aux ptomaïnes, toxines, à ces ferments solubles que l'analyse chimique parvient si difficilement à déceler et qui n'en sont pas moins redoutables par leurs effets.

Comme conclusion, nous ne saurions trop le répéter : *les eaux chargées de matières organiques peuvent créer de véritables intoxications, mais elles sont incapables d'engendrer des maladies spécifiques, si elles ne recèlent elles-mêmes le germe spécifique.*

CHAPITRE II

L'EAU ET LES MALADIES

De tout temps, l'eau a été considérée comme jouant un rôle sanitaire de la plus haute importance. L'eau de boisson surtout, par son absorption, par sa pénétration dans l'organisme et son contact intime avec les tissus de l'économie, a été regardée, à juste titre, comme un agent actif dans l'étiologie de beaucoup de maladies.

Hippocrate s'exprime en ces termes (1) : « Le premier soin du médecin, dès son arrivée dans une ville inconnue, doit être de bien examiner la situation et l'exposition de l'eau par rapport aux vents et au lever du soleil : cela bien considéré, il doit ensuite connaître la nature particulière des eaux dont on fait usage ; savoir si elles sont marécageuses, molles ou dures, venant de lieux élevés ou de rochers ou si elles sont crues et saumâtres.

« Les eaux des marais et des étangs, et en général toutes les eaux dormantes, sont, pendant l'été, chaudes, épaisses, d'une mauvaise odeur, parce qu'elles sont peu courantes. Ceux qui en font usage ont constamment la rate volumineuse et obstruée, le ventre émacié et chaud, les épaules, les clavicules et la face

---

(1) Hippocrate, *Traité des airs, des eaux et des lieux.*

très décharnées, parce que les chairs s'éliminent et fondent dans la rate. Cette eau cause souvent des hydropisies mortelles et, pendant l'été, des dysenteries, des diarrhées, des fièvres quartes très opiniâtres. En hiver, les jeunes gens sont sujets aux péripneumonies et aux affections maniaques, et ceux qui sont plus âgés sont atteints de fièvre ardente, à cause de la dureté du ventre. »

Hippocrate a ainsi nettement entrevu quelle importance pouvait avoir l'usage d'une eau de boisson impure dans le développement de la diarrhée, de la dysenterie, du paludisme et de la fièvre typhoïde.

La théorie microbienne est venue éclairer d'un nouveau jour la question de l'étiologie des maladies, en faisant découvrir dans l'eau le principe spécifique de quelques-unes d'entre elles. La fièvre typhoïde et le choléra paraissent, aux yeux de presque tous les médecins, engendrés le plus souvent par l'usage d'une eau impure au sein de laquelle vivent le *bacille d'Eberth* et le *komabacillus de Koch*.

M. le professeur Brouardel (1) et la plupart des médecins de France, Koch en Allemagne, Parkes, Jenner, etc, en Angleterre, sont partisans de l'étiologie hydrique de la fièvre typhoïde et du choléra. Pettenkofer et d'autres soutiennent, en Allemagne, le contraire. Ce dernier pays fournit deux écoles, qui existent d'ailleurs à peu près partout : la *Trinkwasser Theorie* et la *Grundwasser Theorie*. La première attribue à l'eau la propagation des maladies ; la deuxième soutient la doctrine tellurique, c'est-à-dire la propagation par la nappe souterraine. L'une et l'autre de ces théories sont trop exclusives.

S'il est vrai que l'on a pu, dans beaucoup de cas, démontrer qu'une épidémie de fièvre typhoïde avait pour origine l'eau de boisson ; il n'en est pas moins certain qu'on n'a jamais pu connaître les causes d'autres épidémies typhoïdiques. De même pour le choléra. Cette dernière maladie se transmet le plus souvent par l'eau, mais elle peut se propager également par simple contact.

L'école tellurique ou Grundwasser exagère également. Arnould nous dit, en effet, que, lors du Congrès des hygiénistes allemands tenu à Düsseldorf en 1876, « l'ingénieur Grahn d'Essen opposait finement aux étiologistes de l'eau qui se refusaient à re-

---

(1) Brouardel et Thoinot, *La fièvre typhoïde*.

garder de côté : de 1860 à 1870, les villes anglaises de Stake-field et Sunderland ont eu la même mortalité, quoique la première reçoive une eau détestable (437 milligr. de carbone organique pour 100.000 d'eau) et la seconde une eau excellente (76 milligr. de carbone organique pour 100.000 d'eau). Donc, il est indifférent que l'eau soit pure ou non.

. . . .

Bien plus, il vaut mieux qu'elle soit impure, car aussi long-temps que Birmingham a été abreuvée par l'eau sordide de la Tamise, elle est restée une des plus saines des grandes villes ; depuis, au contraire, qu'elle boit l'eau pure des sources du grès rouge, la mortalité s'y élève de jour en jour. Liverpool et Glas-gow sont pourvues d'une eau signalée comme particulièrement salubre, et ce sont, néanmoins, les plus insalubres des grandes villes de la Bretagne.

. . . . »

Quoi qu'il en soit, en France, presque tous les médecins, même ceux qui ne sont pas partisans de la transmission hydrique des maladies, attachent la plus grande importance au rôle que peut jouer l'eau dans leur propagation.

Ce rôle étiologique de l'eau est incontestable et peut être mis en relief à l'aide des quelques renseignements suivants :

C'est d'abord le rapport du ministre de la Guerre au Président de la République (1), dans lequel il est formellement démontré que la fièvre typhoïde a diminué dans l'armée d'une manière considérable, depuis que l'on a supprimé les fosses d'aisance fixes et que l'on a fourni à nos soldats de l'eau de source ou de l'eau filtrée.

Le rapport de M. Monod (2) montre également que la fièvre typhoïde diminue au fur et à mesure que l'on sert aux populations de la bonne eau potable.

Un autre exemple nous est fourni par la ville de Toulon où le service défectueux des eaux, sérieusement amélioré depuis 1887 (3), amène une diminution considérable de la fièvre typhoïde.

---

(1) Ce rapport date du 12 février 1891 et a été inséré au *Journal officiel de la République française*, n° du 15 février 1891 ; et *Annales d'Hygiène*, 1891, t. XXV, p. 281.

(2) Voir p. 4.

(3) Voir notre travail sur les *Eaux de Toulon, Annales d'hygiène publique et de médecine légale*, n° de juin 1893.

Le tableau suivant, donnant les entrées à l'hôpital de Saint-Mandrier (1) et les décès pour fièvre typhoïde pendant une période de dix ans, met en évidence cette diminution :

Années	Entrées	Décès
1883	995	149
1884	492	98
1885	1108	175
1886	1150	196
1887	779	122
1888	603	84
1889	217	33
1890	301	46
1891	458	44
1892	403	55

Nous ne pouvons pas citer tous les exemples que nous désirerions faire connaître. On verra, en examinant les quelques affections attribuées à l'eau, que le rôle de cette boisson dans leur transmission mérite d'être sérieusement étudié.

L'eau et le goitre. — Une des maladies le plus anciennement attribuées à l'eau est le goitre, et, comme dans la plupart des affections, les théories explicatives sont d'autant plus nombreuses que la nature de la maladie est encore à découvrir.

Le goitre se présente sous deux formes : tantôt il est le triste apanage d'un grand nombre de populations habitant les froides vallées des Alpes ou du Plateau Central, et il s'établit alors d'une façon chronique ; tantôt il se présente sous des formes aiguës et donne lieu à de véritables épidémies. L'armée a fourni un grand nombre de ces exemples.

Pline attribuait le développement du goitre à l'usage des eaux provenant de la fonte des neiges et privées d'air ; pour Inglis, Grange et Aitken, ce sont les sels magnésiens qui doivent être incriminées ; Mac Clellan accuse les sels de chaux ; Saint-Lager,

(1) L'hôpital de Saint-Mandrier dépend de la Marine et ne reçoit que les troupes de la Guerre et de la Marine, ainsi que les ouvriers ou employés des arsenaux.

les pyrites. L'absence d'iode dans les eaux a été considérée par Prévost et Chatin comme la principale cause du goitre.

La doctrine de l'ioduration insuffisante des milieux (eau, air, sol), si séduisante en raison de l'action thérapeutique de l'iode et de la rareté du goitre sur le littoral méditerranéen, dont l'atmosphère est très iodurée, est sérieusement ébranlée par une série d'observations qui prouvent que le goitre est fréquent : 1° dans le département de l'Oise, dont le bassin est cependant cité par Chatin parmi ceux dont les eaux et l'air sont normalement iodurés; 2° à Trieste, dont l'atmosphère maritime renferme beaucoup d'iode. Par contre, dans maintes localité où l'on ne boit que des eaux séléniteuses, le goitre n'apparaît guère, malgré l'absence de l'iode dans les eaux.

On accepte, comme la meilleure de toutes la doctrine hydrotellurgique, c'est-à-dire celle qui admet l'existence dans les eaux potables d'un agent toxique qui serait la cause de la maladie et qui proviendrait des terrains traversés par les sources (Colin).

L'eau de citerne, qu'on avait si souvent mise hors de cause, détermina à Laon une épidémie parmi les élèves d'une école ne buvant que cette eau. Enfin, pour un certain nombre d'auteurs, entre autres, Bonjean, Lenoir, Morel, (1) etc., l'eau produisant le goitre serait souillée par des matières organiques goitrigènes, douées de propriétés spéciales, comme les milieux qui renferment le germe de la mal'aria. En 1877, lors de l'épidémie de goitre qui a atteint la garnison de Belfort, deux médecins militaires, MM. Vicq et Richard, ont soutenu la doctrine de la nature infectueuse de l'épidémie (Arnould).

Malgré cela, la bactérie goitrigène est encore à trouver.

L'eau et la dysenterie. — Le microbe de la dysenterie aurait été découvert par MM. Chantemesse et Widal (2). Ces auteurs ont pu isoler, dans cinq cas de dysenterie contractée dans les pays chauds, un bacille qu'ils considèrent comme l'agent spécifique de cette maladie.

Ce bacille pourrait très bien résider dans les eaux impures,

(1) Morel, *Traité des dégénérescences physiques, intellectuelles et morales de l'espèce humaine.* Paris, 1857.

(2) Chantemesse et Widal, *De la dysenterie épidémique (Bulletin de l'Académie de médecine,* avril 1888).

mais on n'est point parvenu, jusqu'à ce jour, à l'y découvrir.

On admet cependant que les affections dysentériques sont causées par l'eau. Cette théorie de l'infection par l'eau a été mise en avant, à la suite de dysenteries observées chez des groupes d'individus ayant fait usage d'eaux de mauvaise qualité.

La dysenterie est très fréquente dans les pays chauds où les eaux potables laissent si souvent à désirer. Elle n'est pas rare en Europe, en France en particulier où de véritables épidémies ont fait de sérieux ravages.

Des troupes en marche ont été atteintes d'accidents dysentériques pour avoir consommé de l'eau stagnante. L'épidémie de Saint-Germain parait avoir été produite par l'usage des eaux du Pecq. Mais la Bretagne est la région où l'on observe le plus fréquemment des épidémies dues à cette affection. En 1887, il y en a eu dans le Morbihan 917 cas; en 1888, le même département a fourni 731 cas dont 171 décès. En 1889, 814 personnes ont été atteintes de dysenterie, il y a eu 182 décès; en 1890, 1800 cas, dont 429 décès.

Dans l'Ille-et-Vilaine, à Bruc, village de 1.300 habitants, il y a eu 181 malades atteints de dysenterie, sur lesquels 37 sont morts. M. le docteur Bellouard, médecin des épidémies de l'arrondissement de Redon, attribue cette épidémie de 1887 à l'usage des eaux, évidemment polluées, puisqu'elles répandaient une odeur de pourri au bout de quarante-huit heures.

L'eau et les affections calculeuses. — Les eaux fortement chargées de principes calcaires ont été regardées comme la cause principale des *affections calculeuses*.

Mais cela n'est pas du tout démontré. Dans les localités où les affections calculeuses sont nombreuses, on remarque que ce sont surtout les hommes qui en sont atteints de préférence aux femmes, et cependant ces dernières boivent généralement plus d'eau que les hommes. Il y a donc là probablement d'autres considérations qui doivent entrer en ligne de compte.

L'eau et la mal'aria. — « Au mois de juillet de 1834, le navire sarde, l'*Argo*, parti de Bône avec 120 militaires en bonne santé, arrive à Marseille; 13 hommes sont morts dans cette courte traversée et ont été jetés à la mer. 98 sont déposés à l'hôpital du

Lazaret, offrant les signes les moins équivoques de l'intoxication paludéenne sous toutes ses formes, sous tous les types, et portée chez quelques-uns au plus haut degré de gravité. Tandis que ces militaires se montrent atteints de fièvres pernicieuses, cholérique, épileptique, comateuse, tétanique et autres, qui cèdent, comme par enchantement, au sulfate de quinine à haute dose, l'équipage du navire contraste d'une manière frappante par une santé intacte. Or, quelle pouvait être la cause d'une pareille différence chez les individus qui avaient, en apparence au moins, subi des influences identiques ? C'est là une question sur laquelle une enquête officielle, dont je reçus la direction, me procura les renseignements les plus complets. L'enquête démontra que, si les hommes de l'équipage avaient conservé la santé, ils le devaient à la pureté de l'eau qui constituait leur provision particulière, tandis que les militaires avaient été contraints de boire une eau puisée près de Bône, dans un milieu marécageux, embarquée avec précipitation au moment du départ.

« Les militaires qui avaient échappé à cet empoisonnement étaient ceux qui, ayant quelques économies, avaient pu acheter de l'eau aux marins sardes. Parmi les malades, il en était qui avaient des fièvres continues à quinquina ; l'enquête démontra que ces malades étaient précisément ceux qui paraissaient s'être le plus servis d'eau stagnante » (Boudin) (1).

La haute autorité de Boudin et sa compétence en matière de paludisme paraissaient juger la question de la transmission du germe spécifique de la mal'aria par l'eau d'une façon décisive et sans appel. Longtemps. cette observation si nette fit loi en la matière.

Mais des doutes se sont élevés ultérieurement, et d'autres épidémiologistes, entre autres M. L. Colin et M. Kelsch, ne seraient pas partisans de la transmission du paludisme par l'eau de boisson. Pour M. L. Colin, dans la traversée de l'*Argo*, il s'agirait moins de fièvres palustres que de fièvres typhoïdes. Or, on sait, d'après Colin, quelle analogie présentent, en Algérie, ces deux affections ; mal'aria et dothiénenthérie s'y trouvent fréquemment associées, et il s'agit peut-être de fièvres typho-palustres, dans l'évolution desquelles la quinine amène des rémissions inobservées dans la fièvre typhoïde banale. A l'époque où observait

(1) Boudin, *Traité des fièvres intermittentes et remittentes*, Paris, 1842, p. 68.

Boudin, les limites entre le paludisme et la fièvre typhoïde étaient mal définies; on croyait encore que les deux affections *pouvaient s'exclure*, et une certaine confusion, bien compréhensible à cette période, pouvait s'établir dans l'interprétation des faits observés.

Pour M. Kelsch, la voie d'introduction par l'eau est douteuse, et, pour qu'elle fût admissible, il faudrait que les habitants résidant dans une région salubre contractassent la fièvre pour avoir fait usage d'eaux venant de pays où règne la mal'aria.

Les travaux de Laveran (1) sont venus éclairer d'un nouveau jour cette question. Laveran a rencontré dans le sang d'individus atteints de fièvres mal'ariales un micro-organisme qui ne serait pas une bactérie, mais un *protozoaire*. D'autres auteurs, Richard, Marchiafava et Celli, ont confirmé les résultats obtenus par Laveran. Ce dernier pense que l'infection doit surtout se faire par l'eau et vient corroborer l'opinion de Boudin en la matière.

L'eau et l'ictère. — L'ictère peut, comme la dysenterie et la fièvre typhoïde, avoir son germe dans des eaux vaseuses souillées. En 1873, à Magdebourg, une épidémie d'ictère sévit sur des soldats qui allaient se baigner en aval de la ville. Ceux qui se baignaient en amont ne présentèrent aucun accident. Le médecin du régiment, aussi atteint, attribua l'épidémie à l'ingestion involontaire d'eau souillée.

A Saint-Cloud, la vase qui recouvrait un filtre destiné à filtrer l'eau des troupes, fut la cause d'une épidémie d'ictères, les uns graves, les autres simples. Le nettoyage du filtre fit cesser l'épidémie, de même que des cas de fièvre typhoïde concomittante. Le casernier qui fut employé à nettoyer le filtre fut atteint d'ictère grave et succomba (Laveran).

L'eau et la fièvre typhoïde. — Depuis que la bactériologie a su séparer et cultiver le microbe spécifique de la fièvre typhoïde, le *bacille typhoïdique*, et que de nombreuses analyses ont démontré la relation qui existait entre les épidémies typhoïdiques et la présence au sein des eaux de boisson du bacille d'Eberth, les partisans de l'origine hydrique sont de jour en jour plus nombreux.

(1) Laveran, *Nature parasitaire des accidents du Paludisme*, Paris, 1881.

M. le professeur Brouardel (1) a démontré le rôle prépondérant que l'eau joue dans le développement de cette maladie. Se basant sur ces constatations et sur d'autres aussi importantes, Brouardel attribue à l'étiologie hydrique le 95 pour 100 des épidémies de fièvre typhoïde.

Nous avons cité (2) le rapport de M. Monod qui prouve que l'amélioration du service des eaux potables dans certaines villes a produit une diminution énorme et quelquefois la disparition complète des cas de fièvre typhoïde.

Il existe de nombreux exemples d'épidémies typhoïdiques causées par l'eau potable. Nous nous contenterons de faire connaître l'opinion générale sur cette question.

A l'heure qu'il est, pour l'immense majorité des hygiénistes, le développement d'une fièvre typhoïde est le corollaire de la contamination de l'eau par le bacille d'Eberth.

« Les méthodes bactériologiques ont permis de constater, disait M. le ministre de la Guerre (3), que les eaux des principaux établissements militaires renferment toujours des quantités de microbes nuisibles et, fréquemment, le bacille de la fièvre typhoïde. On a pu presque suivre l'histoire de la fièvre typhoïde dans nos établissements, d'après la classification des eaux alimentaires. »

Les faits innombrables d'épidémies, développées à la suite de la contamination des eaux, ont eu pour conséquence d'attirer l'attention des hygiénistes sur l'approvisionnement des villes en eaux potables et d'établir entre ces dernières des sélections sévères. Dans le cas où il était impossible de trouver des eaux à l'abri de tout soupçon, le filtrage ou la stérilisation des eaux s'imposait.

Cependant, sans dénier à l'eau le grand rôle qu'elle joue dans l'étiologie de la fièvre typhoïde, il faut se garder de tomber dans une exagération trop marquée au point de vue de l'importance à accorder à ce facteur étiologique.

(1) Brouardel, *Recueil des travaux du Comité consultatif d'hygiène de France*, t. XVIII, p. 487; t. XIX, p. 301; t. XXI, p. 198. — Brouardel et Thoinot, *La fièvre typhoïde*, Paris, 1895.

(2) Voir p. 4.

(3) Freycinet, *L'hygiène dans l'armée* (*Journal officiel de la République française*, juin 1889, *Recueil des travaux du Comité consultatif d'hygiène de France*, t. XIX, p. 732; et *Ann. d'Hyg.*, 1889, t. XXII, p. 90, et 1890, t. XXIII, p. 272).

Le bacille de la fièvre typhoïde trouve dans l'eau un milieu naturel peu favorable à sa reproduction et à sa pullulation; car il disparaît assez rapidement d'une eau quelque peu souillée de matières organiques, pour céder la place aux saprophytes, ses concurrents.

L'eau paraît n'être que le véhicule du germe de la dothiénenthérie; elle le reçoit et le transporte, mais n'est pas pour lui un bon milieu de culture. C'est ainsi qu'il faut comprendre le rôle de l'étiologie de la fièvre typhoïde.

Le *bacillus typhosus* se loge partout où il peut et l'eau ne possède pas le privilège exclusif de le transporter. L'infection des locaux, la contamination du sous-sol par des infiltrations d'égoûts ou de latrines, sont des causes actives de propagation. Les mauvaises conditions hygiéniques générales, au milieu desquelles vivent les agglomérations, le surmenage, les chagrins, la nostalgie, une alimentation insuffisante, en un mot tout ce qui peut déprimer l'organisme et diminuer sa résistance vis-à-vis du germe infectieux, est un élément étiologique important que ne doit pas négliger l'hygiéniste.

S'il existe quelques exemples d'épidémies typhoïdiques, où le rôle étiologique de l'eau était nul, il en est d'autres où l'infection de l'eau était fonction de l'épidémie. Mais quelque opinion que l'on professe en la matière, on doit avoir constamment les yeux fixés sur la qualité des eaux consommées.

L'eau et le choléra. — C'est R. Koch qui, en mars 1884, découvrit le bacille du choléra dans les eaux d'un *tank* (étang) où on lavait les linges de cholériques. Mais bien avant cette époque, on attribuait à l'eau la propagation de cette maladie. D'après notre ami le docteur Cassoute, de Marseille(1), à qui nous empruntons une grande partie des renseignements sur le choléra, « en 1849, après l'épidémie qui ravagea Londres, un chirurgien anglais, Snow signalait la mortalité effrayante parmi les gens qui, dans Broad-Street, avaient fait usage de l'eau d'un certain puits qui recevait les infiltrations d'un égout(2). Il concluait en affirmant que le mélange de déjections aux eaux des fleuves et leur arrivée consécutive dans

(1) Emile Cassoute, *Epidémie de Marseille*, 1892-1893. — *Le rôle de l'eau dans la transmission du choléra*, Paris.
(2) Snow, *On the mode of communication of cholera*, London, 1849.

l'eau de boisson étaient les principaux modes de propagation du choléra. »

Parmi les propositions adoptées au Congrès de Vienne, au mois de juillet 1874, se trouvait celle-ci : « Le choléra peut être propagé par les boissons, et plus particulièrement par l'eau. ».

En 1883, Pasteur, se basant sur l'hypothèse que le choléra ne pénètre pas par les voies respiratoires, mais *uniquement* par les voies digestives, recommandait (1) de ne faire usage que d'eaux potables bouillies, et de ne consommer que des aliments très cuits ou des fruits et des légumes lavés dans l'eau bouillie.

Mais c'est surtout en 1884 et en 1885 que l'on a pu établir d'une façon certaine que la plupart des épidémies de choléra avaient leur origine dans l'absorption de l'eau.

Voici ce que disaient à cette époque M. Nicati et notre maître M. Rietsch dans leurs remarquables *Recherches sur le choléra* (2) : « Koch a signalé avec insistance la diminution du choléra déterminée, à Calcutta et au fort William, par l'installation d'une conduite d'eau à l'abri de la contamination; il a fait connaître beaucoup d'autres faits de ce genre observés dans l'Inde.

« Pendant l'épidémie de 1884, M. le docteur Bouveret, de la Faculté de Lyon, s'est livré à une étude très minutieuse sur le choléra dans l'Ardèche. M. Bouveret a distingué, d'après l'intensité avec laquelle sévissait le fléau, des épidémies massives, discrètes ou avortées. Les localités où fut importé l'élément contagieux ne différaient pas par la nature du sol, mais bien par le régime des eaux potables. « Dans tous les foyers intenses les eaux potables sont puisées à des sources, citernes ou puits découverts, et situés au sein de l'agglomération. Dans les villages contaminés où l'eau potable est puisée à distance de l'agglomération et surtout à des fontaines jaillissantes, dont les sources sont toujours captées loin des habitations, l'épidémie présente le caractère d'une épidémie discrète ou même avortée. »

« MM. les professeurs Roustan et Queirel, qui se sont rendus en 1884 dans la vallée de Jabron, ont été frappés du rôle joué dans la propagation du choléra par ce ruisseau dans lequel on avait lavé du linge de cholériques. Tous les villages qui se servaient des eaux du Jabron comme boisson, pour les usages

(1) *Revue d'hygiène et de police sanitaire.*
(2) Nicati et Rietsch, *Recherches sur le choléra*, Paris.

domestiques, pour l'arrosage des jardins, etc., ont eu une épidémie cholérique; les hameaux de la vallée placés à mi-côte, à une certaine distance du Jabron, dont ils n'employaient pas les eaux, sont restés indemnes ou n'ont présenté que des cas isolés pour lesquels l'importation directe d'une localité contaminée a été évidente.

« Ce mode de propagation par les eaux est presque toujours plus facile à suivre dans les petites localités que dans les grands centres; néanmoins, pendant l'épidémie de 1885, la contamination par certains puits de Marseille a été des plus frappantes. Rappelons encore les faits de même nature mis en lumière pour Gênes par M. Maragliano et M. Ceci.

« Le remarquable rapport, lu par M. Marey à l'Académie de médecine (14 octobre 1884), contient aussi de nombreuses preuves dans le même sens.

« L'influence attribuée au sol sur la marche des épidémies de choléra pourra aussi, sans doute, être expliquée en dernier ressort par ses rapports avec les eaux de consommation et les eaux courantes.

« Nous ne prétendons nullement pour cela que l'eau soit l'agent unique de contamination, mais seulement qu'elle joue le principal rôle, et nous croyons volontiers qu'il n'y aura pas de véritable épidémie de choléra là où l'on saura se mettre à l'abri de ce mode de contamination et du contact direct des déjections cholériques.

« L'eau est d'autant plus dangereuse que le public se tient beaucoup moins en garde contre l'eau que contre les déjections ou effets des cholériques; enfin, l'eau est beaucoup plus apte que les substances alimentaires solides à faire franchir au bacille-virgule la barrière de l'estomac. »

Les travaux de Thoinot en France, de Stassano en Italie, de Rapchewsky en Russie, sont d'une manière indiscutable en faveur de l'étiologie hydrique du choléra.

Le docteur Koch (1) vient, à propos de l'épidémie de Hambourg, de montrer l'influence exercée par l'eau dans la propagation de la maladie. Sans nier l'action d'autres intermédiaires pouvant communiquer le contage, Koch réserve à l'eau la première place.

(1) Koch, *De la filtration de l'eau au point de vue de la prophylaxie du choléra* (*Semaine médicale*, numéro du 21 juin 1893).

La distribution et la filtration de l'eau ont joué un rôle prépondérant dans le développement de cette épidémie, qui a sévi sur Hambourg avec tant d'intensité et qui a presque complètement épargné Altona et Wandsbeck.

Hambourg, Altona et Wandsbeck, dit en substance le docteur Koch, sont juxtaposées et ne forment en réalité qu'une seule et même agglomération, tout en ayant des limites politiques et administratives distinctes.

Les conditions telluriques, atmosphériques, économiques, démographiques, de ces trois villes sont à peu de chose près identiques; en tous cas, les différences sont si minimes qu'elles sont absolument négligeables. Un seul point sépare nettement les trois villes, l'une de l'autre, *c'est leur distribution d'eau.*

Chacune d'elles a un approvisionnement différent. Tandis que Wandsbeck est alimentée par de l'eau filtrée, provenant d'un lac qui peut être considéré comme à peu près à l'abri de toute souillure fécale, Hambourg reçoit de l'eau de l'Elbe non filtrée prise en amont de la ville, et Altona prend l'eau de l'Elbe en aval de la ville, mais la fait filtrer.

Altona et Wandsbeck ont été presque épargnées par le choléra qui sévissait d'une façon effroyable à Hambourg. On n'a constaté, dans les deux premières villes, que des cas d'importation qui n'ont pas créé de foyers.

L'épidémie a respecté la ligne de démarcation de la distribution des eaux à Hambourg même; les quelques rues alimentées par la canalisation d'Altona sont restées indemnes, quoiqu'elles fussent habitées par une population ouvrière très dense, vivant dans de mauvaises conditions hygiéniques. Altona a donc été préservée parce qu'elle boit de l'eau de l'Elbe filtrée. Quelles que soient les idées que chacun se fasse sur le choléra, on se trouve en présence d'un fait épidémiologique de la plus haute importance (R. Kock).

M. le docteur Renvers (1), relatant le nombre de cas qu'il a observés à l'hôpital Moabit, a déclaré que quelques-uns de ces nombreux cas doivent être rapportés à une origine hydrique.

Le premier des malades fut infecté sur un bateau du port nord de Berlin; à défaut d'autres causes, il faut admettre que l'infection a eu lieu par l'eau de la Sprée. Ce qui donne créance

(1) Communication à la Société de médecine interne de Berlin, le 4 décembre 1893.

à cette supposition, c'est qu'un jeune homme qui fit une chute dans cette rivière et qui, par conséquent, but beaucoup d'eau, fut pris de choléra le lendemain. Le troisième cas concerne un homme qui, en prenant un bain dans la Sprée, avait bu beaucoup de cette eau. Le lendemain, il tomba malade et succomba. Il en est de même pour cinq autres malades.

M. Sanarelli déclare (1) qu'il a trouvé dans les eaux de Paris, en particulier l'eau de Seine, en divers points des régions les plus souillées (au Point du Jour, à Billancourt, à Saint-Cloud, à Suresnes, à Asnières, etc., puis dans les eaux d'égouts collecteurs), un grand nombre de vibrions qui présentent avec le bacille-virgule d'origine exotique de grandes analogies.

M. Sanarelli n'admet pas la conception morphologique unitaire des vibrions du choléra.

La présence constante de vibrions pathogènes dans toutes les eaux provenant des égouts, fait admettre à l'auteur la grande importance qu'offre la contamination de l'eau, au point de vue de l'origine et de la propagation du choléra; mais les vibrions, d'abord virulents, perdent rapidement cette propriété. S'habituant à vivre dans d'autres milieux, ces micro-organismes, de pathogènes qu'ils étaient, deviennent saprophytes. Mais, dans certaines conditions, ils peuvent récupérer leur virulence. Ainsi s'expliqueraient certaines épidémies de choléra dont l'importation n'a jamais pu être prouvée : le choléra légitime de 1892, dit l'auteur, est né en France, aux portes de Paris, c'est en vain qu'on cherche le bateau traditionnel qui l'a importé de l'Orient.

Notre ami Cassoute, qui a publié un travail remarquable sur l'épidémie cholérique de Marseille (2) en 1892 et en 1893, conclut de la manière suivante : « 1° Les eaux de la Durance, de l'Huveaune et de la Rose paraissent n'avoir joué aucun rôle dans l'épidémie de Marseille; 2° les différentes nappes souterraines déjà suspectes ont été souillées en plusieurs points, par les infiltrations provenant des égouts, des éponges, des fosses d'aisance, et quelquefois même par la communication directe avec les tuyaux de vidanges; 3° les ruisseaux infects du Jarret

----

(1) Sanarelli, *Annales de l'Institut Pasteur*, octobre 1893.

(2) Emile Cassoute, *Épidémies cholériques de Marseille et de Barréme*, 1892-1893 ; *Le rôle de l'eau dans la transmission du choléra*, Paris.

et de Plombières, vu leur proximité de certains foyers, peuvent avoir eu une action spéciale dans la contamination du sous-sol ; 4° la transmission du choléra s'est faite, pour la plupart des cas, mais non pour tous, par l'ingestion de l'eau des puits ou de sources provenant de ces nappes souterraines ; 5° les vieux quartiers et les faubourgs, déjà prédisposés au développement des épidémies par la misère et les conditions hygiéniques défectueuses, ont été plus particulièrement éprouvés par le choléra à cause de la quantité considérable d'eau de puits qui s'y consomme ; 6° les buvettes et certaines fontaines publiques, où les passants peuvent boire par hasard de l'eau contaminée disséminent les cas dans tous les points de la ville. Il est ensuite très difficile dans une grande ville de retrouver l'origine de la maladie chez ces individus qui boivent en temps ordinaire de l'eau saine ; 8° *à Marseille comme à Hambourg, le choléra a fait la distinction entre les maisons où l'on buvait de l'eau saine et celles où l'on buvait de l'eau contaminée. Cette distinction s'est même étendue aux habitants d'une même maison.* »

M. Cassoute a pu prouver que les nombreux cas qui s'étaient produits au quartier Saint-Martin, quartier situé au centre de Marseille, avaient surtout atteint les personnes qui buvaient l'eau d'une source fortement suspecte, celle de la *Fruche*. Cette source prend naissance au milieu de la ville à côté d'égouts, de fosses d'aisance, etc. « L'explosion de l'épidémie avait coïncidé avec une pluie abondante tombée la veille ou le jour même de cette explosion » (Cassoute).

A Barrême (Basses-Alpes), petit village de 700 habitants environ, a éclaté, en septembre 1893, une épidémie de choléra dont le docteur Cassoute, délégué par M. le ministre de l'Intérieur, a fait un intéressant historique. Il y a eu à Barrême 29 décès en quinze jours. Sur ce nombre, 21 ont eu lieu dans les premiers jours ; c'est dire que le fléau a sévi d'une manière effroyable.

Cassoute explique, comme il suit, la cause de cette épidémie : le débit de la principale source qui alimente la commune étant trop faible, le maire, en prévision du passage de troupes qui manœuvraient dans la vallée du Var, fit effectuer au niveau de la source certaines réparations. Ces réparations terminées, il en résulta un creux du terrain, une sorte de tranchée mesurant environ 2 mètres carrés et n'ayant pas tout à fait 1 mètre de profondeur.

Le 55° de ligne, parti de Nice le 5 septembre, traversait Entraumes où existaient des cas de choléra dans la population civile. L'eau de ce village étant suspecte, ordre fut donné à la troupe de n'en pas boire. Mais cet ordre fut mal exécuté (il est bien difficile qu'il en soit autrement), cinq cas de choléra, dont un mortel, se déclarèrent. La troupe continua sa marche, bien que plusieurs soldats fussent atteints de diarrhée. Le 11, un soldat du deuxième bataillon fut encore atteint du choléra à Barrême.

« Dans cette localité, dit Cassoute, le logement des troupes se fit tant bien que mal dans les habitations malsaines. Le malheur fit que les compagnies contaminées furent installées tout près de la source nord, dans des écuries. Elles y séjournèrent le 9 au soir, le 10 et le 11. Pendant tout ce temps-là, les soldats croyant aller à une feuillée creusée à leur intention, indisposés par des diarrhées qui, chez plusieurs d'entre eux, n'étaient que le prodome du choléra, déposèrent leurs déjections dans la tranchée qui était exactement située au-dessus de la source.

« Le surlendemain de leur départ, aucun cas suspect ne s'était encore déclaré parmi les habitants de Barrême; mais la pluie tomba à cette date et ne cessa pas de toute la journée du mercredi 13; or, le premier décès dans la population civile se produisit le 14 à dix heures du soir dans la famille même du maire, dont le père avait été frappé dans la journée. »

Cassoute a pu conclure de ses nombreuses observations qu'à Barrême l'épidémie a été propagée par l'eau, que l'action des contacts a été nulle, et que tous les individus malades ou décédés avaient bu de l'*eau cholérisée*.

Voici enfin quelques-unes des conclusions générales posées par le docteur Cassoute, à la suite de son intéressante étude sur le choléra à Marseille et à Barrême.

« 1° L'eau est le plus puissant vecteur des germes du choléra.

« 2° Le rôle des contacts (malades, cadavres, linges souillés) est beaucoup plus faible, et tel individu qui résiste aux contacts peut être cholérisé par l'absorption d'eau contaminée.

« 3° En temps d'épidémie bien des cas de choléra, attribués à la suite d'enquêtes superficielles au contact, ont pour origine l'absorption d'eau contaminée.

« 4°.....

« 5° Les eaux qui propagent le choléra sont en général, déjà signalées comme suspectes à plusieurs titres.

« 6° Elles sont cholérisées par pénétration plus ou moins directe des déjections cholériques.

« 7° Cette pénétration est activée à tel point par la pluie que l'explosion de l'épidémie se fait le jour même ou le lendemain d'une chute d'eau abondante.

« 8°.....

Nous avons eu, à Toulon, en 1893, quelques cas de choléra. La plupart des personnes, transportées à l'hôpital, étaient interrogées par M. le docteur Guiol, médecin en chef, au sujet de l'eau consommée comme boisson. Presque tous les malades buvaient de l'eau de puits ; or, les puits de la ville sont tous contaminés par le jet au ruisseau, les fosses fixes, etc.

A La Valette (Var). petite commune de 2 000 habitants, située aux environs de Toulon, il y a eu, en 1893, une véritable épidémie qui a fait en dix jours 17 victimes.

Nous avions eu l'occasion d'analyser l'eau de cette commune au mois de janvier, au double point de vue chimique et biologique. A cette époque, les eaux consommées étaient de bonne qualité.

Au mois de juillet, pendant l'épidémie, M. le maire nous prie de faire une nouvelle analyse d'eau. Nous prélevons de nouveaux échantillons et nous constatons que ces eaux étaient souillées par des matières fécales (présence du *bacterium coli commune*). La recherche du *spirille du choléra* avait été négative.

Cette contamination des eaux par des matières fécales provenait de ce fait que la canalisation défectueuse d'amenée d'eau, qui alimentait La Valette, était située presque tout le temps à un mètre ou deux au-dessous de jardins maraîchers, où l'on se livrait à l'épandage de tinettes transportées de Toulon.

En présence de tous ces faits, et ils sont tellement nombreux que nous n'avons pu citer que les principaux, ne devons-nous pas approuver et répéter les paroles que prononçait, à l'Académie de médecine, M. Brouardel, le savant président du Comité consultatif d'hygiène (1) :

« *Pour qu'une ville soit à l'abri des épidémies de fièvre typhoïde et de choléra, il faut fournir aux habitants de l'eau d'alimentation absolument pure, veiller à ce que les matières de vidanges soient évacuées, sans qu'aucun contact puisse exister entre elles et l'eau de boisson, enfin faire disparaître les logements insalubres.* »

(1) Brouardel, *Valeur comparée du système quarantenaire ancien et du système adopté à la Conférence de Dresde pour la défense des divers pays contre le choléra*. Séance du 19 septembre 1893; et *Ann. d'Hyg.*, 3e série, t. XXX, p. 385.

Parasitisme grossier. — A côté de ces maladies attribuées à l'eau se placent d'autres affections causées par des animaux parasites, leurs œufs ou leurs larves, qui pénètrent dans notre organisme à l'aide de l'eau potable.

La *filaire de médine*, à l'état d'œuf ou de larve, peut être absorbée avec l'eau, se développer dans l'intestin, s'introduire dans le tissu sous-cutané pour y acquérir une grande dimension (de 50 centimètres à 4 mètres de longueur) et occasionner des accidents graves (gangrène, délire, etc.).

Les embryons de la *filaire du sang* s'accumulent dans le réseau lymphatique et déterminent l'hémato-chylurie ou l'éléphantiasis.

L'*ankylostome duodénal* et l'*anguillule intestinale*, dont on trouve assez souvent les œufs ou les larves dans l'eau, peuvent produire l'anémie d'Égypte et l'anémie des mineurs.

On trouve assez fréquemment, dans les eaux des œufs de *tænias*, des *ascarides*, de l'*oxyure vermiculaire*, etc.

Enfin, l'hématurie du Cap et d'Égypte est occasionnée par un distome (*Bilharzia hæmatobia*), qui accomplit les premières phases de son existence dans un petit mollusque d'eau douce.

CHAPITRE III

DIFFÉRENTES EAUX POTABLES

Toutes les eaux potables ont pour origine l'eau de pluie qui provient des océans. Cette eau tombe à la surface du sol sous forme de pluie ou de neige, pénètre dans l'intérieur de la terre et s'infiltre jusqu'à ce qu'elle rencontre une couche imperméable. Elle forme alors une nappe souterraine qui tantôt revient spontanément à la surface de la terre pour donner lieu aux sources (ruisseaux, rivières et fleuves) et aux lacs, tantôt est amenée au jour par le travail de l'homme (puits ordinaires et puits artésiens).

Nous allons passer en revue les différentes eaux utilisées comme boisson.

Eau distillée. — L'eau distillée sert de boisson sur la plupart des vaisseaux de guerre et des vaisseaux marchands. C'est de l'eau à peu près pure et ne renfermant, comme nous l'avons vu, que les gaz qui se trouvent dans l'air. Quand elle est récemment préparée ou qu'elle est conservée dans des récipients bien propres et bien fermés, elle est presque complètement privée de microbes. Elle est, pour cette raison, parfaitement propre à la consommation, et, bien qu'elle ne contienne pas de sels, elle n'en constitue pas moins une bonne eau potable.

L'eau distillée s'obtient en soumettant une eau quelconque à la *distillation*.

La *distillation* consiste à isoler les corps volatils de ceux qui ne le sont pas. Cette opération était déjà connue du temps d'Aristote. Celui-ci disait, en effet, que l'eau de mer était rendue potable par l'évaporation ; que le vin et tous les liquides pouvaient être soumis au même procédé ; qu'ils redevenaient liquides après avoir été réduits en vapeur (1). On attribue toutefois l'invention de ce procédé à Geber, chimiste arabe qui vivait au viiie siècle. C'est ce dernier qui a décrit le premier appareil distillatoire.

Nous avons vu que les eaux naturelles contenaient plus ou moins de matières solides ; c'est par la distillation que l'on sépare ces dernières de l'eau en la portant à l'ébullition et condensant les vapeurs.

L'appareil le plus fréquemment employé pour la distillation de l'eau est l'alambic. Cet appareil est en métal, en cuivre généralement (fig. 1). Il se compose de : 1° la cucurbite (F) dans laquelle on place le liquide à distiller ; 2° le chapiteau (C) que l'on place sur la cucurbite. Le chapiteau conduit les vapeurs dans le réfrigérant formé lui-même d'un serpentin (S), c'est-à-dire d'un tube de métal en spirale placé dans un récipient contenant de l'eau froide que l'on renouvelle constamment. C'est dans le serpentin que se condensent les vapeurs.

____

(1) Aristote, *Météorologiques*, II, 2.

Pour se servir de l'alambic, on met de l'eau à distiller dans la cucurbite ; on place le chapiteau sur la cucurbite et sur le ser-

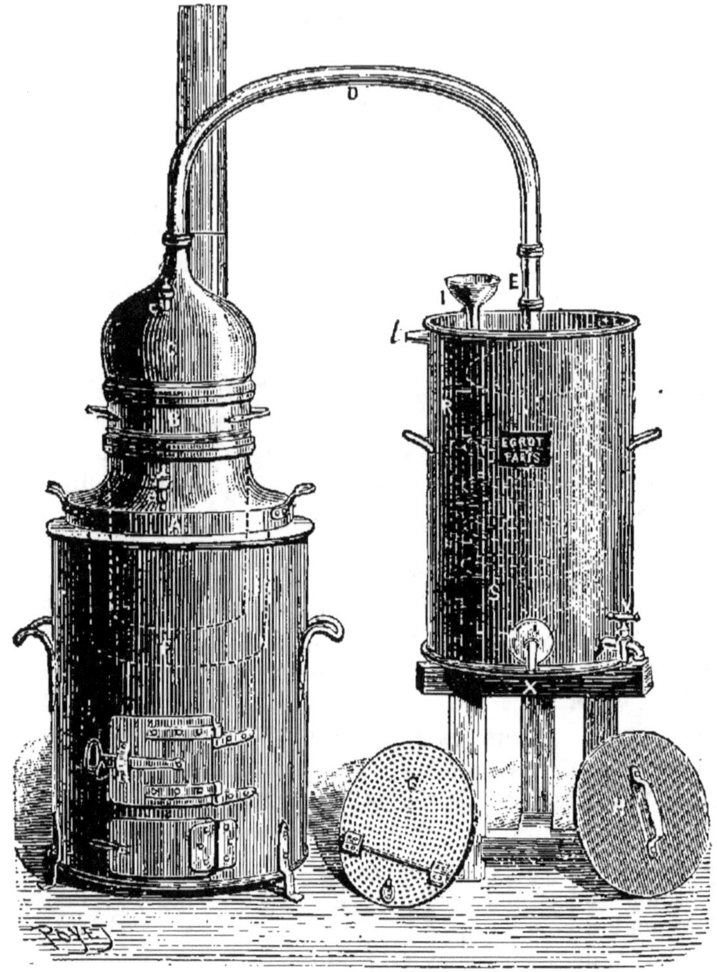

Fig. 1. — Alambic de distillerie.

pentin, et on lute les jointures avec des bandes de toile ou de papier plongées au préalable dans de l'empois d'amidon.

On doit avoir la précaution, lorsqu'on prépare de l'eau distillée de rejeter les premiers et les derniers produits provenant de la condensation de la vapeur d'eau. Les premières portions de l'eau distillée peuvent renfermer de l'ammoniaque ; les dernières peuvent contenir de l'acide chlorhydrique provenant de la dissociation du chlorure de magnésium.

Le nitrate d'argent, l'azotate de baryte, l'oxalate d'ammoniaque et le réactif de Nessler (1), ne doivent déterminer aucune réaction, lorsqu'on les ajoute à une eau distillée soigneusement préparée.

On fait usage, dans l'industrie, d'alambics de différentes formes.

Dans les laboratoires, on se sert, pour distiller de petites quantités de liquides, d'appareils en verre ou de réfrigérants dits de Liebig que l'on adapte à des ballons ou à des cornues en verre.

C'est dans la marine qu'on fait le plus grand usage d'eau distillée. Cette dernière est produite par la distillation de l'eau de mer à l'aide d'appareils spéciaux dont un des principaux est celui de M. l'ingénieur Perroy. Cet appareil a été rendu réglementaire en 1868 dans la marine de guerre ; mais depuis cette époque, de nombreux perfectionnements ont été apportés dans la construction de ces appareils, que l'on désigne sous le nom de *bouilleurs*. Actuellement, la marine française emploie des bouilleurs de types différents qui, tous, ont pour but de débarrasser l'eau de mer de ses principes salins, afin qu'elle puisse être consommée comme eau de boisson par les équipages.

Appareil distillatoire de Perroy. — Dans cet appareil, la vapeur d'eau produite dans les chaudières du navire se rend dans un appareil spécial où elle se condense. Un courant d'air obtenu à l'aide d'une pompe fait circuler l'eau condensée et permet de l'élever dans une caisse où elle est filtrée.

L'appareil distillatoire de M. Perroy se compose :

1º D'un générateur de vapeur (chaudières de la machine) ;

2º D'un condensateur ou distillateur, où s'opère la condensation (c'est l'eau de mer qui est employée pour refroidir et condenser les vapeurs) ;

3º D'un aérateur qui a pour effet d'élever l'eau au fur et à mesure qu'elle est condensée ;

4º D'un filtre au charbon animal en grains et au sable, destiné

(1) Nous indiquerons plus loin les formules de ces réactifs.

à enlever à l'eau produite l'odeur et le goût d'empyreume qu'elle a très souvent (1).

L'eau de pluie. — La pluie a pour origine l'évaporation des eaux de la surface de la terre, et principalement de l'Océan.

Ces eaux réduites en vapeur et dans un état vésiculaire particulier forment les nuages qui, lorsqu'ils sont suffisamment accumulés, donnent lieu à la pluie. C'est une véritable distillation qui se produit où l'Océan est la cornue contenant le liquide à distiller ; l'atmosphère, le tuyau où passent les vapeurs produites par la chaleur solaire, la terre, le récipient où les vapeurs se condensent.

L'eau de pluie n'est donc autre chose que de l'eau distillée. Elle n'est cependant pas aussi pure que celle-ci, car, en tombant de hauteurs plus ou moins grandes, elle traverse toute la couche d'air qui sépare les nuages de la terre et se charge de tous les principes gazeux ou solides de l'atmosphère.

Parmi les principes que l'on trouve dans l'eau de pluie, nous devons citer les gaz de l'air, l'ammoniaque, les acides nitrique et nitreux, des matières organiques, du chlore, de la chaux et de la maguésie, etc. Tous ces corps s'y trouvent en très faibles proportions, sauf l'acide nitrique et l'acide carbonique. Dans certaines régions industrielles, on a signalé dans l'eau de pluie la présence des acides sulfureux et sulfurique, et même de traces d'arsenic. Au bord de la mer, les eaux de pluie renferment presque toujours du chlorure de sodium et des traces d'iode. L'acide carbonique se trouve souvent dans l'eau de pluie en si grande quantité que l'on en perçoit la saveur piquante en buvant l'eau aussitôt après sa chute.

On rencontre encore dans l'eau de pluie des micro-organismes, dont le nombre est d'autant plus considérable que l'on se rapproche davantage des agglomérations.

Le tableau suivant indique, d'après différents auteurs, la composition chimique de l'eau de pluie.

(1) Voyez Foussagrives, *Traité d'hygiène navale.* 2ᵉ édition, 1877.

Composition de l'eau de pluie
(pour 1 litre).

	Beaumert	Péligot	Bineau à Lyon				Marchand à Fécamp mars avril 1852
Oxygène . . .	8,42	7,75	»	»	»	»	»
Azote . . .	16,4	16,8	»	»	»	»	»
Acide carbonique . .	0,45	0,60	»	»	»	»	»
Ammoniaque	»	»	0,0163	0,0124	0,0031	0,0040	»
Acide azotique . . .	»	»	0,0003	0,0010	0,0020	0,0010	»
Carbonate d'ammoniaque . . .	»	»	»	»	»	»	0,00174
Azotate d'ammoniaque .	»	»	»	»	»	»	0,00189
Chlorure de sodium . .	»	»	»	»	»	»	?
Sulfate de soude . .	»	»	»	»	»	»	0,0107
Sulfate de chaux . .	»	»	»	»	»	»	0,00087
Matières organiques .	»	»	»	»	»	»	0,02486

D'après Isidore Pierre, la pluie fournit en moyenne à chaque hectare de terre 59 kilogs de chlorures, dont 44 de sel marin, 23 kilogs de sulfates et 26 kilogs de chaux. L'ammoniaque augmente dans les villes, tandis que l'acide nitrique diminue.

Ce dernier s'accumule dans l'eau de pluie quand le temps est orageux.

M. le professeur Armand Gautier a constaté que l'azote de l'eau de pluie y existe à l'état d'acide nitrique ou nitreux ou sous forme d'ammoniaque. Ce dernier élément augmente lorsqu'on se rapproche du sol. Voici les chiffres donnés par M. Armand Gautier.

Azote ammoniacal et nitrique des eaux de pluie
(exprimé en milligr. et par litre d'eau).

	Azote ammoniacal	Azote nitrique	Dates	Auteurs
Liebfrauenberg moy. de 75 puits	0,4	»	1853	Boussingault.
Fort la Motte, Lyon .	0,9	1,3	—	Bineau.
Observatoire, Lyon. .	3,6	0,3	—	—
Toulouse (campagne).	0,5	0,5	1855	Filhol.
Toulouse (ville) . . .	3,8	»	—	—
Montsouris (moyenne de 8 ans)	1,8	0,7	1876-84	A. Lévy.

Eau de citernes. — L'eau de pluie est généralement utilisée après avoir été recueillie dans des citernes, où on l'amène à l'aide des gouttières des toitures. Dans certains cas, l'eau de pluie se rend dans les citernes après avoir coulé dans des rigoles creusées à la surface du sol.

Les citernes sont des réservoirs en maçonnerie ou en argile, quelquefois en bois ou en métal, construits ordinairement dans le sol.

Chaque citerne doit avoir un trou ou un tuyau de puisage pour puiser l'eau. Il faut, en outre, une disposition spéciale permettant de rejeter les premières eaux qui entraînent les poussières, les bactéries et les matières fécales des oiseaux que l'on trouve fréquemment sur les toits des maisons. Les citernes doivent être absolument étanches et recouvertes de façon que l'eau se trouve à l'abri de la lumière. Si le puisage se fait à l'aide d'une pompe, il faut que le tuyau d'amorçage soit à une certaine hauteur du fond. On doit fréquemment nettoyer les citernes et éviter de les construire en zinc ou en plomb.

Lorsque ces précautions sont observées, l'eau de pluie se débarrasse des matières organiques, des débris végétaux et animaux, ainsi que des bactéries qu'elle renferme. Dans le cas contraire, l'eau ne tarde pas à croupir et à dégager une mauvaise odeur.

On se sert de citernes dans les endroits éloignés des sources

et des rivières, ou quand la nature géologique du sol ne permet
pas d'avoir de l'eau à l'aide des puits.

La construction des citernes est généralement défectueuse et
les précautions élémentaires indiquées plus haut sont trop souvent négligées. L'eau est alors impropre à la consommation.

M. l'ingénieur en chef des Ponts et Chaussées Bechmann cite (1)
une enquête faite à Memphis (États-Unis) par M. Nichols, au sujet
de la construction des citernes. Il est ressorti de cette enquête
que sur 529 citernes visitées, 190 n'étaient pas étanches et 94
étaient douteuses.

A Venise, au contraire, où les citernes fournissent la plus
grande partie de l'eau potable, elles sont construites avec des
soins tout particuliers que M. Salvadori, ingénieur de cette ville,
a fait connaître (2).

L'eau de pluie, recueillie directement ou conservée dans de
bonnes conditions, est une assez bonne eau potable. On ne saurait trop répéter que les impuretés dont elle se charge sur les
toits et dans les gouttières la rendent parfois dangereuse. En
effet, durant le mois de décembre 1892, plusieurs décès se pro-
duisirent coup sur coup à Rambouillet dans un hôtel habité par
un commandant de cavalerie.

Six cas de fièvre typhoïde, dont quatre suivis de mort, furent
constatés dans cet hôtel. L'enquête minutieuse faite par
M. Rabot (3), vice-président du Conseil d'hygiène du département de Seine-et-Oise, a démontré que « la citerne avait été
contaminée par des matières excrémentitielles versées dans les
gouttières et non par d'autres causes. » Il paraît que les domestiques, qui habitaient les mansardes, avaient pris l'habitude de
vider leurs vases de nuit dans les gouttières.

Eaux provenant de la fonte des neiges. — L'eau provenant de
la fonte des neiges diffère peu de l'eau de pluie. Elle est, comme
celle-ci, formée dans les régions élevées de l'atmosphère et renferme par suite tous les éléments que nous avons rencontrés
dans l'eau de pluie. M. Boussingault a trouvé que l'eau de

(1) G. Bechmann, *Distribution d'eau*, 1888, Paris.
(2) Salvadori, *Moniteur scientifique* du docteur Quesneville, 1860,
t. I, p. 873.
(3) Rabot, *Six cas de fièvre typhoïde causés par l'eau d'une citerne
contaminée* (*Annales d'hygiène*, 1893, t. XXX, p. 300).

neige tombée, au mois de mars à Paris, renfermait en moyenne 0,00102 d'acide nitrique et 0,00070 d'ammoniaque par litre. D'après M. Neyrac, les eaux provenant de la neige sont plus chargées de matières organiques que les eaux de pluie.

Voici, d'après M. Marchand, les résultats fournis par une analyse d'eau de neige :

Carbonate d'ammoniaque	0,00129
Azotate d'ammoniaque	0,00145
Chlorure de sodium	0,01704
Sulfate de soude	0,01563
— de chaux	0,00088
Matières organiques	0,02385
(pour 1 litre).	

L'eau provenant de la fonte des neiges est utilisée dans un certain nombre de pays.

On doit se méfier de la basse température de cette eau et ne la consommer que lorsque celle-ci s'est élevée jusqu'à 8 à 15 degrés centigrades.

A cause des impuretés dont elle peut se charger à la surface du sol, on ne doit boire cette eau qu'après l'avoir laissée déposer pendant un certain temps dans des citernes, ou après l'avoir filtrée comme cela a été dit pour l'eau de pluie.

Eaux de source. — Les eaux de source sont considérées, avec juste raison, comme les meilleures des eaux potables. Le passage à travers des couches successives de terrain perméables produit une véritable filtration qui débarrasse ces eaux de toutes les matières en suspension, en particulier des microbes, et d'une partie de celles qui sont en dissolution. Par contre, l'eau, en cheminant à travers ces couches de terrain, se charge de certains principes minéraux solubles qui font que la composition de ces eaux varie avec la nature du terrain d'où elles émergent.

Les eaux qui émanent des terrains granitiques laissent un résidu extrêmement faible, formé de silicates, de traces de chlorures alcalins et de carbonates alcalins, calcaires, magnésiens et ferreux. Ces eaux ne renferment que fort peu de matières organiques; quelquefois elles n'en contiennent pas du tout.

Voici, d'après M. Armand Gautier et d'après M. Ogier, quelques analyses d'eau sortant de roches granitiques :

1º Eau du Chalet du compas, près d'Allevard (vallée de l'Isère) (Armand Gautier) :

Carbonate de chaux	0,012
Chlorure de calcium	0,007
Silice	traces
Total pour 1 litre. . .	0,019

2º Eau de la source des Pannots, près d'Avallon (Yonne (Armand Gautier).

Carbonates de chaux et de potassium .	0,032
Chlorures (calcium et sodium). . . .	0,013
Silice	0,021
Total par litre. . .	0,066

3º Analyse chimique de l'eau de Prat-Maria, à Quimper, par M. Ogier (mars 1891) :

Degré hydrotimétrique	3,5
Résidu à 100' (par litre).	0,1152
— au rouge	0,0931
Différence (perte au rouge).	0,0221
Chaux (CaO)	0,004
Magnésie (MgO)	0,001
Acide sulfurique (SO^{4}H^2).	0,0054
Chlore (Cl).	0,0275
Acide nitrique (Az^{2}O^5).	0,012
Ammoniaque (AzH^3)	0,00006
Matière organique (sol. alcaline	0,00080
— en oxygène (sol. acide)	0,00080
Oxygène (en poids).	0,006
— (dissous en volume)	4 c. c. 2
Silice.	0,0111
Potasse (K^{2}O)	0,0015
Soude (Na^{2}O)	0,0299
Eau excellente.	

Les eaux de source provenant des terrains granitiques constituent, en définitive, d'excellentes eaux potables.

Les meilleures eaux de source sont celles qui jaillissent des terrains jurassique, crétacé, et, en général, de calcaires stratifiés. Le résidu fixe qu'elles laissent est de 0 gr. 20 à 0 gr. 60 par litre. Ce résidu est formé principalement de carbonate de chaux dissous grâce à un excès d'acide carbonique. Ces eaux prennent cet acide carbonique soit aux exhalations souterraines, soit au sol dans lequel elles circulent.

Voici quelques analyses d'eaux de source provenant de ces terrains :

1° Analyse chimique d'uue eau de source provenant du calcaire à Chama (environs de Marseille) (M. Rietsch, février 1893) :

Résidu fixe à 120°	0,313
Perte par calcination	0,097
Perte par calcination après reconstitution des carbonates par le carbonate d'ammoniaque	0,026
Chaux	0,1146
Magnésie	0,0304
Chlorures alcalins	0,015
Acide sulfurique anhydre	0,0149
Chlore	0,0123
Acide carbonique total	0,0058
Ammoniaque	0,0032
Azotates	traces
Azotites	point
Oxygène emprunté au permanganate	0,001
Degré hydrotimétrique	20°
Température	15°,9

2° Analyse chimique des eaux alimentant la ville de Toulon et provenant de calcaires stratifiés (F. Coreil).

(Résultats exprimés en grammes et par litre.)

	Source du Ragas	Source de St-Antoine
Ammoniaque et sels ammoniacaux	absence	absence
Nitrates (en AzO^3H)	traces	0,008
Nitrites	absence	absence
Résidu à 100°	0,210	0,290
— au rouge	0,180	0,250
Perte au rouge	0,030	0,040
Silice	0,006	0,010
Chaux (en CaO)	0,062	0,075
Magnésie	absence	absence
Chlore (en Cl)	0,0175	0,0292
Acide phosphorique	absence	absence
Matières organiques (procédé de Schulze Tromsdorff) en acide oxalique	0,0126	0,0214
en oxygène	0,0016	0,0027

3° Eau des sources de Fontfroide bues à Narbonne (Armand Gautier), terrain jurassique.

Carbonate de chaux.	0,088
— de magnésie	0,014
— de protoxyde de fer.	0,001
Chlorure de sodium.	0,052
Sulfate de potasse	0,0006
— de soude.	0,0058
— de chaux	0,036
Silicate de chaux.	0,007
Acide phosphorique et alumine	0,009
Matières organiques	0,0005
Iodures. bromures, azotates.	traces

Les sources provenant des terrains gypseux, pyriteux, anthraciteux, salés, riches en humus, celles qui jaillissent de terrains modernes ou d'infiltrations superficielles fournissent le plus souvent des eaux de mauvaise qualité.

1° *Analyse de l'eau de la source dite du Pas-de-la-Marquise, près de Barbezieux, provenant d'une nappe aquifère située à 2^m,85 au-dessous du sol d'une prairie (G. Pouchet):*

(Résultats exprimés en milligrammes et par litre.)

Evaluation de la matière organique	en oxygène	sol. acide . .	1,750
		sol. alcaline .	2.000
	en acide oxalique	sol. acide . .	13,790
		sol. alcaline .	15,760
Oxygène dissous	1° en poids.		4,250
	2° en volume		2,972

Recherches générales.

Ammoniaque ou sels ammoniacaux . .	0
Nitrites.	présence
Nitrates en AzO^3H.	12,5
Acide phosphorique	présence
— sulfurique en SO^3.	12,34
Chlorure de sodium, en NaCl.	30,00
Chlore correspondant (Cl)	18,21

Grande proportion de petites colonies brunâtres que l'on rencontre fréquemment dans les eaux polluées par des matières fécales. Présence du *bacterium coli commune*.

Conclusions. — Eau polluée par des infiltrations de matières fécales ou de fumiers (fumures des terrains avoisinant la source) à rejeter de l'alimentation.

2° *Eau d'une source jaillissant d'un terrain gypseux (environs de Bandol, Var) (F. Coreil).*

(*Résultats exprimés en grammes et par litre.*)

Ammoniaque et sels ammoniacaux. .	=	absence
Nitrates	=	traces
Nitrites.	=	absence
Degré hydrotimétrique total	=	32
Résidu à 100°	=	0,63
— fixe au rouge	=	0,355
Perte au rouge	=	0,275
Silice	=	0,004
Chaux	=	0,175
Magnésie	=	0,008
Chlore	=	0,043
Acide sulfurique	=	0,107
— phosphorique	=	0,004
Matière organique. . . . .(en acide oxalique	=	0,0183
(Procédé Schulze-Tromsdorff) (en oxygène . .	=	0,0024

La proportion des gaz dissous dans l'eau de source est ordinairement peu élevée. Cela tient à ce que cette eau n'est en contact avec l'atmosphère qu'à l'émergence.

La température de ces eaux est à peu près constante ; elle varie entre 6 et 18 degrés centigrades.

Le volume d'eau débité par les sources est très variable. Ce volume augmente généralement en hiver et après les pluies. Dans ce dernier cas, l'eau est chargée de matières terreuses.

Certaines sources sont intermittentes. M. Lefort [1] cite parmi les sources de ce genre :

1° La source de Fontestorbe (Belesta, Ariège), qui est intermittente depuis le mois de juin jusqu'au mois d'octobre. A l'époque des pluies, son écoulement est régulier.

2° La fontaine Fontsanche dans le Gard, entre Sauve et Quissac, qui a deux écoulements en vingt-cinq heures et deux intermittences durant le même temps.

3° Dans le Lot, à la Mothe-Cassel et à Gigonzac, deux fontaines coulent la première, depuis dix heures du matin jusqu'à trois heures du soir et la seconde de dix heures du soir à cinq heures du matin.

---

[1] J. Lefort, *Traité de chimie hydrologique.* 2ᵉ édition. Paris, 1873.

On connaît un très grand nombre d'autres sources intermittentes d'eau potable ou d'eau minérale.

L'explication de ces phénomènes d'intermittence n'est pas encore bien connue. M. Jules Lefort explique, par la théorie du siphon et à l'aide d'une figure hypothétique (fig. 2), l'intermittence de certaines sources.

L'eau se rend par un canal souterrain E dans le réservoir supérieur D ; à mesure qu'elle s'accumule, elle s'engage par l'ouverture A dans la branche du siphon B. Lorsque celui-ci est plein, et partant amorcé, toute l'eau du réservoir D passe par la branche du siphon C dans le réservoir inférieur D.

Fig. 2. — Figure hypothétique expliquant les sources intermittentes.

En résumé, les eaux de sources sont les meilleures eaux potables, à la condition que les sources soient bien protégées, non seulement au point d'émergence, mais encore aux alentours et à une assez grande distance. Car les sources peuvent être souillées par des infiltrations de matières fécales, qui les rendent tout à fait dangereuses (voir l'analyse de G. Pouchet).

On devra toujours se méfier des sources qui se trouvent près des lieux habités ou de jardins maraîchers, de celles qui traversent des terrains arrosés avec des eaux d'égouts et de celles qui proviennent d'infiltrations superficielles.

Eaux des lacs, des étangs et des marais. — Ces eaux proviennent soit des eaux de pluie qui n'ont pu s'écouler ni s'infiltrer dans le sol, soit des sources qui s'écoulent dans des dépressions de terrain et y forment un bassin plus ou moins grand, soit d'un cours d'eau qui traverse une large et profonde vallée ou s'y termine

Lorsque le lac ou l'étang est traversé par un cours d'eau (lac de Genève), ses eaux présentent les caractères de ce cours d'eau. Comme celle de ces derniers, la température est très variable.

1º Le tableau suivant, d'après Arnould, donne la composition chimique de quelques eaux de lacs alimentant ou devant alimenter Berlin.

Constitution de l'eau	Lac de Tegel		Muggelsée		Langensée	
	Lac	Puits d'essai	Lac	Trou de forage aux environs	Lac	Trou de forage aux environs
	mgr.	mgr.	mgr.	mgr.	mgr.	mgr.
Résidu après évaporation	188,3	231,7	154,7	160,7	170,5	222,0
Permanganate de potasse employé	12,9	3,8	22,8	3,8	36,0	10,1
Perte au rouge	13,6	15,2	20,2	15,4	20,3	8,2
Chlore	12,6	21,5	10,2	10,4	16,0	22,8
Acide nitrique	2,1	5,4	2,0	1,0	0,4	0,6
Ammoniaque	0,7	0,8	0,9	0,4	2,0	2,4
Acide sulfurique	10,2	17,7	20,8	8,0	12,4	8,9
Oxyde de fer et alumine	1,3	0,7	0,8	0,5	0,5	3,6
Chaux	63,5	84,3	44,1	53,5	49,9	77,1
Magnésie	8,1	6,8	3,7	8,1	7,2	8,3
Degrés hydrotimétriques	7,5	9,4	4,9	6,5	6,0	8,9
Acide carbonique	56,1	61,5	29,4	44,2	42,9	63,5
Gaz { Acide carbonique	2,74	1,79	1,94	7,71	2,20	10,58
Gaz { Oxygène	9,63	2,96	9,06	3,71	5,80	»
Gaz { Azote	18,64	17,86	17,12	17,48	14,14	»

2º Analyse chimique et bactériologique de l'eau du lac de Saint-Point, destinée à l'alimentation de Pontarlier (Doubs). Eau prise à 20 mètres de profondeur (Gabriel Pouchet).

Evaluation de la matière organique	en oxygène	sol. acide. .	2,250
		sol. alcaline.	2,500
	en acide oxalique	sol. acide. .	17,730
		sol. alcaline .	19,700
Oxygène dissous	en poids		15,125
	en volume		10,57
Résidu à 100º.			189,0
— après calcination			102,8
Perte au rouge			11,1
Ammoniaque			0
Nitrites			0
Nitrates			0
Acide phosphorique.			0
Silice en SiO^2.			4,0
Fer et alumine			0
Chaux en CaO			84,0
Magnésie			9,37
Acide sulfurique.			0
Chlore en chlorure de sodium.			2,0

Examen bactériologique. — Petit nombre de colonies appartenant presque toutes au *bacterium termo.*

Conclusions. — Eau un peu chargée en matières organiques, mais d'excellente qualité.

Les eaux de lacs et d'étangs doivent être considérées comme des eaux de qualité médiocre. Elles ne doivent être consommées qu'avec beaucoup de circonspection, à moins que ces lacs ou ces étangs ne soient traversés par un cours d'eau rapide ou qu'ils ne soient situés au milieu des montagnes et loin de toute agglomération humaine.

Quant aux marais, ils fournissent des eaux qui ne peuvent être employées comme eaux de boisson. Les matières organiques, en solution et en suspension, se trouvent dans ces eaux en très grande abondance et servent de nourriture à une foule d'infusoires et de bactéries, dont l'absorption ne peut être que dangereuse. Arnould dit que c'est dans les eaux de marais ou de mares que l'on rencontre les œufs de beaucoup d'entozoaires : douves, tœnias, etc.

Analyse de quelques eaux de mares par Clouet :

	Bois Guillaume près Rouen	Epreville près Fécamp
Ammoniaque	0,001	0,0035
Carbonate de chaux	0,539	0,975
Sulfate de chaux.	0,212	1,326
— de potasse	0,067	0,026
Chlorures de sodium et de calcium	0,008	0,059
Carbonate de magnésie	0,019	0,021
— de fer.	0,015	0,008
Azotate de potasse	0,009	0.007
— de chaux.	traces	traces
Silice	0,026	0,060
Matières organiqnes	0,099	0,800
Résidu total. .	0,995	3,2855

Eaux de ruisseaux, rivières et fleuves. — Les eaux de sources, augmentées des eaux de pluie et de celles provenant de la fonte des neiges ou des glaciers, forment les cours d'eau. A l'origine, ces eaux courantes possèdent les qualités de celles qui ont servi à les former; mais, par leur parcours à l'air libre et à travers des terrains de constitutions très diverses, elles acquièrent des propriétés que n'avaient pas les eaux qui leur ont donné naissance.

Les eaux des fleuves et des rivières se contaminent par leur passage à travers les villes et les villages qui se trouvent sur leur parcours. C'est, en effet, dans les fleuves que l'on dirige le plus souvent les eaux industrielles, les eaux ménagères et les matières excrémentitielles. De là résulte souvent une pollution telle que ces eaux ne peuvent plus servir à aucun usage domestique ou industriel.

L'eau des fleuves ou des rivières, qui n'est pas souillée par les déjections et par les résidus industriels, renferme le maximum d'air que l'eau peut dissoudre (16 à 50 c. c.). Les matières minérales en dissolution s'y trouvent dans des proportions très variables. Ce sont surtout des carbonates de chaux et de magnésie, du chlorure de sodium, quelquefois des nitrates, rarement de l'ammoniaque.

Voici quelques analyses d'eaux de rivière dues à M. Gabriel Pouchet :

Analyse de l'eau de quelques rivières par M. Gabriel Pouchet, (Résultats exprimés en grammes et par litre).

			Eau de la rivière de la Lèze (Ariège) (1)	Eau de la Marne à la Ferté-sous-Jouarre (Seine et Marne) (2)	Eau de l'Oise destinée à l'alimentation de Fourmies (Nord) (1)
Evaluation de la matière organique	en oxygène	sol. acide	1,000	1,730	2,875
		sol. alcaline.	3,000	1,250	2,125
	en acide oxalique	sol. acide	7,880	13,790	22,655
		sol. alcaline.	23,640	9 850	16,745
Oxygène	1° en poids.		5,25	11,625	13,000
	2° en volume		3 c.c. 933	8 c.c. 7	9 c.c. 118
Résidu à 100°			298,3	264,30	44,5
Résidu fixe après calcination			156,8	189,10	25,8
Perte au rouge.			12,5	75,20	11,+
Ammoniaque			0	trace	trace
Nitrites			0	»	trace
Nitrates (en AzO3H)			indos	5,07	3,3
Acide phosphorique			0	0	0
Silice			9	9,06	7
Fer et alumine			0	»	0
Chaux (en CaO)			101,44	»	10,44
Magnésie (MgO)			15,6	»	trace
SO3			17,8	»	trace
Chlore en NaCl.			13,2	10,20	10.00

Examen bactériologique

Très grand nombre de bactéries. Colonies suspectes. Présence du bacterium coli commune. Conclusions. Eau absolument impropre à la consommation.	Grand nombre de bactéries. Absence de bactéries pathogènes mais grand nombre de colonies ne permettant pas de considérer ces eaux comme irréprochables.	Pas de bactéries pathogènes. Eau de qualité médiocre en raison de la présence d'une assez forte proportion d'ammoniaque et de nitrates.

(1) *Recueil des travaux du Comité consultatif d'hygiène de France.* p. 734, 735. — (2) *Ibidem*, p. 169, 17).

Les matières minérales en suspension, que renferme l'eau de la plupart des fleuves et des rivières, sont de nature siliceuse, argileuse, ferrugineuse ou calcaire. C'est aux matières en suspension que certains fleuves doivent leur couleur et même leur nom (fleuve blanc à Java; fleuve jaune en Chine; Nil blanc, etc.).

Les matières organiques des eaux de rivières ou de fleuves diffèrent très peu, avant leur souillure, de celles des eaux qui les produisent. La température de ces eaux est très peu différente de celle de l'air dans la même saison. Elle est donc très variable. En hiver, cette température est de 1 à 5° plus élevée que celle de l'air. C'est le contraire en été.

Quand les eaux de fleuves ou de rivières sont altérées par le déversement des eaux ménagères et industrielles, des eaux des rues, des matières de vidanges, la proportion des gaz, l'oxygène surtout, diminue et la nature de ces gaz change. On y trouve alors de l'ammoniaque libre et de l'hydrogène sulfuré.

Les sels minéraux que l'on rencontre dans ces eaux souillées sont des nitrates, des nitrites, des chlorures (en grande proportion) des phosphates, etc. Les sels alcalins augmentent généralement, tandis que les sels terreux diminuent, d'où résulte un affaiblissement du degré hydrotimétrique.

La faune et la flore de ces eaux changent également de caractère. Les poissons et les mollusques font place aux infusoires, tandis que les végétaux supérieurs (cresson, roseaux, etc.) sont remplacés par des algues et par des bactéries.

Ces bactéries, parmi lesquelles il s'en trouve certainement de pathogènes, seraient la cause de nombreuses épidémies, si les eaux de fleuves ou de rivières étaient consommées telles qu'elles sont après leur passage à travers une agglomération. Fort heureusement, ces eaux s'assainissent ou s'améliorent spontanément. Cet assainissement spontané a probablement pour cause le parcours à la lumière solaire, la dilution des impuretés, la précipitation de certaines matières solides par le frottement sur le fond et sur le bord des cours d'eau; enfin l'agitation et le mouvement produisent des oxydations qui ne peuvent être que favorables à l'amélioration de ces eaux souillées.

Nous pouvons donner quelques exemples de cet assainissement spontané. En Autriche, l'Itzar entre à Munich avec 500 bactéries par centimètre cube. Il en contient 12.600 à l'aval du dernier égout à sept kilomètres de la ville; on n'en trouve plus que 2.400 à trente-sept kilomètres.

Un fait connu de tout le monde, c'est que la Seine, souillée après avoir traversé Paris, peut devenir potable avant son arrivée à Rouen.

Malgré cette amélioration possible, les eaux de fleuves et de rivières sont de mauvaises eaux potables. Elles ne devraient être bues qu'après avoir été soumises à une sérieuse filtration.

Il est regrettable que beaucoup de villes soient encore, à l'heure actuelle, obligées d'user de pareilles eaux.

L'eau des puits et les puits. — Lorsque la nature refuse à l'homme des sources ou des cours d'eau, il creuse des puits pour aller chercher, dans l'intérieur de la terre, l'eau nécessaire à ses besoins.

Il y a plusieurs sortes de puits :

1º Les puits ordinaires ;

2º Les puits instantanés ou tubés ;

3º Les puits artésiens.

Puits ordinaires. — Ce sont les plus communs. Ils permettent d'aller puiser l'eau dans la première nappe souterraine. Cette nappe se trouve, selon la nature géologique du sol, à des profondeurs très variables, tantôt à quelques mètres, tantôt à 80 et même à 100 mètres de la surface.

On construit ces puits, en creusant un trou cylindrique de 2 à 3 mètres de diamètre et en maçonnant ses parois.

Un puits, pour être dans de bonnes conditions, doit se trouver éloigné des habitations, des dépôts de fumiers et d'immondices, des égouts, des fosses d'aisance et des puits absorbants. Le fond du puits doit être au niveau le plus bas de la nappe souterraine ; les parois doivent être cimentés et imperméables pour éviter les infiltrations.

La partie du sol où s'ouvre l'orifice du puits doit être exhaussée ; il faut élever une margelle empêchant les eaux superficielles de s'écouler dans le puits. Un toit au-dessus de l'orifice garantit des poussières et d'autres corps pouvant tomber dans le puits. L'eau doit être puisée avec une pompe plutôt qu'avec un seau.

Arnould dit (1) qu'un puits quelconque peut être rendu meilleur en construisant toute sa paroi imperméable, et en revêtant son fond d'une couche de béton à travers laquelle passe un

____

(1) Arnould, *Nouveaux éléments d'hygiène.* 3e édition. Paris, 1895.

tuyau en poterie, rempli de matières filtrantes, de telle sorte que l'eau ne puisse arriver dans le puits qu'en traversant ce filtre (fig. 3). On doit, dans ce cas, avoir des tuyaux de rechange.

Les *puits filtres* s'obtiennent, d'après le même auteur, en pratiquant dans le fond du puits une double maçonnerie, l'une extérieure et cimentée, l'autre intérieure en pierres sèches ; entre les deux on ménage un espace qui est rempli de gravier. Le sol reste naturel sous le gravier ; on le recouvre de ciment dans le cercle intérieur. L'eau arrive alors filtrée et est ainsi améliorée.

Fig. 3. — Utilisation d'un puits sans profondeur.

La composition chimique des eaux de puits varie avec la nature des terrains, avec la position du puits par rapport aux habitations, aux égoûts, aux fosses d'aisance, etc. Le voisinage de certaines usines et de cimetières rend souvent les eaux de puits impropres à la consommation.

Les eaux de puits sont généralement peu aérées ; elles renferment souvent des matières organiques, des nitrates, des nitrites ; de l'ammoniaque. La proportion des nitrates est parfois très élevée.

La température de ces eaux est constante ; elles sont donc fraîches en été et presque tièdes en hiver.

Analyse de quelques eaux des puits de Toulon (F. Coreil).
(Résultats exprimés en grammes et par litre.)

	No 1	No 2	No 3	No 4	No 5	No 6	No 7
Aspect	limpide	limpide	limpide	trouble	limpide faiblement	limpide	limpide
Couleur	nulle	nulle	nulle	jaunâtre	jaunâtre	jaunâtre	nulle
Odeur	nulle	nulle	nulle	repoussante	putride (au bout de quelques jours)	ammoniacale	nulle
Saveur	fraîche	fraîche	fraîche	»	»	»	fraîche
Hydrogène sulfuré ou sulfures	absence	absence	absence	présence	faibles tr.	faibles tr.	absence
Ammoniaque ou sels ammoniacaux	traces	absence	absence	0,084	traces	0,114	absence
Nitrates en AzO³H	présence	traces	0,064	traces	0,09	0,13	0,035
Nitrites	absence	abs nce	présence	traces	présence	traces	présence
Phosphates	absence	absence	traces	traces	traces	traces	absence
Résidu à 100°	0,640	0,801	0,53	0,62	3,41	1,12	1,22
— au rouge sombre	0,51	0,691	0,44	0,48	2,80	0,71	1,02
Chlore (NaCl)	0,099	0,019	0,015	»	1,698	0,187	0,719
Acide sulfurique (SO³)	0,173	»	0,011	»	»	0,112	»
Silice (SiO²)	0,010	»	0,04	»	»	0,040	»
Chaux	0,220	»	0,187	»	»	0,25	»
Magnésie	0,050	»	0,045	»	»	0,16	»
Matière { en acide oxalique	0,0523	0,014	0,0378	»	0,048	0,0478	0,0189
organique { en oxygène	0,0067	0,0018	0,0048	»	0,006	0,0061	0,0024
(Procédé de Schulze-Tromsdorff)							

Ces eaux renfermaient un nombre très variable de bactéries (de 120 à 112.000 par centimètre cube). On a pu isoler de toutes ces eaux, sauf des n°s 2 et 7, le *bacillus coli communis* indiquant une contamination par les matières fécales.

Quelques-unes de ces analyses démontrent suffisamment que les eaux de puits sont fort souvent contaminées.

Il est évident que les puits situés à portée des déjections provenant de la vie humaine ou animale, ou dans le voisinage d'usines et de cimetières, etc., fournissent une eau qui ne peut servir que dans des cas tout à fait exceptionnels d'eau de boisson.

M. le professeur Koch, de Berlin, dans un travail (1) où il traite de la filtration, dit que, la filtration naturelle étant celle qui donne les meilleurs résultats, il est clair que ce qu'il y a de mieux à faire, c'est de se servir d'eau de puits ; mais il est évident que ce puits doit être tenu à l'abri de toute souillure, de toute infection.

Le meilleur type de puits, d'après Koch, est celui qui consiste en un tuyau de fonte où l'eau est puisée au moyen d'une pompe. Les puits munis de réservoirs doivent être condamnés, attendu qu'ils peuvent être facilement pollués. Toutefois, il est aisé de les rendre propres à l'usage en les munissant d'un tuyau et d'une pompe et en comblant complètement leur réservoir, jusqu'au-dessus du niveau de l'eau, par du gravier recouvert d'une couche de sable fin (Koch).

Nous ne partageons pas du tout, en France, l'avis du savant Berlinois au sujet de l'usage de l'eau de puits.

S'il est vrai que les puits construits dans les conditions indiquées par Koch peuvent fournir une eau salubre, l'expérience nous montre que la plupart des puits, situés dans les villes ou près des agglomérations, fournissent de l'eau plus ou moins contaminée.

Quoi qu'il en soit, dans un grand nombre de villes et de villages, on consomme encore de l'eau de puits, malgré les avis désintéressés des autorités, des médecins et des hygiénistes. D'après Arnould, certaines villes s'alimentent presque exclusivement avec une telle eau. Nous connaissons, pour notre part, des villages entiers de 2 à 3.000 habitants où l'on ne boit que de l'eau de puits, malgré la présence de sources abondantes dans le voisinage.

____

(1) Koch, *Loc. cit.*

La préférence que le public a toujours eue pour les eaux de puits tient tant à leur fraîcheur en été, qu'à ce fait que les puits sont souvent plus à la portée du consommateur que les fontaines publiques.

En résumé, les eaux de puits sont généralement suspectes et ne doivent être consommées qu'avec beaucoup de circonspection.

Puits tubés ou instantanés. — Les puits tubés, dont l'invention est due à M. Donnel, sont basés, d'après M. Lefort, sur ce fait que, si l'on pratique un trou dans le sol traversé par une nappe d'eau et si l'on fait le vide tout autour, la pression atmosphérique, s'exerçant sur la nappe d'eau, soulève une colonne de liquide capable de faire équilibre à une même colonne d'air.

M. Tissandier (1) expose, comme il suit, la manière de procéder à l'exécution de ces puits instantanés ou tubés :

« On dispose sur le terrain une plate-forme solidement fixée par trois pieds en bois, et percée d'un trou dans lequel s'engage le tube métallique qui doit disparaître dans le sol ; ce tube aux parois très épaisses a un diamètre intérieur de 35 millimètres et une hauteur de 3 à 4 mètres ; à sa partie inférieure il est percé de trous sur une hauteur de 50 centimètres environ ; il est enfin terminé par un cône d'acier très bien trempé. On le frappe violemment au moyen d'un marteau-pilon suspendu par deux cordes qui s'engagent dans les gorges de deux poulies. Ce marteau pesant, que deux hommes peuvent facilement faire agir, pourrait endommager le tube s'il le choquait directement à sa partie supérieure ; aussi est-il disposé de manière à agir sur un anneau circulaire solidement fixé au tube par des boulons ; on déplace et on remonte cet anneau à mesure que le tube s'enfonce, et l'opération conduite par deux ouvriers habiles s'exécute avec une très grande rapidité. Quand le premier tube a presque entièrement disparu dans la terre, on y visse à sa partie supérieure un autre tube, et on recommence la même manœuvre ; une fois arrivé à une certaine profondeur, on descend dans la cavité intérieure une petite sonde formée d'une pierre attachée à une corde, et, en examinant si elle revient sèche ou mouillée, on voit si l'on atteint ou non la couche d'eau. Quand la partie inférieure et percée du tube

____

(1) Tissandier, *L'eau*, p. 346, Paris, 1869.

a pénétré dans la nappe liquide souterraine, le travail est terminé, et on adapte alors une pompe à sa partie supérieure. On fait manœuvrer la pompe qui ramène d'abord à la surface du sol une eau trouble et bourbeuse, par suite du mouvement de terre déterminé par l'enfoncement du cylindre métallique ; après une heure ou deux, on obtient une onde fraîche et limpide. Il va sans dire que, si l'eau a une force ascensionnelle suffisante pour jaillir au niveau du sol, on a formé un puits artésien et la pompe devient inutile. »

Il est évident que le creusage de semblables puits n'est possible que dans les terrains faciles à perforer. A une certaine époque, on fit creuser aux environs de Tlemcen, en Algérie, un assez grand nombre de ces puits que l'on appela « puits blancs », à cause de la couleur du sol où on les construisait. Les Anglais se sont également servis de ces puits (puits Norton) dans leur campagne d'Abyssinie.

Ces appareils fournissent de l'eau qui peut être de bonne qualité puisqu'on va la chercher à une certaine profondeur et que les infiltrations de liquides infects sont peu à craindre à cette profondeur.

Puits artésiens. — Le nom de ces puits vient de ce que les premiers furent forés dans l'Artois. On creuse les puits artésiens pour aller chercher la nappe aquifère ou les courants souterrains à des profondeurs variant entre 20 et 600 mètres.

Ces puits donnent une eau abondante ordinairement de bonne qualité. Cette qualité varie avec la nature des terrains traversés. Elles renferment généralement fort peu de matière organique. Les gaz s'y trouvent en très petite proportion et quelques-unes de ces eaux ne contiennent que de l'azote (puits de Grenelle).

Les matières minérales y existent en quantité, variant entre 0 gr. 13 et 6 grammes par litre.

Voici le poids du résidu fixe fourni par quelques eaux de puits artésiens :

Puits à Rouen.	0,133
— à Passy .	0,141
— à Grenelle .	0,143
— à Perpignan	0,230
— à Tours.	0,320
— à Lille.	0,394 à 0,771
— à Roubaix .	0,547 à 0,775
— à Cambrai .	0,605

```
Puits à Elbeuf.  . . . . . . .    0,710
  — à Londres . . . . . . .       0,920 à 1,000
  — à Erlingen (Allemagne) . .    3,060
  — ,à Rochefort.  . .   plus de  6,000
```

Les eaux de puits artésiens ne sont pas toujours de bonnes eaux potables, à cause de leur minéralisation trop forte.

Au point de vue microbiologique, ces eaux sont généralement très bonnes; mais l'analyse suivante, faite par M. Gabriel Pouchet, montre que les puits artésiens peuvent recevoir des infiltrations d'eaux superficielles qui les rendent impropres à la consommation.

Analyse de l'eau du puits artésien de Stains (Seine)
par M. Gabriel Pouchet.

```
Evaluation de la   { en oxygène      { sol. acide  . .   2.000
matière organique  {                 { sol. alcaline. .  1,875
                   { en acide oxalique{ sol. acide  . .  15,760
                   {                 { sol. alcaline. .  14,775
Oxygène dissous    { en poids. . . . . . . . . . .        3,750
                   { en volume . . . . . . . . . .        2,622
      Résidu à 100°. . . . . . . . . . .      460,8
      Résidu fixe après calcination . . . . . .  301,0
      Ammoniaque. . . . . . . . . . . . . .       0
      Nitrites. . . . . . . . . . . . . . . .     0
      Nitrates. . . . . . . . . . . . . . .       0
      Acide phosphorique . . . . . . . . .        0
      Silice en SiO². . . . . . . . . . .        20,0
      Chaux en CaO. . . . . . . . . . . .       165,0
      Magnésie en MgO . . . . . . . . .          70,8
      Acide sulfurique en SO³ . . . . . .        25,38
      Chlorure de sodium. . . . . . . . .        26.4
```

Examen bactériologique. — Eau polluée par infiltrations d'eaux superficielles contenant probablement des matières fécales, comme le prouvent le nombre de bactéries (75.000 par centimètre cube) et la présence du *bacterium coli commune*.

CHAPITRE IV

CARACTÈRES D'UNE BONNE EAU POTABLE

Nous connaissons à présent les principes utiles, nuisibles et indifférents que peuvent renfermer les eaux. Nous savons également que l'eau potable peut transporter des germes pathogènes et être la cause plus ou moins directe de certaines maladies.

Nous pouvons donc fixer, en nous aidant des propriétés que possèdent les différentes eaux utilisées, les qualités que doit réunir une eau pour mériter le qualificatif de *potable*.

Une bonne eau potable doit être limpide, incolore, inodore, fraîche, aérée, agréable au goût, imputrescible.

Elle ne doit point renfermer :

1º d'ammoniaque ou de sels ammoniacaux ;

2º d'hydrogène sulfuré ou de sulfures;

3º d'azotates ou d'azotites.

Elle ne doit tenir en dissolution que le moins possible de sels calcaires et magnésiens qui durciraient le savon et empêcheraient l'eau de cuire les légumes.

Elle doit contenir le moins possible de microbes ; elle ne doit pas en renfermer de pathogènes, pas plus que des œufs ou embryons d'animaux.

Les différents caractères énumérés démontrent que, pour s'assurer de la bonne qualité d'une eau, il faut la soumettre à un examen physique, à une analyse chimique et à une étude microscopique et bactériologique.

L'examen microscopique ne sera pas toujours nécessaire, la première des qualités d'une eau potable étant sa parfaite limpidité.

L'analyse chimique et l'analyse bactériologique seront, au contraire, indispensables toutes les fois qu'il s'agira d'étudier une eau au point de vue de ses applications comme boisson pour l'homme et les animaux.

On a souvent discuté sur le point de savoir quelle était la plus importante de l'analyse chimique ou de l'analyse bactériologique. On constate, en pratique, que l'analyse bactériologique ou biologique fait souvent poser des conclusions qui diffèrent essentiellement de celles que l'on aurait données si l'on s'en était tenu à l'analyse chimique. La réciproque s'observe également, de telle sorte que l'on peut dire : *l'une des deux analyses ne peut en aucune façon suppléer à l'autre.*

Nous passerons en revue, dans les chapitres suivants, les différents moyens d'investigation ci-dessus indiqués.

DEUXIEME PARTIE

ANALYSE CHIMIQUE

Nous allons étudier l'eau potable au point de vue de son analyse chimique. Voici comment a été divisée cette partie de notre travail.

1º Prise d'échantillon et renseignements divers ;
2º Examen physique ;
3º Analyse qualitative ;
4º Analyse quantitative.

CHAPITRE PREMIER

PRISE D'ÉCHANTILLON ET RENSEIGNEMENTS DIVERS

Prise d'échantillon. — La prise d'échantillon d'une eau qui doit être soumise à l'analyse chimique est une opération extrêmement importante et qu'il faut effectuer avec un soin minutieux. Quand on prélève un échantillon d'eau, on ne saurait prendre trop de précautions pour que l'eau envoyée au laboratoire ne subisse aucune modification en route et demeure identique à l'eau au milieu de laquelle elle a été recueillie. Si l'on a affaire à un puits ou à un réservoir analogue, on puise l'eau simplement avec un seau en fer-blanc ou en zinc que l'on a lavé à plusieurs reprises avec l'eau à analyser. Si c'est à une source ou à une fontaine, on doit, si cela est possible, recueillir l'eau directement avec les récipients dans lesquels on la transportera au laboratoire.

Quand on voudra puiser de l'eau à une certaine profondeur et qu'il y aura intérêt à analyser l'eau puisée au fond ou à tel niveau déterminé d'un puits, d'un cours d'eau, etc., on se servira avec avantage de l'appareil de M. le professeur E. Bertin-Sans, de Montpellier (1). Cet appareil (fig. 4) se compose d'une armature en fil de fer étamé (*a*) où s'enchâsse exactement par le fond à charnière une bouteille en verre d'un litre de capacité. Le goulot de cette cage, elle-même en forme de bouteille, est relié par des prolongements en fil de fer à un cylindre en zinc suspendu lui-même avec tout le reste de l'appareil à l'anse du support (*a*).

Dans ce cylindre se meut une tige en fer étamé (*b*), terminée à sa partie inférieure par un bouchon conique en caoutchouc qu'un ressort à boudin presse sur l'ouverture de la bouteille en verre, mais dont celle-ci se détache par l'effet de son poids accru de celui de son revêtement métallique, lorsque l'appareil est supporté par la tige (*b*) au lieu de l'être par le support général (*a*).

A la base de la cage est suspendu un panier en zinc à jour (*c*), destiné à recevoir des rondelles de plomb pour immerger la bouteille et permettre son détachement du bouchon malgré la résistance opposée par la colonne d'eau. Ainsi lesté et suspendu, l'appareil Bertin-Sans est manœuvré de la façon suivante : soutenu par le support général (*a*), la bouteille bouchée par conséquent, il est immergé à la profondeur voulue. En ce point on cesse un instant de le soutenir par le support (*a*) et on le retient par la tige (*b*); aussitôt la bouteille abandonne son bouchon et s'ouvre par conséquent. L'eau qui doit former l'échantillon y pénètre et la remplit en moins d'une seconde. On lâche alors la tige (*b*) et on la reprend par le support (*a*). Le bouchon repoussé par le ressort à boudin s'abaisse et referme la bouteille dont le contenu peut être ainsi remonté, sans altération sensible à travers les couches d'eau supérieures.

Les récipients que l'on doit employer pour recueillir les

(1) E. Bertin-Sans, *Procédés pour puiser des échantillons d'eau dans une masse liquide à une certaine distance au-dessous de la surface. (Annales d'hygiène publique et de médecine légale, avril 1893.)*

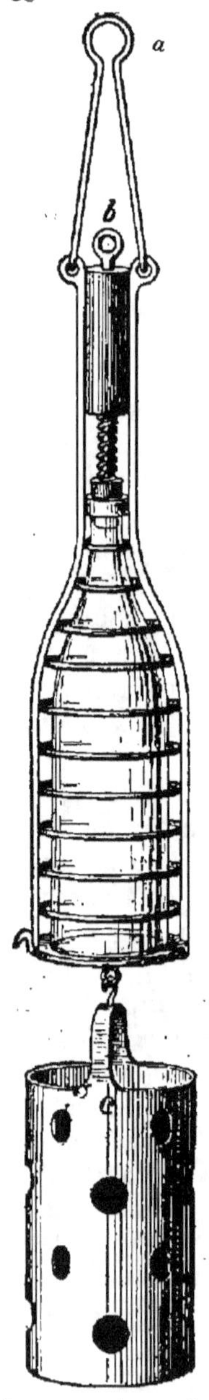

Fig. 4. — Appareil destiné à puiser l'eau pour l'analyse chimique.

échantillons sont des bouteilles d'un litre ou des bonbonnes en verre blanc, si cela est possible, munies de bouchons en verre ou en liège neuf. Certains auteurs recommandent de laver les bouteilles ou les bonbonnes avec de l'acide sulfurique et de l'eau distillée, puis avec une solution de permanganate dans l'eau acidifiée par l'acide sulfurique. La plupart du temps les personnes chargées de recueillir les échantillons d'eau n'ont ni acide sulfurique ni permanganate. Il est toujours plus facile de se procurer des récipients neufs. Dans ce cas, on conseille de laver à plusieurs reprises et en agitant fortement avec l'eau à analyser. On remplit complètement les récipients et on les bouche après avoir pris la précaution de laver les bouchons avec l'eau.

Il est bon de maintenir le bouchon avec une ficelle nouée sur le goulot et de le recouvrir avec un morceau de papier parchemin ou même de papier blanc que l'on fixe avec une ficelle. On devra toujours éviter l'emploi de la cire à cacheter.

On mentionne sur l'étiquette le nom de la source, de la rivière ou du réservoir, l'endroit où l'échantillon a été puisé, la température de l'air et de l'eau, l'état du temps le jour de la prise et les jours précédents, la date du puisement et les particularités que peuvent présenter les environs de la source et la nature du terrain.

On aura les précautions de conserver les échantillons dans un endroit frais et de les expédier au laboratoire le plus tôt possible par la voie la plus rapide.

Pour une analyse qualitative ou sommaire, le volume d'eau à adresser au laboratoire est de 1 à 2 litres. Pour une analyse complète, il faut de 5 à 10 litres.

Au laboratoire municipal de Toulon, nous remettons à toutes les personnes qui viennent nous demander une analyse d'eau potable la feuille dont le modèle est ci-dessous et qu'on rapporte au laboratoire, après l'avoir remplie, avec chaque échantillon.

LABORATOIRE MUNICIPAL DE TOULON

INSTRUCTION

pour la prise d'un échantillon d'eau potable à soumettre à l'analyse chimique.

Recueillir l'eau dans des flacons d'un litre ou des bonbonnes en verre blanc neufs et munis de bouchons neufs de verre ou de liège. Laver les instruments employés au puisage et les récipients à plusieurs reprises avec l'eau qu'ils doivent contenir. Boucher, éviter l'emploi de cire à cacheter. Recouvrir les bouchons avec un morceau de papier parcheminé humide, à défaut recouvrir d'une feuille de papier blanc en plusieurs doubles; fixer le tout à l'aide d'une ficelle. Faire parvenir le plus tôt possible au Laboratoire.

Volume à{Pour une analyse qualitative ou sommaire : 1 à 2 litres.
remettre {Pour une analyse complète : 5 à 10 litres.

Renseignements à fournir par les personnes chargées de prélever les échantillons.

Nom et place de la source, puits, etc . . . . .

Température de l'eau.   Température de l'air.

État du temps le jour de la prise et les jours précédents. . . .

Date du prélèvement. . . . .

Observations

On ne saurait trop insister sur la nécessité de prendre toutes les précautions indiquées, quand il s'agit de prélever une eau pour la soumettre à une analyse chimique. Il nous arrive très souvent au laboratoire des échantillons d'eau dans des bouteilles ayant contenu du vin, des liqueurs, des sirops, etc., bouchées avec des vieux bouchons. Dans de semblables conditions les résultats fournis par l'analyse n'ont aucune valeur.

Renseignements divers. — Un arrêté ministériel du 30 septembre 1884, pris à l'instigation de M. Brouardel, oblige les communes à soumettre les projets d'amenée d'eau au Comité consultatif d'hygiène de France.

Depuis le 23 juillet 1892, les préfets doivent adresser aux maires des communes, où doit se faire une distribution de nouvelle eau potable, les deux questionnaires suivants destinés à être remplis par les intéressés.

Ces deux questionnaires ont été rédigés par le Comité consultatif d'hygiène. L'importance et la clarté des renseignements demandés, les précautions indiquées pour la prise d'échantillons n'échapperont à personne.

PREMIER QUESTIONNAIRE

—

Projets d'amenée d'eaux potables

—

Etat actuel. — Provenance de l'eau. — Captage et distribution.

—

Chapitre Ier. — Etat actuel.

1. — Quel est le chiffre de la population de la commune?

2. — Combien y a-t-il eu de décès par année dans la commune depuis cinq ans?

3. — A quelles espèces de maladies ces décès ont-ils été attribués?

4. — Y a-t-il eu des épidémies de fièvre typhoïde ou de dysenterie? A quelle époque et quelle a été la mortalité?

5. — Quel est le nombre des habitants que doit desservir la distribution projetée?

6. — Comment, jusqu'à présent, cette partie de la population se procure-t-elle de l'eau?

7. — Y a-t-il des puits?

8. — Comment sont-ils situés (les faire figurer au plan)?

9. — Comment s'évacuent les eaux sales?

10. — Y a-t-il des égouts (les faire figurer au plan)?

11. — Y a-t-il des puisards (les faire figurer au plan)?

12. — Y a-t-il un ruisseau, une mare ou un cours d'eau auquel se rendent les eaux des cours et des maisons (les faire figurer au plan)?

13. — Y a-t-il des lavoirs? Où et comment sont-ils établis (les faire figurer au plan)?

14. — Où vont les eaux sales de ces lavoirs?

15. — Existe-t-il des fosses d'aisance?

16. — Y en a-t-il dans chaque maison?

17. — Comment sont-elles établies?
18. — Que deviennent les matières de vidange?
19. — Emploie-t-on l'engrais humain pour la culture?
20. — Quelle est la nature du sol cultivé et non cultivé de la région?
21. — Y a-t-il de grands espaces de terrains non cultivés?
22. — Est-ce des bois, des prairies, des jachères, des marécages?

CHAPITRE II. — PROVENANCE DE L'EAU A FOURNIR.

L'eau à fournir proviendra-t-elle de sources, de puits ou de cours d'eau?

Suivant les cas il devra être répondu aux questions comprises dans l'une des sections indiquées ci-après.

Section Ire. — Sources.

1. — De quelle sorte de terrain la source émerge-t-elle?
2. — Quelle est la composition géologique du sol qu'elle traverse?
3. — A quelle distance se trouve-t-elle des habitations?
4. — Combien la source débite-t-elle d'eau par minute (ou par vingt-quatre heures)?
5. — A quelle époque le jaugeage a-t-il été pratiqué?
6. — Comment le jaugeage des eaux a-t-il été pratiqué?
7. — Comment la source serait-elle captée?
8. — La source est-elle à un niveau inférieur, égal ou supérieur, à celui du point de distribution?

Section II. — Puits et galeries captantes.

1. — Est-il absolument impossible de se procurer de l'eau de sources?
2. — Existe-t-il des puits dans le voisinage de l'endroit où sera placé le puits projeté (ou la galerie captante projetée)?
3. — A quelle profondeur les eaux s'y trouvent-elles?
4. — Composition du sol qui recouvre la nappe aquifère? Et notamment le sol est-il étanche?
5. — Quel peut être le débit du puits (ou de la galerie captante)?
6. — Ce débit est-il constant ou variable?
7. — Sur quelles données reposent les prévisions relatives au débit?

Section III. — Cours d'eau.

1. — Est-il absolument impossible de se procurer de l'eau de source?
2. — Quelle est, à peu près, la longueur du cours d'eau, de son origine jusqu'à la prise d'eau?
3. — Quel est son débit minimum?
4. — Comment ce jaugeage a-t-il été effectué?

5. — Quelle est la nature géologique des terrains sur lesquels coule ce cours d'eau?

6. — En amont de la prise d'eau, le cours d'eau traverse-t-il des villes ou des villages?

7. — Existe-t-il dans le voisinage du cours d'eau des villes, des villages, de grandes agglomérations (casernes, prisons, hôpitaux, asiles, etc.)? Indiquer le chiffre afférent à chaque agglomération.

8. — Existe-t-il dans le voisinage du cours d'eau des établissements industriels? Indiquer leur nature et leur importance?

9. — Quelle sera la quantité d'eau utilisée par jour pour la distribution?

Chapitre III. — Captage et distribution.

1. — Existe-t-il au voisinage du point où les eaux sont recueillies des causes pouvant amener la pollution des eaux (habitations, grandes agglomérations, établissements industriels, lavoirs, dépôts d'engrais, etc.)?

2. — Quelles dispositions seront prises en vue d'éviter la pollution des eaux au point où elles seront recueillies?

3. — Est-il nécessaire d'élever les eaux pour en effectuer la distribution?

4. — Par quel moyen l'élévation des eaux sera-t-elle assurée?

5. — Y aura-t-il un réservoir de distribution? Où et comment sera-t-il établi?

6. — Quels seront les matériaux utilisés pour la canalisation amenant les eaux à ce réservoir?

7. — Quels seront les matériaux utilisés pour les conduites de distribution?

8. — La distribution est-elle projetée en vue d'un service public et d'un service particulier, ou seulement en vue de l'un ou de l'autre?

9. — Y aura-t-il des fontaines et des bornes-fontaines? Et combien?

DEUXIÈME QUESTIONNAIRE

Prélèvement des échantillons destinés à l'analyse

Quelles sont les personnes qui ont procédé au prélèvement des échantillons?

Température de l'air au moment où ces échantillons ont été prélevés et sur les lieux du prélèvement.

Température de l'eau au moment même du prélèvement des échantillons.

Comment a-t-on procédé au prélèvement des échantillons pour l'analyse chimique?

Combien de litres d'eau a-t-on prélevés pour cette analyse?

Comment ont été prélevés les échantillons pour l'analyse bactériologique?

Comment ont été stérilisés les récipients dans lesquels ont été recueillis les échantillons destinés à l'analyse bactériologique?

A-t-on eu soin de mettre les échantillons (pour l'analyse bactériologique) dans de la glace et de la sciure immédiatement après leur prélèvement?

Comment l'eau destinée aux analyses a-t elle été mise à découvert pour ces prélèvements?

Dans quels instruments a-t-elle été recueillie avant d'en remplir les bouteilles, les flacons et les tubes?

Avait-il plu dans les journées et les nuits qui ont précédé le moment du prélèvement?

Comment se trouve situé le point où se sont faits les prélèvements par rapport à l'agglomération que l'eau doit alimenter? Préciser ce point sur le plan annexé au dossier et y faire figurer les maisons, fermes, écuries, cours, lavoirs, dépôts de fumiers, etc., en les désignant par des signes facilement reconnaissables.

Les projets d'amenée d'eau potable sont envoyés, avec tous les renseignements qui précèdent joints aux analyses d'eau qui ont pu être effectuées, aux *Conseils d'hygiène* du département et de l'arrondissement. Les dits conseils doivent donner leur avis sur la valeur hygiénique de l'eau et faire un rapport circonstancié. Le rapport du Conseil d'hygiène départemental ou d'arrondissement est transmis, avec tout le dossier, au Comité consultatif d'hygiène de France qui donne son avis en dernier ressort.

CHAPITRE II

EXAMEN PHYSIQUE

Aspect. — Limpidité. — Une eau potable doit être d'une limpidité parfaite et ne pas contenir de matières en suspension. Toute eau trouble ou d'une transparence douteuse est suspecte, sinon mauvaise, selon la nature des substances minérales ou organiques qui lui donnent cette apparence. Certaines eaux ferrugineuses ou calcaires se troublent, en effet, tout en étant potables, au bout d'un certain temps.

En tout cas, on devra, au préalable, soumettre à l'analyse toute eau non limpide destinée à la consommation.

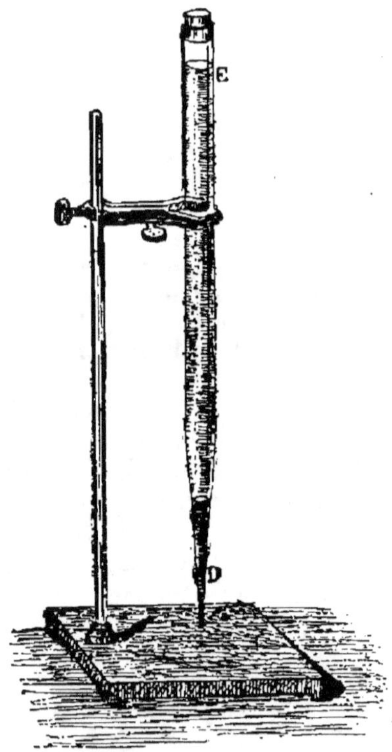

Fig. 5. — Appareil pour recueillir l'eau pour l'examen microscopique.

Il peut être utile de connaître le volume ou le poids des matières en suspension. Quand il en est ainsi, voici comment on procède : on agite l'eau très fortement et on en introduit un volume déterminé dans un vase conique gradué et à pied. On abandonne au repos un jour ou deux et on note le volume occupé par le dépôt. Si l'on veut en connaître le poids, il suffit de le recueillir sur un filtre taré et de le peser. Certains auteurs emploient, dans le même but, un verre effilé et fermé à l'un de ses bouts (fig. 12), dans lequel on met l'eau dont il s'agit d'examiner les matières en suspension.

Quoi qu'il en soit, nous le répétons, toute eau trouble ne devra être bue qu'après avoir été soigneusement examinée. Si l'analyse n'y montre la présence d'aucun élément nuisible, on pourra la consommer, après l'avoir filtrée ou soumise à un repos suffisamment prolongé.

Dans le cas où le dépôt serait odorant, l'eau devrait être considérée comme absolument nuisible.

Une limpidité parfaite ne correspond pas toujours à un état parfait de pureté de l'eau. Il nous est arrivé fort souvent de déclarer mauvaises des eaux qui ne laissaient rien à désirer au point de vue de la limpidité.

Coloration. — L'eau potable vue en petite quantité doit être incolore, vue sous une grande épaisseur, elle possède une légère teinte bleue.

Une eau, qui, regardée sous une faible épaisseur, est colorée, tient en dissolution ou en suspension des matières étrangères, indices de son impureté. On doit la considérer comme impropre à la consommation ou tout au moins comme suspecte. M. Burcker (1) dit « qu'on doit rejeter de l'alimentation toutes les eaux qui, sous une faible épaisseur, ne sont pas absolument incolores, et qui ne sont pas d'un bleu pur, quand on les examine sous une épaisseur un peu plus considérable ; on peut faire usage pour cet examen d'un tube en verre blanc d'une longueur de 0 m. 50 à 1 mètre, qu'on ferme par des glaces à ses deux extrémités : le tube de 50 centimètres du grand polarimètre Laurent remplit parfaitement les conditions nécessaires à cet examen. »

Odeur. — Les infiltrations d'égoûts, de fosses d'aisance, de certains liquides industriels, etc., donnent fort souvent à l'eau certaines odeurs.

L'eau potable doit être inodore. Toute eau odorante, quelle qu'en soit l'odeur, ne devrait pas être employée comme eau de boisson. Les eaux odorantes sont généralement celles qui ne s'écoulent pas à l'air libre et dans lesquelles se trouvent des matières organiques ; telles sont certaines eaux de puits ou de citerne. Cette odeur, quelquefois nauséabonde, souvent sulfhy-

---

(1) E. Burcker, *Traité des falsifications et altérations des substances alimentaires et des boissons*, p. 12.

drique, vient soit de la putréfaction de matières organiques, soit de l'action de ces dernières sur les sulfates de l'eau. Ces sels sont réduits et transformés en sulfures qui, au contact de l'air, mettent en liberté leur acide sulfhydrique.

L'odeur s'apprécie en agitant fortement dans une bouteille fermée l'eau à examiner, en ôtant brusquement le bouchon et en approchant aussitôt le nez de l'orifice de la bouteille. On peut aussi très avantageusement porter l'eau dans un tube à la température de 35 à 40° ou la refroidir à 0°.

Toute eau odorante doit être rejetée de l'alimentation.

Saveur. — Les personnes qui ne boivent que de l'eau perçoivent mieux que les autres la saveur d'une eau.

Pour la plupart d'entre nous, l'eau n'a pas de goût bien particulier. Une eau doit toutefois être fraîche et agréable. Il faut se méfier d'une eau dont le goût est fade, amer ou salé, désagréable en un mot. Une eau est fade quand elle tient très peu de sels en dissolution, telle est l'eau distillée, l'eau de citerne ; elle est saumâtre ou salée, si elle contient un excès de chlorure de sodium ou sel marin ; elle est amère, si elle renferme des sels magnésiens en grande quantité. Une saveur légèrement acidulée n'est pas un indice d'impureté ; elle est due, au contraire, à la présence d'un excès d'acide carbonique.

Qualités de conservation. — Imputrescibilité. — Certains auteurs attachent une grande importance aux qualités de conservation d'une eau. Dumas disait qu'une eau était d'autant meilleure qu'elle se conservait plus longtemps. Une eau de bonne qualité ne devra pas se décomposer lorsqu'on l'exposera, pendant un certain nombre de jours, dans des vases pleins ou en vidange placés à la lumière ou dans l'obscurité.

Voici comment nous procédons pour observer l'imputrescibilité d'une eau : nous remplissons deux ballons avec de l'eau à examiner et nous plaçons l'un d'eux à la lumière, l'autre à l'obscurité, à la température du laboratoire. Nous observons tous les jours, pendant huit à quinze jours, l'aspect, la couleur et l'odeur de cette eau.

Certaines eaux, et ce sont généralement des eaux suspectes ou mauvaises, se troublent, se colorent et dégagent une odeur de pourri au bout de quelques jours.

Température. — On doit rechercher les eaux dont la température varie entre 8 et 10° centigrades. Au-dessous de 8°, l'eau peut fatiguer l'estomac. Au-dessus de 15 à 20°, elle n'est pas agréable. Et cependant combien de villes et de communes consomment de l'eau dont la température est, en été, supérieure à 20°!

A Toulon où la température est à la source de 13 à 15°, elle s'élève de 18 à 21° dans les maisons et aux fontaines publiques. A Marseille, la température de l'eau n'est jamais en été au-dessous de 23 à 24°.

La température de l'eau des villes est très variable et dépend de la construction et de la situation des réservoirs, de la profondeur dans le sol de la conduite d'amenée et de sa longueur.

La température des eaux de puits est relativement constante; c'est ce qui fait que, lorsqu'on boit de ces eaux, en hiver, on ne les trouve pas froides ; tandis qu'en été elles laissent au palais une sensation de fraîcheur très agréable, mais dont il faut se méfier, comme nous l'avons démontré.

CHAPITRE III

ANALYSE QUALITATIVE

Réaction. — Nous constatons la réaction d'une eau à l'aide d'un papier de tournesol bleu et rouge que nous préparons nous-même; les papiers de tournesol vendus par le commerce n'étant, le plus souvent, pas suffisamment sensibles.

Une bonne eau potable doit être neutre ou très faiblement acide. Cette acidité est due ordinairement à la présence de l'acide carbonique. On devra se méfier des eaux présentant une réaction alcaline parfaitement nette. Nous avons cependant eu l'occasion d'analyser quelques eaux de bonne qualité, dont la réaction très légèrement alcaline provenait de la présence d'une forte proportion de bicarbonate de chaux. Il n'y a aucun inconvénient à ce que de telles eaux bleuissent très faiblement le tournesol.

Dureté. — On dit qu'une eau est *dure* quand elle contient une proportion plus ou moins grande de sels calcaires et magnésiens. Expliquons ce que signifie ce mot de *dureté* : lorsqu'on ajoute quelques gouttes d'une solution alcoolique de savon à de l'eau distillée, il se produit immédiatement par agitation une mousse abondante.

Pour faire mousser une eau potable (source, puits, etc.), il faut généralement une quantité de savon plus ou moins grande et en rapport avec les bases terreuses qu'elle renferme. Ce sont ces dernières qui s'opposent à la production de la mousse, laquelle ne se forme qu'à l'instant où tous les sels sont décomposés par le savon. C'est à cet obstacle apporté à la formation de la mousse que l'on a donné le nom de *dureté*. La dureté d'une eau se mesure à l'aide d'une méthode spéciale dite *hydrotimétrique* que nous exposerons au chapitre *Analyse quantitative.*

Chlorures. — La plupart des eaux potables, pour ne pas dire toutes, contiennent des chlorures en proportion variable. Quand ces sels se trouvent en excès, elles sont saumâtres ou salées et mauvaises au goût

Lorsqu'on veut rechercher les chlorures dans une eau, on ajoute quelques gouttes d'une solution d'azotate d'argent additionnée d'acide azotique et préparée selon la formule suivante :

Azotate d'argent 5
Acide azotique. 2
Eau distillée 100

Cette solution produit un précipité blanc, plus ou moins abondant, de chlorure d'argent. Ce précipité est soluble dans l'ammoniaque, insoluble dans l'acide nitrique, et devient violet sous l'action de la lumière.

La solution d'azotate d'argent doit être conservée dans des flacons en verre jaune ou noir, les sels d'argent se décomposant à la lumière.

Sulfates. — Pour rechercher les sulfates, on se sert de la solution suivante :

Chlorure de baryum pur 10
Acide chlorhydrique pur 1
Eau distillée 100

On additionne l'eau à examiner de quelques gouttes de réactif qui donne un précipité de sulfate de baryte, à peine perceptible si l'eau ne contient que des traces de sulfates, et abondant s'il s'en trouve beaucoup.

On rencontre des sulfates, au moins à l'état de traces, dans presque toutes les eaux potables.

La présence de l'acide sulfurique dans les eaux s'explique par ce fait qu'elles sont fort souvent en contact avec des sulfates, parmi lesquels le plus répandu est le sulfate de chaux ou gypse. D'une manière générale, les eaux courantes sont moins sulfatées que celles qui proviennent de l'intérieur de la terre, et celles-ci le sont d'autant plus qu'elles ont traversé une couche plus grande de terrain gypseux.

Les eaux qui renferment un excès de ces sels, et principalement du sulfate de chaux, sont dites *séléniteuses*; elles cuisent mal les légumes, et sont quelquefois difficiles à digérer.

Phosphates. — L'acide phosphorique de certaines eaux peut provenir, soit des phosphates terreux que l'eau a dissous dans son parcours, soit de la souillure de cette eau par des matières fécales ou urinaires.

L'acide phosphorique, combiné bien entendu, est considéré comme un élément normal des eaux ; car celles-ci par suite de leur contact continuel avec le phosphate de chaux, si abondant dans la nature, peuvent contenir des traces de cet acide. Il est d'ailleurs, dans certains cas, assez facile de reconnaître si l'acide phosphorique d'une eau est naturel ou d'origine fécale ou urinaire. Les eaux contaminées par de la matière fécale ou de l'urine renferment toujours l'un des éléments suivants : ammoniaque, azotates et azotites. Une eau dans laquelle on trouvera un ou plusieurs de ces derniers corps, en même temps qu'une assez grande quantité d'acide phosphorique, pourra être considérée comme contaminée; elle sera, en tout cas, fortement suspecte.

Recherche de l'acide phosphorique. — 1° *Par le molybdate d'ammoniaque.* — On acidule avec de l'acide nitrique 50 à 60 centimètres cubes d'eau; on réduit par évaporation à 15 ou 20 centimètres cubes; on filtre et l'on recherche l'acide phosphorique comme il suit :

On introduit dans un tube à essais quelques centimètres cubes d'une solution de molybdate d'ammoniaque, on ajoute à la surface du réactif 1 à 2 centimètres de l'eau concentrée, on chauffe légèrement à une température de 35 à 40° centigrades ; s'il y a de l'acide phosphorique, il se forme immédiatement un précipité pulvérulent, jaune clair, de phospho-molybdate d'ammoniaque.

Lorsqu'il n'y a que des traces d'acide phosphorique, la réaction met un certain temps pour se produire.

La solution de molybdate d'ammoniaque se prépare en dissolvant 25 grammes d'acide molybdique dans 100 centimètres cubes d'ammoniaque de densité 0.93; on filtre et l'on verse dans 400 centimètres cubes d'acide nitrique de densité 1.20.

2° *Par la solution magnésienne.* — Ce réactif se prépare en faisant dissoudre 7 grammes de magnésie calcinée dans 150 grammes environ d'eau distillée acidulée par l'acide chlorhydrique. Il est bon de mettre un léger excès de ce dernier. On ajoute 85 grammes de chlorhydrate d'ammoniaque; 150 centimètres cubes d'ammoniaque de densité 0,91 ; on amène le volume, à l'aide d'eau distillée, à 500 centimètres cubes; on agite, on laisse reposer plusieurs jours et l'on filtre. Avant de se servir du réactif, on doit s'assurer qu'il ne donne aucun trouble, ni précipité par l'ammoniaque.

Dans le cas où il se produirait un trouble ou un précipité, il faudrait ajouter du chlorure d'ammonium jusqu'à ce que l'ammoniaque n'ait plus d'action sur la mixture magnésienne.

On peut, pour se servir de cette solution, traiter directement 2 à 3 centimètres cubes de l'eau par un demi-centimètre cube environ de solution magnésienne.

Si l'eau contient environ un centigramme d'acide phosphorique par litre, le réactif produira un léger trouble au bout de quelques minutes. Pour rendre la réaction beaucoup plus sensible, il est bon d'évaporer 100 centimètres cubes d'eau, de dissoudre le résidu dans 10 centimètres cubes d'eau distillée préalablement additionnée d'acide chlorhydrique. Le précipité ou le trouble se produit immédiatement si l'eau renferme seulement quelques milligrammes d'acide phosphorique par litre.

Hydrogène sulfuré et sulfures. — L'hydrogène sulfuré et les sulfures alcalins ou terreux qui se trouvent dans certaines eaux sont un indice de son impureté ; car ils proviennent le plus souvent de la réduction des sulfates des eaux par des matières organiques.

Les eaux de puits, les eaux stagnantes placées dans le voisinage d'égoûts, de puisards, de fosses d'aisance, renferment presque toujours de l'hydrogène sulfuré libre ou combiné.

Nous avons eu plusieurs fois l'occasion d'analyser des eaux de citerne qui renfermaient manifestement de l'hydrogène sulfuré. Les eaux courantes, au contraire, n'en contiennent jamais, quoiqu'elles soient continuellement en contact avec des matières organiques en décomposition. Cela doit tenir à ce que, au contact de l'air, l'acide sulfhydrique et les sulfures se décomposent, au fur et à mesure qu'ils se forment, en eau, soufre et acide sulfurique.

D'après M. Marchand, l'eau de pluie ne serait pas exempte elle-même de faibles traces d'hydrogène sulfuré. M, Marchand a constaté la présence dans l'air de ce corps ; il n'est donc pas étonnant de le rencontrer dans l'eau de pluie.

La présence de l'acide sulfhydrique libre ou combiné dans une eau potable doit la faire rejeter de l'alimentation.

On a cru pendant longtemps que la production de l'hydrogène sulfuré dans les eaux était due à des végétaux microscopiques appelés *sulfuraires (beggiatoacées)*. On sait aujourd'hui que ce sont d'autres bactéries qui produisent l'hydrogène sulfuré et que ces bactéries sont probablement *anaérobies*. Les *sulfuraires*, bien au contraire, ont besoin pour vivre d'hydrogène sulfuré auquel elles enlèvent du soufre qu'elles fixent dans leur protoplasma.

L'hydrogène sulfuré que l'on rencontre dans les eaux provient de l'action réductrice de certaines bactéries sur les sulfates de ces eaux. Il est fort probable que plusieurs bactéries possèdent cette propriété particulière ou, du moins, qu'elles l'acquièrent dans des circonstances qui ne sont pas encore connues.

Recherche de l'hydrogène sulfuré libre ou combiné. — 1° *(a) Hydrogène sulfuré libre et combiné.* — On remplit un grand tube en verre blanc (tube à glucose) avec l'eau, filtrée au besoin ; on ajoute une dizaine de gouttes d'une solution concentrée de soude caustique et quelques gouttes (2 à 3) d'une solution d'acétate de plomb ; on place le tube sur une feuille de papier blanc, et on regarde de haut en bas, c'est-à-dire sous la plus grande épaisseur.

Des traces d'hydrogène sulfuré ou de sulfures produisent une coloration brune, due à la formation d'une faible quantité de sulfure de plomb.

(*b*) On introduit dans une fiole de Bohême 50 centimètres cubes d'eau environ, on ajoute 2 centimètres cubes d'acide chlorhydrique. On place sur l'orifice un bouchon de liège fendu à la partie inférieure et disposé de manière à pouvoir fixer une bandelette de papier. Ce papier est plongé d'abord dans une solution d'acétate de plomb, puis dans une autre de carbonate d'ammoniaque. On chauffe légèrement, d'abord à 30 ou 40°, puis au bain-marie.

Des traces d'hydrogène sulfuré libre ou combiné brunissent le papier plombique.

2° *Hydrogène sulfuré libre.* — *A.* On peut employer le procédé précédent (*b*), en supprimant l'acide chlorhydrique.

B. La meilleure manière de reconnaître l'hydrogène sulfuré libre, c'est de sentir, après l'avoir vivement agitée, l'eau que l'on suppose en contenir. Une telle eau dégagera l'odeur d'œufs pourris qui caractérise l'hydrogène sulfuré.

Azotates et azotites. — L'acide azotique ou nitrique combiné aux bases forme des azotates ou nitrates. L'acide azoteux ou nitreux donne lieu à des azotites ou nitrites.

Ce sont les chimistes du siècle dernier qui ont reconnu les premiers la présence de l'acide nitrique (1) dans les eaux potables. C'est successivement dans les eaux de rivières, dans les eaux de puits et dans les eaux atmosphériques que l'on a constaté l'existence de ce corps.

La théorie de la nitrification a expliqué, jusqu'au moment de la découverte des bactéries nitrifiantes, la formation de l'acide nitrique. Disons donc quelques mots de cette théorie :

1° Cavendish a le premier constaté que l'azote et l'oxygène, qui sont les principaux éléments de l'air, se combinent lentement et en faible proportion sous l'action des étincelles électriques. Si l'on absorbe les acides produits à l'aide d'une solution alcaline, tout l'azote est peu à peu transformé en azotates ou en azotites. C'est ce qui explique la présence de ces derniers sels dans les eaux de pluie recueillies pendant ou après un orage.

(1) L'acide azotique et l'acide azoteux dont nous parlons ne se trouvent pas dans les eaux à l'état de liberté. Ils y sont, bien entendu, combinés à diverses bases.

2° L'oxygène de l'air, par son action sur l'ammoniaque en présence d'un corps poreux tel que la pierre qui sert à construire nos maisons, produit de l'acide azotique.

Celui-ci se forme en quantité d'autant plus grande que la pierre contient de la chaux, c'est-à-dire une base qui neutralise l'acide au fur et à mesure de sa formation.

Nous avons cité seulement les deux principaux modes de production de l'acide nitrique, bien que celui-ci se forme dans quelques autres circonstances.

L'acide nitreux ou azoteux se trouve assez souvent en très faible quantité dans les eaux potables. Comme l'acide nitrique il peut avoir plusieurs origines.

Et d'abord, on sait qu'il se produit de l'azotite d'ammoniaque dans un grand nombre d'oxydations à l'air humide.

La réduction partielle des nitrates par certains corps minéraux et organiques peut encore donner lieu à la formation d'acide nitreux.

Les eaux de pluie et de neige fondue renferment de l'acide nitreux, et ce dernier précède souvent l'acide nitrique dans le travail de la nitrification.

On admet aujourd'hui que la formation de l'acide nitrique est due à diverses bactéries découvertes par MM. Schlœsing et Müntz, dans la terre végétale. Ces bactéries possèdent la propriété de transformer l'ammoniaque tantôt en acide nitrique, tantôt en acide nitreux, sous certaines conditions d'âge, d'aération et de température.

Certains auteurs sont d'avis que, si les bactéries nitrifiantes vieillissent, elles produisent de l'acide nitreux au lieu d'acide nitrique ; d'autres pensent que des bactéries spéciales doivent produire l'acide nitreux.

MM. Gayon et Dupetit affirment que le *bacterium denitrificans*, découvert par ces auteurs, décompose les nitrates et les transforme en nitrites et même en protoxyde d'azote.

De même que nous ne savons pas très bien si l'acide nitrique se forme avant ou après l'acide nitreux, nous ne sommes pas fixés sur le point de savoir si les fermentations nitrique et nitreuse ont lieu dans le sein de l'eau ou dans la terre.

Quoi qu'il en soit, les nitrates, comme les nitrites, sont l'indice que l'eau a été le siège de fermentations spéciales aux dépens des matières organiques, ou que cette eau s'est souillée par son contact avec des substances ayant subi des transformations sous l'influence de certaines bactéries.

La présence de ces sels rend une eau suspecte, s'il n'y en a que de faibles traces. Une eau doit être considérée comme mauvaise s'il s'y trouve des traces de nitrites sensibles immédiatement aux réactifs.

Une certaine proportion d'azotates rend également une eau impropre à la consommation; nous fixerons cette proportion au chapitre relatif au dosage de l'acide azotique.

Recherche des azotates. — Plusieurs procédés peuvent être employés pour la recherche des nitrates dans l'eau potable.

1º *Par la brucine* (A). — On dissout 50 centigrammes de brucine dans 200 centimètres cubes d'eau distillée; on mélange dans un tube 2 à 3 centimètres cubes de cette solution avec le même volume de l'eau à essayer. D'autre part, on met dans un tube large 2 à 3 centimètres cubes d'acide sulfurique pur et l'on verse à la surface, avec précaution et à l'aide d'une pipette, le mélange d'eau et de solution de brucine.

Si l'eau contient de l'acide azotique, il y a formation, à la surface de séparation des deux liquides, d'un anneau rose d'autant plus foncé que l'eau contient plus d'azotates.

La coloration rose se produit si l'eau contient seulement 1 ou 2 milligrammes par litre d'acide nitrique. On peut, pour rendre l'anneau plus net, agiter légèrement le tube en lui imprimant un mouvement circulaire. L'anneau s'agrandit et devient beaucoup plus facile à voir, surtout si l'on a le soin de regarder le tube sur un fond blanc. Si l'eau renferme une assez forte proportion de nitrates, on obtient, après avoir complètement mélangé les deux liquides, une coloration jaune.

2º *Par la brucine* (B). — On place quelques fragments de brucine sur le résidu d'évaporation de 50 à 60 centimètres cubes d'eau, et l'on ajoute quelques gouttes d'acide sulfurique pur. Il se produit une coloration rose ou rouge s'il y a des nitrates.

3º *Par la diphénylamine.* — Cette méthode a été appliquée par notre ami, M. L. Roos, chimiste en chef du laboratoire des douanes de Cette, pour la recherche de l'acide nitrique dans les vins. Elle est basée sur la coloration bleue intense que donne la diphénylamine sous l'influence des oxydants, et notamment de l'acide nitrique. Cette réaction est tellement sensible qu'elle permet de découvrir jusqu'à 5/10º de milligramme d'acide nitrique par litre d'eau.

Voici comment on procède : on fait une solution de diphénylamine dans l'acide sulfurique concentré et pur (environ 50 centigrammes de diphénylamine pour 100 centimètres cubes d'acide sulfurique).

On place quelques centimètres cubes de cette solution dans un tube large ou dans un verre à pied, et l'on verse avec précaution quelques centimètres cubes de l'eau à essayer. Si l'eau renferme des nitrates, il se forme à la surface de séparation des deux liquides un anneau bleu, dont la teinte foncée est en rapport avec la quantité des nitrates qui se trouvent dans l'eau.

4° *Par l'acide sulfurique et l'acide phénique.* — Le réactif se prépare en faisant dissoudre 1 gramme d'acide phénique cristallisé dans 4 grammes d'acide sulfurique concentré et pur; on étend avec 2 centimètres cubes d'eau distillée.

On ajoute 2 à 3 gouttes de ce réactif au résidu de l'évaporation de quelques centimètres cubes de l'eau. Si celle-ci contient des azotates, il se produit un composé nitrogéné du phénol qui possède une coloration rouge brun, devenant jaune par addition de 1 ou 2 gouttes d'ammoniaque, par suite de la formation de nitro-phénate d'ammoniaque.

Recherche des azotites. — Nous allons indiquer les procédés les plus commodes en usage pour la recherche des nitrites dans les eaux.

1° *Procédé de Schœnbein.* — Schœnbein se sert comme réactif d'une solution d'empois d'amidon ioduré qu'il prépare avec :

Amidon	20 gr.
Eau distillée	500 —

Il ajoute à cet empois 1 gramme d'iodure de potassium pur privé d'iodate.

Ce réactif s'emploie en l'ajoutant simplement à l'eau examinée préalablement acidulée avec de l'acide sulfurique étendu.

Les nitrites donnent une coloration bleue d'iodure d'amidon se produisant même avec une eau qui contient seulement un milligramme d'acide nitreux par litre.

2° *Procédé de Trommsdorf.* — Ce procédé repose sur ce fait qu'une eau renfermant de l'acide nitreux ou des nitrites donne, quand on l'additionne d'acide sulfurique étendu et d'une solution d'iodure de zinc amidonnée (réactif de Trommsdorf), une coloration bleue plus ou moins intense suivant la proportion de nitrites.

Les réactifs nécessaires pour la recherche des nitrites par le procédé de Trommsdorf sont :

1° Une solution d'acide sulfurique pur ;

2° Le réactif de Trommsdorf.

Solution d'acide sulfurique. — Elle se prépare en mélangeant 10 centimètres cubes d'acide sulfurique et 30 centimètres cubes d'eau distillée et en laissant refroidir le mélange.

Réactif de Trommsdorf. — On prend :

Fécule de pomme de terre	5 gr.
Chlorure de zinc.	20 —
Eau distillée	100 —

On fait bouillir le mélange en remplaçant l'eau qui s'évapore, et en agitant de temps à autre jusqu'à ce que la pellicule d'empois qui se forme soit à peu près dissoute. Cela demande plusieurs heures. On ajoute alors 2 grammes d'iodure de zinc pur et sec ; on étend d'eau pour faire environ 1 litre et l'on filtre. La filtration est longue. Le liquide est assez souvent légèrement trouble, ce qui n'a aucune importance.

Ce réactif placé dans un flacon en verre jaune se conserve parfaitement et ne perd rien de sa sensibilité, même après plusieurs mois.

Mode d'emploi. — On met dans un tube 15 à 20 centimètres cubes de l'eau filtrée ; on ajoute une dizaine de gouttes d'acide sulfurique étendu, puis environ un demi-centimètre cube de réactif de Trommsdorf.

Si l'eau contient des nitrites, il se produira une coloration bleue, dont l'intensité sera en rapport avec la proportion des azotites.

Cette réaction est extrêmement sensible, puisque une eau qui renferme seulement 1 milligramme par litre d'azotite de potasse donne immédiatement une couleur bleue très nette.

Il faut, pour pouvoir conclure à la présence d'azotites, que la teinte bleue se produise immédiatement, ou deux à trois minutes après que l'on aura ajouté l'empois iodo-zincique. On doit se tenir en garde contre la très grande sensibilité de cette réaction ; car une eau pure, privée d'acide nitreux, traitée dans les conditions précédentes, se colore en bleu au bout de dix minutes, si on l'expose à l'action directe des rayons du soleil ; à la lumière diffuse, une très faible coloration se produit au bout de plusieurs heures ou de plusieurs jours.

3° *Par la méta-phénylène-diamine.* — On fait dissoudre 50 centigrammes de méta-phénylène-diamine dans 100 centimètres cubes d'eau distillée, additionnée de quelques gouttes d'acide sulfurique ou chlorhydrique.

La solution se colore en jaune brun et se conserve difficilement.

Mode d'emploi. — On ajoute un demi-centimètre cube environ de réactif à 15 ou 20 centimètres cubes de l'eau à analyser, préalablement acidulée par l'acide sulfurique. Si l'eau contient de l'acide nitreux, le réactif produit une coloration qui varie du rouge feu au jaune, selon la proportion de cet acide. Une solution de 1 milligramme d'azotite de potasse dans un litre d'eau distillée suffit pour donner une teinte jaune caractéristique.

Cette coloration a lieu, par suite de la transformation de la méta-phénylène-diamine en triamidazobenzène ou brun de Bismarck, sous l'action de l'acide azoteux.

A cause de la difficulté de conservation de cette solution, on peut se servir de la méta-phénylène-diamine en poudre dont on dissout une très faible proportion dans l'eau distillée acidulée à l'aide de quelques gouttes d'acide chlorhydrique ou sulfurique.

4° *Procédé de Griess.* — Ce procédé est basé sur ce fait que l'acide sulfanilique donne naissance, en présence de l'acide azoteux, à un composé diazoïque que la naphtylamine transforme en un corps donnant une belle couleur rose.

Mode d'emploi. — On ajoute à 10 centimètres cubes d'eau 1 goutte d'acide chlorhydrique étendu au 1/5°, 1 goutte d'une solution saturée d'acide sulfanilique et 1 goutte d'une solution de naphtylamine.

Une eau qui contient des nitrites prend une coloration variant du rose faible au rouge rubis. Cette réaction est très sensible.

Chaux. — Toutes les eaux potables naturelles contiennent de la chaux combinée soit à l'acide carbonique, soit à l'acide sulfurique. Quelques auteurs prétendent que la chaux des eaux potables est combinée avec les acides nitrique, phosphorique, chlorhydrique, silicique, etc., ce qui est fort possible ; mais un fait certain, c'est que le sulfate et le bicarbonate de chaux sont les deux sels qui dominent dans les eaux potables.

La présence de la chaux dans toutes les eaux, même l'eau de pluie dans laquelle on en a décelé des traces, s'explique par ce fait que cette base constitue la plus grande partie de la croûte du globe terrestre. Il n'est donc pas extraordinaire que les eaux continuellement en contact avec la chaux en renferment une plus ou moins forte proportion.

Ce sont les sels de chaux qui forment la plus grande partie des sels fixes que l'on trouve dans la plupart des eaux, et ce n'est qu'exceptionnellement qu'il n'en est pas ainsi. MM. Boutron et O. Henry ont toutefois constaté que l'eau de puits de Grenelle avait la potasse comme principal élément fixe.

Les eaux potables, qui renferment, comme nous l'avons vu, du sulfate ou du bicarbonate de chaux, peuvent, selon M. Lefort (1), être classées en eaux sulfatées calciques et en eaux bicarbonatées calciques, suivant que le sulfate ou le bicarbonate de chaux dominera.

Les eaux sulfatées calciques, appelées, comme on l'a vu, *séléniteuses* ou *gypseuses*, proviennent des puits ou des sources creusés dans le terrain de sédiment supérieur. Certaines de ces eaux contiennent une proportion telle de sulfate de chaux qu'il serait imprudent d'en user.

Les eaux potables bicarbonatées calciques empruntent, nous dit M. Lefort, leurs principes fixes aux terrains qu'elles traversent, c'est-à-dire aux terrains crayeux et marneux.

Les eaux courantes contiennent moins de sels de chaux que les eaux de puits ou de source. C'est presque toujours à l'état de bicarbonate que la chaux se trouve dans ces eaux.

Les concrétions que l'on remarque dans les conduites de certaines eaux sont formées de carbonate de chaux qui provient de la décomposition du bicarbonate de chaux et se dépose par couches successives.

Recherche de la chaux. — On traite quelques centimètres cubes d'eau par 2 ou 3 gouttes d'ammoniaque, on filtre s'il y a lieu, et on ajoute au liquide filtré quelques gouttes d'une solution d'oxalate d'ammoniaque à 10 pour 100. Si l'eau contient de la chaux, il se forme un précipité blanc d'oxalate de chaux, plus ou moins abondant selon la proportion de chaux qui se trouve

(1) J. Lefort, *Traité de chimie hydrologique.*

dans l'eau. Le précipité d'oxalate de chaux obtenu est soluble dans les acides chlorhydrique et azotique et insoluble dans les acides acétique et oxalique.

Magnésie. — La magnésie se trouve très fréquemment et à l'état de traces dans les eaux potables. Elle est le plus souvent combinée aux acides sulfurique, chlorhydrique et carbonique. Les auteurs citent cependant quelques eaux qui ne renferment pas de magnésie. M. Boussingault n'en a pas trouvé de traces dans l'eau du Rhône puisée en été, et M. Maumené n'en a pas rencontré dans les eaux de Reims.

Recherche de la magnésie. — On concentre l'eau, on la fait bouillir quelques instants avec de l'ammoniaque, on ajoute un excès d'oxalate d'ammoniaque; on laisse reposer quelques heures, puis on filtre. On ajoute au filtratum quelques gouttes d'ammoniaque et d'une solution au 10 pour 100 de phosphate de soude. On agite fortement avec une baguette de verre et on laisse déposer.

Si l'eau contient de la magnésie, il se produit un précipité cristallin de phosphate ammoniaco-magnésien qui, vu au microscope, se présente sous une forme spéciale et absolument caractéristique.

Ammoniaque et sels ammoniacaux. — M. Lefort nous dit (1) : « S'il est une substance qui doive se rencontrer dans presque toutes les eaux douces, c'est bien à coup sûr l'ammoniaque. »

M. Lefort explique comment, par suite de la présence d'ammoniaque dans l'air, surtout dans le voisinage des villes, toutes les eaux, et surtout l'eau de pluie, doivent contenir de l'ammoniaque.

Voici les proportions d'ammoniaque trouvées, en moyenne, par Boussingault dans un litre d'eau :

Eaux pluviales	0,00000072
— de rivières	0,00000018
— de sources	0,00000009
— de puits (près des habitations) .	de 0,00010 à 0,03435

Comme on le voit, la proportion d'ammoniaque trouvée dans les eaux est très faible, sauf cependant dans les eaux de

____

(1) J. Lefort, *Traité de chimie hydrologique*, p. 450.

puits. Nous devons ajouter que la plupart du temps les réactifs ne permettent pas de déceler directement la présence de si petites quantités de ce corps.

Nous estimons que, dans la pratique, l'on ne doit pas considérer l'ammoniaque, sauf à l'état de très faibles traces, comme un élément normal de l'eau. Ce qui nous amène à penser ainsi, c'est que beaucoup d'échantillons d'excellentes eaux potables ne contenaient pas d'ammoniaque ou ,n'en contenaient que des traces appréciables seulement après concentration, tandis que des eaux manifestement souillées par infiltrations d'égoûts, d'eaux ménagères ou de fosses d'aisance, renfermaient toujours cette substance en quantité notable.

Recherche de l'ammoniaque. — 1° *Par le réactif de Nessler.* — Ce réactif se prépare de la manière suivante :

On chauffe à l'ébullition 3 gr. 5 d'iodure de potassium et 1 gr. 3 de bichlorure de mercure dans 80 à 90 centimètres cubes d'eau. Quand la solution est limpide, et après refroidissement, on ajoute goutte à goutte une solution saturée à froid de bichlorure de mercure jusqu'à ce qu'il se forme un précipité permanent. On met alors 16 grammes de potasse caustique pure ou 12 grammes de soude pure ; on amène le volume à 100 centimètres cubes avec de l'eau distillée ; on ajoute encore quelques gouttes de la solution saturée de bichlorure, on agite et on laisse déposer longtemps (de vingt-quatre à quarante-huit heures). Au bout de ce temps, on filtre sur un tampon d'amiante ou de coton de verre, et on recueille dans des flacons en verre jaune, bouchés à l'émeri et dont les bouchons ont été enduits de paraffine. On bouche et on conserve à l'obscurité. Ce réactif, quoique légèrement teinté en jaune, ne doit pas colorer l'eau distillée privée d'ammoniaque.

Mode d'emploi. — On met dans un tube à essais 20 centimètres cubes environ de l'eau à analyser ; on ajoute 1 centimètre cube du réactif de Nessler.

Si l'eau contient de l'ammoniaque, il se produit une coloration brune ou un précipité de même couleur, selon que l'eau renfermera des traces ou une certaine quantité d'ammoniaque.

Toute eau qui se colorera immédiatement par l'addition du réactif sera suspecte. S'il se forme un précipité brun immédiat, on doit la rejeter de l'alimentation.

2° *Par la chaux.* — On ajoute quelques gouttes d'acide chlorhydrique pur à 100 centimètres cubes environ de l'eau filtrée. On évapore presque à siccité et on introduit le liquide concentré dans un tube à essais; on ajoute un demi-gramme ou 1 gramme d'hydrate de chaux pur, et on chauffe légèrement le tube en ayant soin de maintenir à son orifice un morceau de papier de tournesol rouge mouillé au préalable avec de l'eau distillée.

Si l'eau contenait de l'ammoniaque, le papier virerait au bleu. Il faut avoir la précaution de ne pas faire toucher le papier de tournesol aux bords du tube.

Sels métalliques. — On rencontre aussi dans les eaux potables des traces de certains métaux, tels que le fer, le manganèse, l'aluminium, le plomb, le cuivre et le zinc. Les trois premiers de ces métaux s'y trouvent généralement à l'état normal, et leur action sur l'économie ne produit pas d'effets nuisibles. Les sels de plomb, de cuivre et de zinc, dont on constate la présence dans quelques eaux, ne s'y trouvent le plus souvent que d'une façon accidentelle. Les eaux d'alimentation peuvent renfermer des traces plus ou moins sensibles de ces derniers métaux, par suite de leur passage ou de leur séjour dans les conduites, les caisses à eau, les pompes, les divers récipients employés, etc.

Or, s'il n'est pas démontré que des traces de cuivre puissent donner lieu à des accidents toxiques, l'absorption prolongée de ce métal peut présenter certains inconvénients. D'un autre côté, les sels de plomb et de zinc ont une action éminemment nuisible sur l'économie et les empoisonnements chroniques par ces métaux sont très fréquents.

Il est donc extrêmement important de savoir déceler ces métaux nuisibles.

Nous allons exposer la méthode que nous employons pour la recherche de ces métaux. Nous insisterons particulièrement sur la recherche du plomb, du cuivre et du zinc.

Nous croyons utile auparavant de dire quelques mots sur la cause de la présence du plomb dans les eaux potables.

Les expériences de Muller ont démontré que l'oxygène et l'acide carbonique étaient la cause de l'attaque de ce métal par les eaux.

M. Muller a trouvé que l'eau distillée, contenant 0,35 pour 100 d'oxygène sans acide carbonique, ne dissout pas de plomb;

5.

la même eau distillée à 0,14 d'acide carbonique attaque sensiblement ce métal; à 0,60 pour 100 l'attaque est très rapide. Elle diminue à 1 pour 100 et devient nulle à partir de 1,5 pour 100 et au-dessus.

L'attaque du plomb par l'eau distillée varie avec sa teneur en oxygène et en acide carbonique, et l'eau distillée, renfermant 2 volumes d'acide carbonique pour 1 d'oxygène, acquiert son maximum d'action sur le plomb.

Il serait beaucoup trop long d'énumérer les circonstances qui font varier cette propriété de l'eau distillée d'attaquer le plomb; qu'il nous suffise de savoir que, dans la pratique, l'attaque des tuyaux de plomb par les eaux est d'autant plus rapide que celles-ci contiennent moins de carbonates et de sulfates.

La plupart des eaux potables, sauf l'eau distillée et l'eau de pluie, renfermant plus ou moins de sulfates ou de bicarbonates, n'ont pas sensiblement d'action sur le plomb.

Recherche des sels métalliques. — Caractères des sels de plomb. — 1° *Action de l'hydrogène sulfuré.* — Précipité noir insoluble dans le sulfhydrate d'ammoniaque ou coloration brune quand il n'y a que des traces de plomb.

2° Le *sulfhydrate d'ammoniaque* agit de la même façon que l'hydrogène sulfuré.

3° L'*acide chlorhydrique* donne un précipité blanc cristallin, inaltérable à la lumière, un peu soluble dans l'eau. Dans des solutions étendues il ne se forme pas de précipité.

4° La *potasse* produit un précipité blanc soluble dans un excès de réactif.

5° *Ammoniaque.* — Précipité blanc insoluble dans excès de réactif.

6° L'*acide sulfurique* ou les *sulfates* donnent un précipité blanc de sulfate de plomb presque insoluble dans l'eau, soluble dans la potasse ou dans le tartrate d'ammoniaque.

7° *Iodure de potassium.* — Précipité jaune soluble dans un excès de réactif ou dans la potasse.

8° *Chromate de potasse.* — Précipité jaune insoluble dans l'acide azotique étendu, soluble dans la potasse.

9° Une *lame de zinc métallique*, plongée dans une solution de sel de plomb, se recouvre d'une couche noirâtre de plomb métallique.

Caractères des sels de cuivre. — Sels cuivriques. — 1° Hydrogène sulfuré. — Précipité noir un peu soluble dans le sulfure ammonique, ou coloration brune s'il n'y a que des traces de cuivre.

2º *Sulfhydrate d'ammoniaque*. — Comme l'hydrogène sulfuré.

3º *Potasse*. — Précipité bleu.

4º *Ammoniaque*. — Précipité verdâtre très soluble dans un excès de réactif et produisant une belle coloration bleu céleste:

5º *Ferrocyanure de potassium*. —Précipité rouge brun insoluble dans l'acide chlorhydrique. Si la solution de cuivre est très étendue, il se produit une coloration rouge.

6º Une *lame de fer*, plongée dans une solution de sel de cuivre, se recouvre d'un dépôt rouge métallique de cuivre.

Caractères des sels de zinc. — 1º *Hydrogène sulfuré*.— Précipité blanc de sulfure, soluble dans l'acide chlorhydrique, insoluble dans le sulfure ammonique.

2º *Sulfhydrate d'ammoniaque*. — Précipité blanc de sulfure, soluble dans l'acide chlorhydrique, insoluble dans l'acide acétique.

3º *Potasse ou ammoniaque*. — Précipité blanc très soluble dans un excès de réactif et dans les sels ammoniacaux.

4º *Ferrocyanure de potassium*. — Précipité blanc gélatineux insoluble dans l'acide chlorhydrique.

5º *Ferricyanure de potassium*. — Précipité jaune rougeâtre soluble dans l'acide chlorhydrique et dans l'ammoniaque (le seul sel de zinc coloré).

Il est rare qu'une eau contienne des sels métalliques en quantité suffisante pour que l'on puisse les déceler en la traitant directement par les réactifs. Il faut donc concentrer l'eau à examiner. Pour cela, on évapore au bain de sable un ou plusieurs litres de l'eau que l'on a, au préalable, additionnée d'une vingtaine de gouttes d'acide chlorhydrique. On concentre à 50 ou 60 centimètres cubes, on filtre après refroidissement et on lave le filtre avec un peu d'eau distillée que l'on ajoute à la solution filtrée.

Si l'on est chargé de rechercher l'un des métaux, plomb, cuivre ou zinc, que l'on rencontre le plus souvent dans les eaux, on fait trois parts de l'eau concentrée que l'on désigne par les lettres A, B et C.

Dans A, on fait passer un courant d'hydrogène sulfuré qui donne un léger précipité ou, tout au moins, une coloration brune de sulfure, si l'eau renferme du plomb ou du cuivre. Le sulfhydrate d'ammoniaque agit de la même façon.

On neutralise exactement la solution B avec de la potasse ou de l'ammoniaque, puis on fait passer un courant d'hydrogène sulfuré qui produit un précipité blanc de sulfure de zinc, si l'eau est souillée par du zinc.

Si les réactifs précédents ne donnent ni précipité ni coloration, on peut en conclure à l'absence du plomb, du cuivre ou du zinc.

Dans le cas où la présence de l'un des métaux précédents aurait été constatée, on le caractériserait dans C à l'aide des réactifs indiqués précédemment.

Matières fécales ou urinaires. — La pollution des eaux par des matières fécales ou urinaires est extrêmement fréquente. La plupart des puits situés dans les villes ou près des habitations sont fort souvent contaminés par les infiltrations d'égouts, de fosses d'aisance, de puisards, etc., et c'est à cause de cette contamination que les hygiénistes sont presque tous d'accord pour proscrire l'usage de l'eau de puits. Dans certains cas, la canalisation qui dessert une ville n'est pas étanche et peut, à un moment donné, permettre aux matières excrémentitielles de s'infiltrer dans l'eau potable.

Il est donc très important de reconnaître la pollution des eaux par de semblables matières. Nous allons décrire les procédés chimiques employés dans ce but.

1º *Procédé de Baudrimont.* — Le procédé le plus simple est celui de Baudrimont. Il consiste à ajouter à 100 centimètres cubes d'eau suspecte la moitié de son volume d'éther ordinaire. On agite doucement pendant quelques minutes, on bouche le flacon dans lequel se fait l'expérience et on laisse reposer. A l'aide d'une pipette on décante l'éther surnageant; on le met dans une capsule en porcelaine où on le laisse évaporer à la température ordinaire.

Les eaux souillées par des matières fécales « laissent, après le départ de l'éther, un résidu imperceptible qui imprègne le vase d'une odeur non douteuse de matière fécale » (Ern. Baudrimont).

L'évaporation de l'éther doit se faire à la température du laboratoire, car l'odeur se dissiperait, si l'on chauffait à une température relativement élevée.

Dans le cas où l'eau ne serait que très peu odorante, on pourrait rendre ce procédé plus sensible en distillant un demi-litre ou un litre d'eau et en recueillant les 50 ou 60 premiers centimètres cubes que l'on traiterait comme cela a été indiqué.

2° *Procédé de M. Zune.* — M. Zune de Bruxelles (1) emploie, pour la recherche des matières fécales et des urines, un procédé qui consiste à évaporer un certain volume d'eau au bain de sable et à une chaleur modérée jusqu'à ce qu'il ne reste plus que 4 ou 5 centimètres cubes au fond de la capsule. On ajoute à ce résidu liquide 15 à 20 centimètres cubes d'alcool à 90° chaud; on agite quelques instants et l'on verse sur un petit filtre imbibé d'alcool. On a à ce moment-là une solution alcoolique et un résidu.

M. Zune recherche l'acide urique sur le résidu en faisant la réaction de la *murexide.* Il recherche l'urée dans le liquide alcoolique et les acides biliaires sur l'extrait provenant de la solution alcoolique.

Voici comment se pratique la réaction de la *murexide* sur le premier résidu obtenu. On traite par quelques centimètres cubes d'une solution très faible de soude caustique; on laisse reposer et l'on décante le liquide alcalin dans une capsule en porcelaine ou dans un grand verre de montre. On ajoute quelques gouttes d'acide nitrique; il en faut un léger excès; et l'on chauffe modérément pour évaporer l'excès de cet acide. Pendant l'évaporation, on imprime à la capsule un mouvement circulaire de manière à ce que le résidu occupe la plus grande surface possible de la capsule ou du verre. On humecte alors avec 1 ou 2 gouttes d'ammoniaque étendue au 1/10° ou bien, ce qui vaut mieux, on expose le vase aux vapeurs ammoniacales en le renversant sur une lame de verre sur laquelle on a placé 2 à 3 gouttes d'ammoniaque concentrée.

L'acide urique donne immédiatement la belle coloration pourpre de la *murexide.* Cette coloration passe au bleu pourpre par l'addition de quelques gouttes d'une solution très faible de potasse caustique.

Cette réaction demande, pour être bien exécutée, une grande habileté : car la transformation de l'acide urique n'a lieu que si l'on élève la température vers 240°; au-dessus ou au-dessous de cette température la coloration ne se produit pas.

C'est pour éviter ces inconvénients que M. Magnier de la Source a proposé, pour oxyder l'acide urique, une solution de

____

(1) Zune, *Analyse des eaux potables,* 1859.

brome (5 gouttes de brome pour 100 centimètres cubes d'eau) qui permet de faire la réaction sans que l'on soit obligé de chauffer à une température élevée.

On procède de la manière suivante : on humecte le résidu avec quelques gouttes d'eau bromée ; on évapore au bain-marie, on obtient alors un enduit rouge brun qui, soumis à l'action de l'ammoniaque, comme dans l'opération précédente, fournit la coloration pourpre et, à celle de la potasse, la coloration bleue caractéristique.

M. Zune dit avoir obtenu cette réaction caractéristique et très sensible, en oxydant avec l'acide nitrique et en opérant sur le résidu fourni par 100 centimètres cubes d'une eau contenant 1 centimètre cube d'urine par litre et laissée à l'air pendant trois jours.

Nous avons, pour notre part, en nous servant du même procédé, essayé de faire la réaction avec 100 centimètres cubes de liquide renfermant 1 centimètre cube d'urine par litre et nous n'avons pu obtenir que la première partie de la réaction, c'est-à-dire la coloration pourpre. En opérant sur le résidu de 100 centimètres cubes d'eau additionnée d'un demi-centimètre cube d'urine par litre nous n'avons même pas obtenu la première phase de la réaction, la coloration pourpre

Or, pour qu'une eau soit dangereuse, faut-il qu'elle contienne par litre 1 centimètre cube d'urine en contact avec la matière fécale ou le liquide d'égout (nous indiquons ce chiffre de 1 pour 1000 parce que c'est celui au moins nécessaire pour déterminer la réaction)? Nous ne le pensons pas et nous croyons qu'une goutte ou même une portion de goutte d'un pareil liquide doit suffire pour infecter un volume considérable d'eau de boisson.

M. Zune recherche l'urée en formant avec le résidu de la solution alcoolique de l'azotate d'urée dont les cristaux ont un aspect tout à fait particulier et caractéristique. L'auteur reconnaît lui-même que cette réaction est peu sensible par suite de l'instabilité de l'urée dont la décomposition est assez rapide.

Le même auteur recherche les acides biliaires, que l'on rencontre toujours dans les matières fécales, en traitant le résidu fourni par la solution alcoolique par l'acide sulfurique et le sucre (réaction de Petten Kofer), qui produisent une coloration pourpre passant au violet pourpre.

M. Zune indique également pour caractériser les acides biliaires la réaction de Gmelin (acide nitrique nitreux) qu'il pratique sur la solution alcoolique.

Ces deux réactions sont assez sensibles et indiqueront évidemment, quand on les obtiendra, une contamination par les matières fécales.

Les réactions précédentes ne sont pas toujours suffisantes pour nous renseigner sur le point de savoir si une eau est ou non contaminée par des matières fécales. Quand une eau donnera ces réactions, on pourra conclure à la contamination; mais il ne faudra pas conclure à la non-pollution, de ce fait qu'elle aurait fourni à l'analyse des résultats négatifs. Il arrive souvent, en pratique, que des eaux souillées par des infiltrations de fosses ou d'égouts sont très limpides et ne donnent pas les réactions dont il a été question.

Au point de vue de l'hygiène, le meilleur moyen qui permette de déterminer la contamination d'une eau par les matières fécales nous est donné par l'analyse biologique; nous en parlerons en temps et lieu.

Gaz d'éclairage. — Les eaux potables sont parfois contaminées par des produits gazeux, parmi lesquels le gaz d'éclairage est celui que l'on rencontre le plus fréquemment. L'odeur caractéristique de ce gaz suffira le plus souvent pour nous indiquer sa présence dans l'eau.

Dans certains cas, le procédé de Himly peut être avantageusement employé pour la recherche du gaz d'éclairage. Ce procédé consiste à ajouter de l'eau chlorée à l'eau et à exposer le mélange à la lumière solaire pendant une heure. On enlève l'excès de chlore à l'aide de l'oxyde de mercure, et le liquide possède l'odeur des carbures d'hydrogène chlorés.

Sulfocyanures. — Lorsque les eaux sont souillées par des produits d'usines à gaz, elles contiennent des sulfocyanures alcalins qu'il est facile de reconnaître par le procédé suivant :

On concentre l'eau au $1/8^e$ ou au $1/10^e$ de son volume, on la filtre et on l'acidule avec quelques gouttes d'acide chlorhydrique dilué. On ajoute alors 5 à 6 gouttes d'une solution très faible de perchlorure de fer qui donne lieu à une coloration rouge plus ou moins foncée suivant la proportion de sulfocyanures qui se trouve dans l'eau.

Matières organiques. — Pour rechercher qualitativement les matières organiques, on évapore à siccité un certain volume d'eau, 200 à 300 centimètres cubes, par exemple. On chauffe légèrement le résidu au rouge. Si l'eau contient des matières organiques, le résidu prend une teinte plus ou moins noire.

CHAPITRE IV

ANALYSE QUANTITATIVE

L'analyse quantitative nous permettra de doser les différents éléments que nous avons passés en revue quand nous nous sommes occupés de l'*analyse qualitative*. Pas n'est besoin, pour être fixé sur la valeur d'une eau potable, d'en faire une analyse complète. La détermination d'un certain nombre de dosages sera presque toujours suffisante pour nous édifier, au point de vue chimique, sur les qualités de l'eau à examiner.

Ce chapitre sera divisé de la manière suivante :

1° Méthode hydrotimétrique ;

2° Méthode du Comité consultatif d'hygiène de France ;

3° Méthode employée au laboratoire municipal de Toulon.

Article Ier. — Méthode hydrotimétrique

Nous exposerons longuement la méthode volumétrique de Boutron et Boudet, parce qu'elle permet d'avoir, en peu de temps, une idée de la proportion des sels calcaires et magnésiens et de certains autres éléments des eaux. Bien que le Comité consultatif d'hygiène ait prescrit (1) les quatre essais hy-

(1) Instructions du Comité consultatif d'hygiène rédigées par M. Gabriel Pouchet. (*Recueil des travaux du Comité consultatif d'hygiène de France*, année 1885, t. XV, p. 328.)

drotimétriques, cette méthode est aujourd'hui, avec raison, généralement délaissée. Il est aisé de comprendre que, au point de vue hygiénique, le dosage des matières organiques, des azotates ou des azotites, par exemple, est beaucoup plus important que celui de la chaux, de la magnésie ou des autres éléments que permet de doser l'hydrotimétrie.

Boutron et Boudet ont perfectionné, en 1854, la méthode proposée quelques années auparavant par le docteur Clarke pour l'analyse des eaux potables. Cette méthode est basée sur la propriété que possède une eau additionnée de savon de ne mousser, par agitation, que lorsque tous les sels calcaires et magnésiens sont précipités à l'état de combinaisons des acides du savon avec la chaux ou la magnésie.

Les réactifs indispensables pour l'essai hydrotimétrique sont : 1° une solution de sel de baryum ou de calcium ; 2° une solution de savon ; 3° une autre d'oxalate d'ammonium.

Préparation de la solution de sel de baryum ou de calcium. — On fait une solution dans 1 litre d'eau distillée de 0 gr. 25 de chlorure de calcium fondu et pur. On peut, au lieu de chlorure de calcium, mettre 0 gr. 55 de chlorure de baryum pur ou 0 gr. 59 d'azotate de ce dernier métal.

Solution d'oxalate d'ammoniaque. — On dissout 1 gramme d'oxalate d'ammoniaque pur dans 60 grammes d'eau distillée.

Préparation de la solution de savon. — On introduit dans un ballon 12 à 13 grammes de savon blanc de Marseille ou amygdalin, que l'on coupe en menus morceaux. On ajoute 250 centimètres cubes d'alcool à 90° centésimaux. On ferme le ballon avec un bouchon traversé par un tube dont l'extrémité supérieure effilée est très étroite et dont l'extrémité inférieure est taillée en biseau.

On chauffe au bain-marie jusqu'à dissolution du savon ; on ajoute 125 centimètres cubes d'eau distillée ; on agite et l'on place la solution dans un bocal fermé. On expose pendant quatre à cinq jours dans un endroit froid. On verse le liquide sur un linge placé sur un entonnoir ; s'il y a un caillot, ce qui est très fréquent en hiver, on exprime fortement pour le séparer du liquide. On filtre de nouveau sur un filtre en papier et à plis. Il ne reste plus qu'à titrer cette solution, comme nous l'indiquerons.

Instruments nécessaires. — *Flacon hydrotimétrique.* — C'est un flacon de verre bouché à l'émeri (fig. 6) de 12 centimètres de haut sur 4 centimètres de diamètre. Ce flacon, dit *hydrotimètre*, a une capacité de 60 centimètres cubes environ et porte 4 traits de jauge correspondant à 10, 20, 30 et 40 centimètres cubes.

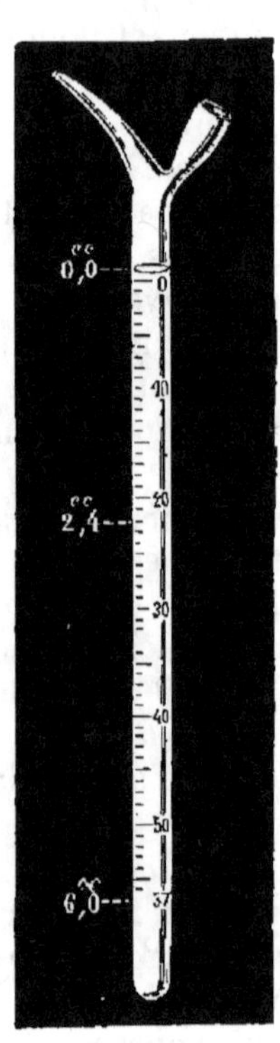

Fig. 6. — Flacon hydrotimétrique.   Fig. 7. — Burette hydrotimétrique.

Burette hydrotimétrique. — C'est une burette (fig. 7) de 7 à 8 centimètres cubes de capacité, portant une graduation spéciale qui correspond à des unités, nommées degrés hydrotimétriques, et non à des centimètres cubes. Elle porte en haut un trait circulaire; la seconde division est marquée 0. Le volume compris entre les deux divisions correspond à la quantité de solution normale nécessaire pour former une mousse persistante avec 40 centimètres cubes d'eau distillée.

Pour graduer cette burette on mesure, à partir du trait circulaire, 2 centimètres cubes et 4 dixièmes, et l'on divise en vingt-trois parties égales ; ces divisions sont prolongées jusqu'au bas de la burette. La graduation 22, qui forme la vingt-troisième division, porte un trait spécial parce qu'elle représente la quantité d'eau de savon normale nécessaire pour faire mousser 40 centimètres cubes de la solution de sel de baryum ou de calcium.

Chaque division de la burette est un degré hydrotimétrique.

Burette automatique de Guichard. — M. Guichard reproche avec raison, à la burette précédemment décrite, d'être trop petite, et il se sert d'une burette plus grande qu'il décrit (1) ainsi qu'il suit : « Une burette à robinet est divisée en degrés (fig. 8) ; la liqueur hydrotimétrique est contenue dans une carafe, et la pression d'une poire en caoutchouc la fait monter dans le tube du milieu ; il remplit la burette jusqu'au 0 ; le surplus retourne dans le flacon par l'extrémité effilée du tube qui plonge dans la burette jusqu'au 0, de sorte que le niveau du liquide s'établit automatiquement.

« Quand l'opération est terminée, le liquide retourne dans le flacon par le troisième tube qu'on amène au-dessous de la burette. Un petit matras, jaugé à 40 centimètres cubes, permet de mesurer exactement l'eau qu'on veut titrer. L'opération du titrage se fait dans un flacon. La burette porte deux 0. C'est la quantité de liqueur qui correspond à la quantité nécessaire pour faire mousser l'eau distillée. Cette burette peut être graduée en centimètres cubes et servir pour n'importe quel titrage. »

La liqueur hydrotimétrique de Boudet, dont nous avons donné la formule, doit être, d'après l'auteur, étendue de deux fois son volume d'eau alcoolisée et titrée avec la solution de baryum ou de calcium.

Ballon hydrotimétrique. — C'est un ballon à large ouverture de 100 à 150 centimètres cubes portant un trait circulaire à 1 centimètre ou 2 de la base du col.

Quelques entonnoirs, baguettes de verre et filtres, sont les instruments indispensables pour l'analyse hydrotimétrique.

Titrage de la solution de savon. — On introduit dans le flacon hydrotimétrique 40 centimètres cubes de la solution normale de sel de baryum ou de calcium (2). On ajoute avec la

(1) Guichard, *L'eau dans l'industrie*; p. 20.
(2) Voir p. 90.

burette et par petite portions la solution savonneuse, on bouche le flacon et on l'agite quelques instants. On continue les additions et les agitations jusqu'à ce qu'il se soit formé, au

Fig. 8. — Burette automatique de Guichard.

repos, une mousse de plus de un demi-centimètre de hauteur et persistant au moins cinq minutes. On regarde sur la burette le nombre de degrés utilisés. Si la solution a été bien faite, on doit avoir employé 22 divisions (non comprise la division 0).

Si la solution de savon était trop forte, c'est-à-dire s'il avait fallu moins de 22 divisions pour arriver au terme de l'opération, on n'aurait qu'à étendre d'eau. On peut calculer aisément la quantité d'eau à ajouter pour avoir une solution normale, sachant que, pour diminuer la solution savonneuse de 1° hydrotimétrique, il faut l'étendre d'environ $\frac{1}{23}$ de son volume d'eau. Si donc il n'avait fallu que 19,1 divisions de solution de savon, il faudrait l'étendre de $2,9 \times \frac{1}{23} = \frac{2,9}{23}$ de son volume, 2,9 étant le nombre de degrés dont la solution était trop forte.

Si la solution savonneuse était trop faible, on la concentrerait jusqu'à ce qu'elle ait le titre voulu.

Dans les deux cas, on doit s'assurer, par une nouvelle opération, que 22 divisions de solution de savon versées dans 40 centimètres cubes de sel de baryum ou de calcium produisent bien la mousse persistante.

La solution de chlorure de calcium étant à 0 gr. 25 par litre, 40 centimètres cubes contiennent $\frac{0,25 \times 40}{1000} = 0$ gr. 01 soit un centigramme de ce sel. Les 22 degrés de la burette précipitent donc 1 centigramme de chlorure dans les 40 centimètres cubes et correspondent à $\frac{0,25}{22} = 0,0114$ de chlorure de calcium par degré et par litre.

La liqueur de savon titrée ainsi qu'il a été dit correspond, par degré hydrotimétrique, à 0,0114 de chlorure de calcium et à 0 gr. 1 de savon dissous.

On pourrait calculer de la même façon la quantité de chlorure de baryum qui correspond à chaque degré hydrotimétrique.

Détermination du degré hydrotimétrique total. — **A.** On met dans le flacon 40 centimètres cubes de l'eau dont il s'agit de déterminer le degré hydrotimétrique. On remplit la burette avec la liqueur de savon et on la verse par petites portions, en secouant après chaque addition jusqu'à ce qu'on obtienne la mousse persistant au moins cinq minutes, comme cela a été dit plus haut.

Le nombre de divisions employées est le degré hydrotimétrique de l'eau essayée que nous appellerons A. Si l'eau renfermail une trop grande quantité de sels précipitables par le savon et si, au lieu de mousse, il se produisait des grumeaux, il faudrait étendre l'eau de un, deux, trois, quatre fois, et même davantage, son volume d'eau distillée, de façon que la prise d'essai ne marque plus que 30° hydrotimétriques environ.

Le nombre de degrés obtenu devra être multiplié par le dénominateur de la fraction qui indique l'état de dilution de l'eau. Par exemple, si l'eau a été additionnée de trois fois son volume d'eau distillée et que l'on ait obtenu 15°, il suffira de multiplier 15 par 3 pour avoir le degré hydrotimétrique réel de l'eau analysée.

Quand il y aura lieu de diluer l'eau pour en déterminer le degré hydrotimétrique total, il ne faudra pas oublier d'effectuer toutes les opérations suivantes sur le liquide ainsi étendu.

Détermination des autres éléments. — *B*. 1º On ajoute à 50 centimètres cubes de l'eau à étudier 2 centimètres cubes de solution d'oxalate d'ammoniaque au 1/60e. On agite, on laisse reposer et l'on filtre. On met dans le flacon hydrotimétrique 40 centimètres cubes du filtratum et on opère comme pour le degré hydrotimétrique total. On note le nombre de degrés de liqueur de savon nécessaires ; soit B ce nombre.

C. 2º On remplit de l'eau analysée et jusqu'au trait de jauge le ballon hydrotimétrique ; on fait bouillir doucement pendant une demi-heure. On laisse refroidir, on ramène au volume primitif avec de l'eau distillée. On agite fortement et l'on filtre. On place dans le flacon hydrotimétrique 40 centimètres cubes du liquide filtré et on y ajoute, comme précédemment, de l'eau de savon, jusqu'à formation de mousse persistant au moins cinq minutes. On note le nombre de divisions de liqueur de savon employé ; soit C ce nombre que l'on devra toujours diminuer de 3° et qui deviendra C — 3.

D. 3º A 50 centimètres cubes d'eau bouillie et filtrée on ajoute 2 centimètres cubes de la solution d'oxalate d'ammoniaque au 1/60e. On agite, on laisse reposer, on filtre et l'on mesure 40 centimètres cubes du filtratum dans le flacon hydrotimétrique. On y ajoute la solution savonneuse de la même façon que dans les opérations précédentes et on note le nombre de divisions nécessaires ; soit D ce nombre.

Calcul des éléments contenus dans l'eau au moyen des opérations précédentes. — I. Le degré hydrotimétrique total (A) correspond à l'action de l'acide carbonique et des sels de chaux et de magnésie ; ce qui peut s'exprimer par la formule suivante :

(1) $A = CO^2 + CO^3Ca$ + sels de Ca autres + sels de Mg.

II. L'eau est débarrassée des sels de chaux par l'oxalate d'ammoniaque. Ce second chiffre (B) ne correspond qu'à l'action de l'acide carbonique et des sels de magnésie

(2) $B = CO^2$ + sels de magnésie.

III. Le chiffre obtenu en C, que nous avons désigné par $C - 3$ représente les sels de chaux et les sels de magnésie.

(3) $C - 3$ = sels de chaux autres que carbonate + sels de magnésie

parce que l'ébullition a chassé l'acide carbonique et précipité le carbonate de chaux.

La correction, que l'on fait subir au nombre de degrés obtenus dans cette opération, vient de ce fait qu'une certaine quantité de carbonate de chaux n'est pas précipitée par l'ébullition. L'expérience montre que la quantité de carbonate de chaux restant ainsi dissoute est équivalente à 3° hydrotimétriques que l'on retranche du chiffre obtenu.

IV. Le nombre obtenu en D représente les sels de magnésie seulement, car l'ébullition et l'oxalate d'ammoniaque ont fait disparaître l'acide carbonique et tous les sels de chaux :

(4) D = sels de Mg.

Si de l'équation A (1) exprimant le degré hydrotimétrique total on retranche l'équation (2), c'est-à-dire si de l'acide carbonique, du carbonate de chaux, des sels autres de chaux et des sels de magnésie, l'on retranche l'acide carbonique et les sels de magnésie, il reste le carbonate et les sels solubles de chaux.

$A - B$ = somme des sels de chaux.

Si nous retranchons l'équation (3) de l'équation (1), c'est-à-dire si nous enlevons de l'équation (1) les sels de chaux solubles et les sels de magnésie, il reste l'acide carbonique et le carbonate de chaux.

$A - (C - 3) = A + 3 - C$ = acide carbonique et carbonate de chaux

L'équation (4) nous donne :

$$D = \text{sels de magnésie.}$$

La somme des sels de chaux étant A — B et celle des sels de magnésie étant D, la somme des sels de chaux et de magnésie est égale à

$$A + D - B.$$

Les degrés attribuables à l'acide carbonique nous sont donnés par l'équation (2) moins l'équation (4), soit

$$B - D = CO^2.$$

Les sels de chaux, autres que le carbonate, nous sont donnés en retranchant l'équation (4) de l'équation (3), soit :

$$C - 3 - D = \text{sels solubles de chaux.}$$

Enfin, en retranchant de l'équation qui exprime le carbonate de chaux et l'acide carbonique (B — D), on obtiendra le carbonate de chaux ; ainsi :

$$(A + 3 - C) - (B - D) = A + 3 - C - B + D = \text{carbonate de chaux.}$$

Les formules qui précèdent indiquent le nombre de dégrés hydrotimétriques correspondant à chaque corps.

Lorsqu'on veut traduire ces dégrés en poids pour les sels, en volume pour l'acide carbonique, on multiplie le chiffre obtenu pour chaque corps par le nombre qui correspond à un degré hydrotimétrique de ce corps dans le tableau suivant dû à MM. Boutron et Boudet.

Tableau hydrotimétrique.

Valeur en grammes, pour un litre d'eau, de 1° des corps suivants :

Chaux	= 0 gr. 0057
Chlorure de calcium	= 0,0114
Carbonate de chaux	= 0,0103
Sulfate de chaux	= 0,0140
Magnésie	= 0,0042
Chlorure de magnésium	= 0,0090
Carbonate de magnésium	= 0,0088
Sulfate de magnésie	= 0,0125
Chlorure de sodium	= 0,0120
Sulfate de soude	= 0,0146
Acide sulfurique	= 0,0082
Chlore	= 0,0073
Savon à 30 p. 100 d'eau	= 0,1061
Acide carbonique	= 0 lit. 005

MM. Boutron et Boudet citent un exemple qui fera mieux saisir la manière d'interpréter les résultats obtenus par les quatre essais hydrotimétriques.

Supposons qu'une eau potable ait fourni comme degré hydrotimétrique total (A) 25°; que le degré de l'eau précipitée par l'oxalate d'ammoniaque (B) soit de 11°; que le degré de l'eau bouillie et filtrée (C — 3) soit 12° et que cette dernière traitée par l'oxalate ammoniacal ait fourni 8°.

En appliquant les chiffres du tableau aux formules précédentes, on obtient :

$$(C - 3) - D = \text{sels solubles} = 12 - 8 = 4°$$
$$(B - D) = \text{acide carbonique} = 11 - 8 = 3°$$
$$D = \text{sels de magnésie} = 8°$$
$$A - (C - 3) = \text{acide carbonique} + \text{carbonate de chaux}$$
$$= 25 - 12 = 13°.$$

En retranchant de ce dernier le nombre qui se rapporte à l'acide carbonique, on a évidemment le carbonate de chaux :

$$\text{Carbonate de chaux} = 13 - 3 = 10°.$$

Cette eau contiendra donc :

Acide carbonique 3×0 lit.$005 = 0{,}015$ ou 15 centimètres cubes.

Carbonate de chaux $10 \times 0{,}0103 = 0$ gr.103; sels solubles de chaux exprimés en sulfate :

$$4 \times 0{,}014 = 0 \text{ gr. } 056.$$

Sels de magnésie en sulfate $= 8 \times 0{,}0125 = 0$ gr.100.

La méthode hydrotimétrique peut, en outre, être utilisée pour le dosage du chlore ou de l'acide sulfurique ; mais ces dosages ne sont effectués qu'indirectement, et encore n'est-on pas absolument sûr que, seuls, les éléments en question interviennent.

Voici comment on procède pour l'acide sulfurique, par exemple : supposons qu'une eau quelconque donne un degré hydrotimétrique N. On commence par éliminer quelques-unes des causes d'erreur susceptibles de troubler l'opération à laquelle l'on va se livrer, et, pour cela, on détermine le degré hydrotimétrique après ébullition, soit n ce nouveau degré.

On ajoute à l'eau bouillie une quantité rigoureusement connue d'une solution d'azotate de baryum, juste ce qu'il faut par exemple pour doubler le degré n, et on double aussi le volume de l'eau.

Coreil. — Les Eaux potables.   6

L'acide sulfurique existant dans l'essai précipite une certaine fraction du sel de baryum que l'on vient d'ajouter.

Si l'on cherche à déterminer, une nouvelle fois, après filtration, le degré hydrotimétrique de l'eau ainsi modifiée, on trouvera n degrés si l'eau ne contient pas d'acide sulfurique, et, au contraire, $n - K$ degrés si elle en contient. K sera d'autant plus fort que l'acide sulfurique sera lui-même plus abondant.

Connaissant le coefficient relatif à l'azotate de baryum, il est facile de calculer à combien de sel barytique le chiffre K équivaut et, par suite, de trouver la quantité d'acide sulfurique qui lui correspond.

Le dosage du chlore s'effectue d'une manière identique en prenant de l'azotate d'argent, au lieu d'azotate de baryum. D'une façon générale, un élément quelconque peut être dosé par voie hydrotimétrique, s'il peut être engagé dans une combinaison insoluble par l'un des composants d'un réactif, dont l'autre est capable de précipiter le savon.

Article II. — Méthode du Comité consultatif d'hygiène de France

La méthode du Comité consultatif d'hygiène a été rédigée par M. Gabriel Pouchet dans le but de simplifier les procédés en usage pour l'analyse complète des eaux potables et de rendre comparables les résultats fournis par les divers opérateurs chargés de l'analyse des eaux.

Comme le dit M. Gabriel Pouchet, l'analyse chimique d'une eau constitue une opération fort délicate, nécessitant, outre un outillage compliqué, une grande habitude des opérations analytiques, et se trouve praticable seulement dans un grand laboratoire.

M. Pouchet ajoute qu'à côté des renseignements précieux que peut fournir une analyse complète, il existe des procédés rapides d'appréciation relativement faciles à exécuter, et capables de donner sur la valeur de l'eau soumise à ces essais des résultats suffisants pour permettre de conclure à son utilisation.

C'est surtout en vue d'analyser les eaux de source, qui offrent déjà par leur nature une certaine garantie de pureté, que M. Pouchet a proposé l'instruction suivante relative aux conditions d'analyse des eaux destinées à l'alimentation des villes et des communes.

La méthode du Comité consultatif d'hygiène comprend :

« 1º **Prise d'échantillon.** — Le chapitre relatif à la prise d'échantillon des eaux destinées à l'analyse chimique, modifié et complété par une nouvelle instruction (1), diffère fort peu de ce que nous avons donné (voir p. 58) au sujet de cette opération importante.

Nous y renvoyons le lecteur.

2º **Analyse chimique.** — I. *Détermination du résidu fixe.* — 1º Evaporer au moins 1 litre d'eau dans une capsule au bain-marie chauffé de manière à entretenir une ébullition légère ; continuer à chauffer durant quatre heures après dessiccation complète, et peser le résidu à un milligramme près.

Sur ce résidu, il sera utile de rechercher la présence des nitrates au moyen de l'acide sulfurique en présence du sulfate ferreux.

2º Evaporer dans les mêmes conditions une nouvelle quantité d'eau de 1 litre au moins ; le poids du résidu sec servira de contrôle du chiffre obtenu précédemment ; le résidu salin sera chauffé peu à peu jusqu'au rouge sombre, puis pesé au milligramme après refroidissement.

La différence entre la première et la seconde pesée fera connaître le poids des matières organiques et des produits volatils.

Ce résidu peut être utilisé pour rechercher quantitativement si la proportion des sulfates est considérable. Le résidu salin sera dissous de nouveau dans l'acide chlorhydrique dilué et traité par une solution de chlorure de baryum, qui fournira un précipité de sulfate de baryte, dont le poids fera connaître la quantité d'acide sulfurique.

Le chiffre trouvé pour l'acide sulfurique sera transformé par le calcul en sulfate de chaux : une eau contenant par litre plus de 0 gr. 150 à 0 gr. 200 de sulfate de chaux anhydre doit-être rejetée pour les usages domestiques à moins qu'il n'y ait impossibilité, comme cela arrive dans certaines contrées, de s'en procurer de moins séléniteuses.

II. *Détermination du degré hydrotimétrique.* — Se reporter à l'hydrotimétrie (p. 89).

____

(1) *Recueil des travaux du Comité consultatif d'hygiène de France.*

III. *Dosage du chlore.* — Évaporer un litre d'eau jusqu'à réduction à 50 centimètres cubes environ, ajouter deux gouttes d'une solution de chromate neutre de potasse et doser le chlore, d'après la méthode de Mohr, par une solution titrée d'azotate d'argent telle que 1 centimètre cube précipite exactement 0 gr. 005 milligrammes de chlorure de sodium.

IV. *Détermination de la matière organique.* — On a proposé un grand nombre de méthode pour arriver à ce résultat ; nous donnons la préférence au procédé suivi par M. Albert Lévy et consistant à déterminer la proportion d'oxygène emprunté à une solution alcaline bouillante de permanganate de potasse.

Pour réduire au mininum toute cause d'erreur, il est nécessaire d'opérer toujours rigoureusement dans les mêmes conditions.

On introduit dans un ballon 100 à 200 centimètres cubes de l'eau à examiner. On y verse, pour chaque fraction de 100 centimètres cubes d'eau, 3 centimètres cubes d'une solution au 1/10e de bicarbonate de soude pur, puis 10 à 20 centimètres cubes d'une solution de permanganate de potasse contenant par litre d'eau distillée 0 gr. 50 de sel.

Il faut ajouter 10 centimètres cubes de permanganate pour chaque fraction de 100 centimètres cubes d'eau.

Le mélange est alors porté à l'ébullition entretenue exactement pendant dix minutes, à partir du moment où le liquide commence à bouillir. La coloration du mélange, brun violacé au début, un peu plus rouge à l'ébullition, ne doit pas virer au jaune ; si la coloration jaune se produisait, ce serait l'indice que la quantité de permanganate ajoutée est insuffisante, et il faudrait alors recommencer l'essai, soit en ajoutant une plus forte proportion (mais toujours un volume connu) de la liqueur titrée de permanganate, soit en diminuant la proportion de l'eau soumise à l'analyse.

Après refroidissement, il s'est formé un dépôt jaune brun, floconneux d'oxyde de manganèse : on acidifie la liqueur en y versant 2 à 3 centimètres cubes d'acide sulfurique pur, et on ajoute immédiatement 5 centimètres cubes d'une solution de sulfate ferreux ammoniacal ainsi composée :

Sulfate ferreux ammoniacal . . . . 20 gr.
Acide sulfurique pur . . . . 10 —
Eau distillée, quantité suffisante pour amener la liqueur au volume de . . . . 1 lit.

La liqueur se décolore rapidement et devient tout à fait limpide. Quand ce point est atteint, on verse goutte à goutte de la solution titrée de permanganate de potasse jusqu'à production d'une teinte rosée persistant un moment. Le chiffre de cette lecture sert de *repère*.

On recommence l'opération en doublant le volume de l'eau mise en expérience; on opère exactement de la même façon, et la différence des lectures donne cette fois le poids du permanganate de potasse qui a fourni son oxygène à la matière organique.

Connaissant la valeur en poids de l'oxygène disponible dans 1 litre de liqueur de permanganate, il est facile de calculer la quantité d'oxygène qui a été employée à brûler, à dissoudre la matière organique dissoute dans l'eau. La liqueur de permanganate employée renfermant, par litre, un demi-gramme de sel sec et pur, le calcul indique que cette solution renferme 125 milligrammes d'oxygène capable d'effectuer des oxydations : soit 0,125 milligramme pour chaque centimètre cube. Il est, d'ailleurs, facile de vérifier l'exactitude du titre oxydant de la liqueur, en recherchant le nombre de centimètres cubes de cette liqueur nécessaire pour oxyder un poids connu d'acide oxalique sec et pur.

Cette méthode, pas plus que les autres d'ailleurs, ne fournit relativement à la matière organique un chiffre absolument exact, mais elle donne, par comparaison entre les eaux de différentes provenances, des renseignements constants et, par cela même, fort précieux.

Une eau analysée de cette façon et consommant par litre plus de 2 à 3 milligrammes d'oxygène doit être absolument rejetée pour les usages alimentaires.

Des analyses, exécutées en suivant rigoureusement la méthode qui vient d'être exposée en détail, nous paraissent permettre de juger très suffisamment la valeur d'une eau en donnant des indications qualitatives sur la présence des nitrates et en fournissant des indications précises sur :

1° La quantité du résidu solide laissé par l'eau ;

2° La quantité des produits volatils au rouge ;

3° Le degré hydrotimétrique ;

4° La quantité des chlorures ;

5° La quantité des sulfates ;

6° La quantité d'oxygène enlevée au permanganate qui, ainsi

que l'ont montré de nombreuses recherches, est proportionnelle à la quantité de matière organique dosée par pesée directe après la combustion.

Nous donnons ci-dessous un tableau reproduisant les limites dans lesquelles ces divers éléments doivent être contenus.

	Eau très pure	Eau potable	Eau suspecte	Eau mauvaise
Chlore	moins de 0 gr. 015 par litre	moins de 0 gr. 040 (excepté au bord de la mer)	0 gr. 050 à 0 gr. 100 par litre	plus de 0 gr. 100 par litre
Acide sulfurique	0 gr. 002 à 0 gr. 005	0 gr. 005 à 0 gr. 030	plus de 0 gr. 030	plus de 0 gr. 050
Oxygène emprunté au permanganate, en solution alcaline	moins de 0 gr. 001, soit moins de 10 c c de liqueur	moins de 0 gr. 002, soit moins de 20 c.c. de liqueur	moins de 0 gr. 003 à 0 gr. 004	plus de 0 gr. 004
Perte de poids du dépôt par la chaleur rouge	moins de 0 gr. 045	moins de 0 gr. 040	de 0 gr. 040 à 0 gr. 070	plus de 0 gr. 100
Degré hydrotimémétrique total	5 à 15	15 à 30	au-dessus de 30	au-dessus de 100
Degré hydrotimémétrique persistant après l'ébullition	de 2 à 5	de 5 à 12	de 12 à 18	au-dessus de 20

On ne saurait trop insister sur ce point que les indications fournies par cette analyse sommaire sont nécessairement incomplètes et insuffisantes en ce qui concerne l'eau des fleuves, rivières, lacs, etc. *Une analyse complète accompagnée de l'examen microscopique peut seule permettre de juger avec certitude de la qualité de l'eau :* aussi émettons-nous le vœu que cette analyse complète soit exigible au moins pour les villes et les centres de population à partir de 5,000 habitants.

Il nous paraît également utile que les détails de l'analyse soient annexés aux pièces jointes à la demande d'avis du Comité, afin de pouvoir juger avec certitude s'il ne serait pas nécessaire de procéder à des recherches plus complètes. »

Suivent les détails d'une analyse d'eau.

Telle est la méthode indiquée en 1885 par le Comité consultatif d'hygiène de France. Cette méthode, qu'on nous permette de le dire, n'est généralement pas suivie dans les laboratoires.

Le but vers lequel tendait M. Gabriel Pouchet, en proposant ce qui précède, était d'avoir des résultats comparables et de les obtenir avec quelques opérations relativement faciles à exécuter. Mais pourquoi proposer une méthode qui ne permette d'analyser que des eaux *déjà pures* (eaux de sources) et exiger une analyse complète pour les autres eaux ?

À notre avis, quand il s'agit d'une question aussi importante que celle d'approvisionner d'eau potable une agglomération grande ou petite, on ne doit pas hésiter à employer, pour s'assurer des qualités de cette eau, les moyens d'investigation les plus compliqués.

Il est juste de faire ressortir que cette instruction a été rédigée en 1885 et que, depuis cette époque, les méthodes se sont perfectionnées. Il suffit de parcourir les résultats d'analyses fournis par le Comité consultatif d'hygiène pour se convaincre que M. G. Pouchet, le savant directeur du laboratoire du Comité, ne paraît pas suivre exactement la méthode proposée et soumet les échantillons d'eau à un examen chimique et bactériologique complet.

Nous voudrions voir le Comité consultatif d'hygiène rédiger une nouvelle instruction conforme aux progrès accomplis depuis quelques années.

L'analyse chimique et l'examen bactériologique devraient être exigés, non seulement pour les eaux des communes au-dessus de 5,000 habitants, mais pour celles devant servir de boisson à quelques personnes seulement.

Il existe en France, à l'heure actuelle, assez de laboratoires pour qu'il en soit ainsi. Ce qui manque, on ne saurait trop le répéter, c'est une nouvelle instruction où les procédés mis en pratique auraient été sérieusement étudiés et discutés.

Article III. — Méthode employée au laboratoire municipal de Toulon

Nous soumettons les eaux potables aux dosages suivants :

Résidu à 100°
   — au rouge sombre
Perte au rouge
Acide carbonique combiné
Silice
Acide phosphorique
Chlore
Acide sulfurique
   — azotique
   — azoteux
Chaux
Magnésie
Potasse
Soude
Ammoniaque
   — albuminoïde
Matières organiques
Gaz dissous dans l'eau

Quelques-uns de ces dosages ne sont pas indispensables; nous ne les pratiquons, d'ailleurs, que lorsqu'il y a nécessité.

Nous indiquerons les méthodes que nous employons et quelques-unes de celles des différents auteurs.

Résidu á 100°. — On entend par résidu à 100° l'ensemble des substances en solution dans l'eau et fixes à cette température. Le résidu comprend donc tous les sels minéraux à base fixe et les matières organiques non décomposables à 100° que l'eau peut contenir.

On obtient le résidu à 100° par l'évaporation d'un volume connu d'eau et par la pesée des substances qu'elle laisse l'évaporation terminée. Comme les eaux renferment le plus souvent de très faibles quantités de matières en dissolution, il est indispensable pour obtenir des résultats exacts, d'opérer sur

un grand volume de liquide. On prend généralement un litre.
Il convient dans certains cas d'évaporer plusieurs litres, selon
la richesse de l'eau en éléments solides. Les pesées doivent être
faites à l'aide d'une balance de précision sensible au 1/2 ou
au 1/5° de milligramme.

Il faut que l'évaporation soit conduite avec une certaine déli-
catesse, si l'on veut une grande exactitude.

L'évaporation par ébullition n'est pas pratique. Elle nécessite
l'emploi d'un récipient d'une trop grande contenance pour qu'il
puisse être porté sur la balance. On ne peut même pas songer
à reprendre le résidu solide de ce récipient pour le transporter
dans un autre de faible volume, car les sels, et notamment les
sels de chaux, adhèrent très fortement aux parois du vase. Il
faudrait procéder par grattage, et ce grattage ne saurait jamais
être assez parfait pour qu'il n'y ait aucune perte.

L'ébullition successive de petites quantités d'eau dans un
seul vase préalablement taré n'est pas non plus à recommander.
L'inconvénient capital de ce procédé, c'est que des projections
de liquide sont inévitables, surtout quand l'eau est déjà concentrée et qu'elle a déjà laissé déposer une partie de ses carbonates terreux. Il faudrait, en outre, une surveillance absolument
constante et rendue très pénible par les difficultés de chauffage.

Le seul procédé vraiment pratique, c'est l'évaporation au bain-
marie d'eau bouillante. On emploie le plus souvent un bain-
marie à niveau constant.

On tare avec le plus grand soin une capsule en platine, de
préférence à fond plat et d'une contenance de 35 à 40 centimètres cubes. L'évaporation marchera d'autant plus vite que,
toutes choses égales d'ailleurs, la surface d'évaporation sera
plus considérable. Les capsules de la contenance indiquée, à
fond plat, cylindriques et de très faible hauteur, donnent d'excellents résultats. Un diamètre de 70 à 80 millimètres est très
convenable; au-dessus, on peut éprouver quelques difficultés
pour les pesées ultérieures; au-dessous, l'évaporation est trop
lente. On place la capsule sur le bain-marie, on la charge d'eau
jusqu'à un centimètre environ au-dessous de son bord supérieur
et l'on se contente de la remplacer au fur et à mesure de son
évaporation, jusqu'à ce que le volume sur lequel on opère soit
épuisé.

Lorsque la dessiccation est complète on porte quelques instants la capsule et son contenu à l'étuve à 105°. Cette pré-

caution a pour effet de chasser les dernières traces d'eau qui pourraient être restées dans le résidu.

Après cela, on laisse refroidir la capsule sous une cloche à acide sulfurique et l'on fait une nouvelle pesée; la différence entre la tare et cette pesée donne le poids du résidu.

Avec ce procédé d'évaporation il n'y a à craindre d'accident d'aucune sorte : le vase, où le résidu se trouve réuni, est d'un assez faible volume pour être pesé avec la plus grande exactitude. Il est en platine et se prête parfaitement à la calcination au rouge qui doit suivre la détermination du résidu 100°. Toutefois, l'obligation dans laquelle on se trouve d'entretenir du liquide dans la capsule constitue une incommodité qu'il serait désirable de supprimer, au risque même d'augmenter un peu le temps de l'évaporation.

On y arrive en apportant à l'opération la modification suivante due à notre excellent ami M. L. Roos, chimiste en chef du laboratoire des douanes de Cette :

1° On prend un ballon jaugé de un demi-litre ou d'un litre muni d'un bon bouchon percé de deux trous. L'un de ces trous donne passage à un tube de verre coudé, effilé à son extrémité extérieure et formant siphon. L'autre reçoit un tube de Mariotte. La branche non effilée du siphon doit plonger au fond du ballon; le tube de Mariotte doit arriver à 2 centimètres environ au-dessus du fond ; l'extrémité effilée du siphon doit être à environ un centimètre au-dessous du plan horizontal passant par l'extrémité du tube de Mariotte.

Le système est alors porté sur un support dans le voisinage du bain-marie (fig. 9), et à une hauteur telle que l'extrémité immergée du tube de Mariotte soit au même niveau que celui que l'on désire avoir pour l'eau de la capsule. Les choses ainsi disposées, la partie effilée du siphon plongeant dans la capsule encore vide, on souffle par le tube de Mariotte pour amorcer le siphon. L'eau s'écoule alors dans la capsule et ne dépasse jamais le niveau fixé par la position du tube de Mariotte. L'alimentation de la capsule est alors constante et se continue jusqu'à ce que l'eau du ballon soit au même niveau que celui de la capsule. Il ne reste à ce moment-là que quelques centimètres cubes d'eau dans le ballon; il suffit de les verser en une seule fois dans la capsule et d'en terminer l'évaporation. On constate qu'il se fait un très faible dépôt sur la partie effilée du tube plongeant dans la capsule. Ce dépôt est facile à détacher, et en tout cas il ne constituerait qu'une cause d'erreur très négligeable.

L'appareil de M. Roos permet d'opérer avec une réussite absolue et d'éviter les inconvénients du premier procédé.

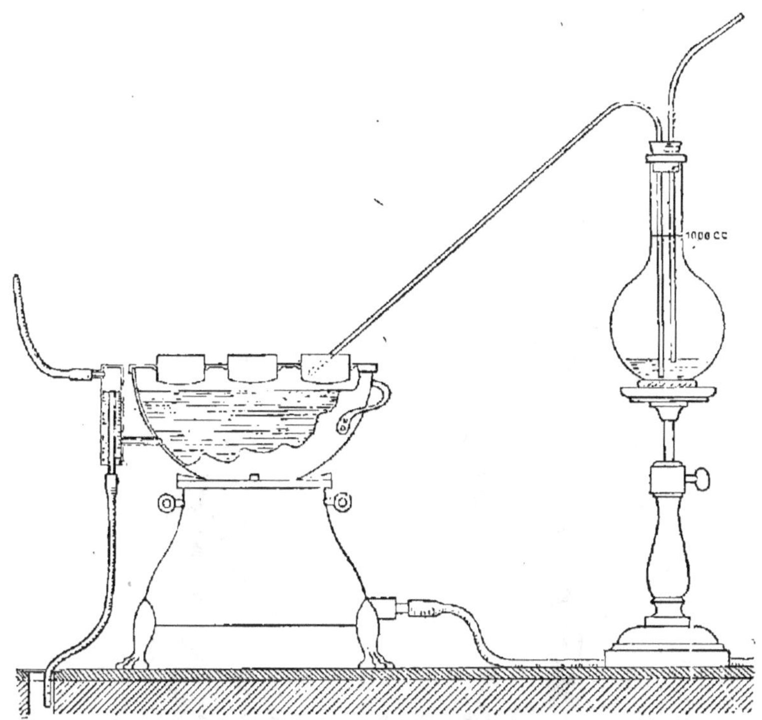

Fig. 9. — Évaporation de l'eau à l'aide du dispositif de M. L. Roos.

2° Dans le cas où il s'agira d'évaporer de l'eau en vue d'une analyse qualitative, on pourra substituer au précédent procédé celui si ancien qui consiste à se servir d'un appareil disposé comme le montre la figure 10. On devra toutefois se rappeler que l'évaporation à 100° présente de sérieux avantages et remplacer le chauffage à feu nu par le chauffage à l'aide d'un bain-marie à niveau constant.

Résidu au rouge sombre. — Le résidu au rouge s'obtient en calcinant, au moufle ou sur un bec de Bunsen, à une température modérée, au rouge sombre, le résidu de la capsule qui nous a servi dans l'opération précédente. Cette calcination se fait dans la capsule même; car il serait très difficile de transvaser ce résidu sans perte aucune. Il convient également, avant de procéder à la calcination, de chauffer avec la plus grande précaution le résidu à 105°, pour éviter les projections pou-

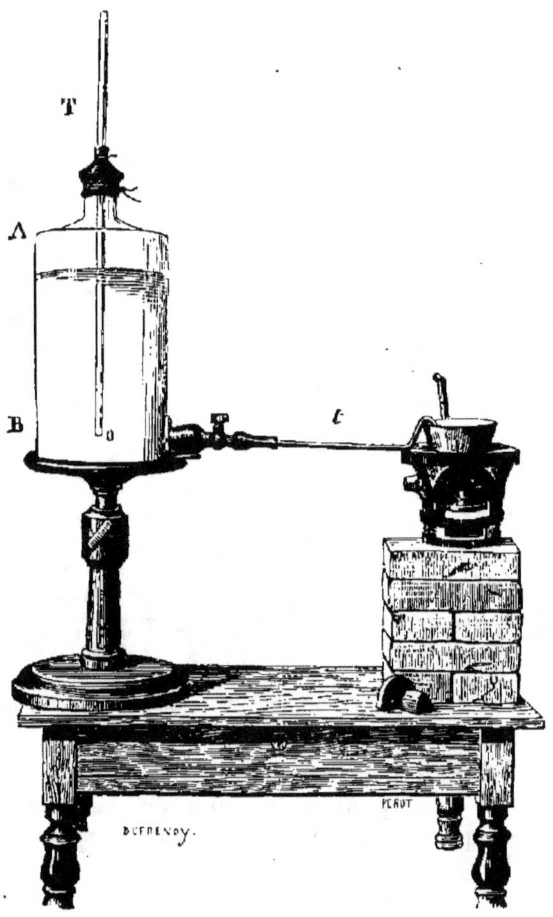

Fig. 10. — Appareil pour l'évaporation de l'eau.

vant résulter du départ brusque de l'eau d'interposition ou de cristallisation que peuvent contenir certains des corps formant ce résidu.

La pesée de la capsule ne doit être faite qu'après l'avoir

laissée refroidir sous la cloche à acide sulfurique. La différence entre la tare de la capsule et le poids obtenu donne le résidu au rouge sombre.

Ce résidu est constitué par tous les éléments minéraux du résidu à 100°; il exprime donc l'ensemble des sels minéraux tenus en dissolution dans le volume d'eau mis en expérience.

Perte au rouge. — La différence entre le résidu au rouge et le résidu à 100° représente les matières organiques et les produits volatils au rouge sombre (1). C'est à cette différence que l'on donne le nom de *perte au rouge* ou encore de *matières organiques et produits volatils.*

Lorsqu'on ajoute du carbonate d'ammoniaque pur au résidu au rouge et que l'on calcine jusqu'à volatilisation complète du sel ammoniacal, on reconstitue les carbonates, et le chiffre fourni est désigné sous la dénomination de *perte au rouge après la reconstitution des carbonates.*

Dosage de l'acide carbonique combiné. — L'acide carbonique se trouve dans les eaux sous deux formes, libre et combiné. Le dosage de l'acide carbonique libre se fait en même temps que le dosage des gaz dissous dans l'eau; nous en parlerons à propos de cette opération.

Quant à l'acide carbonique combiné, c'est sur le résidu au rouge repris par le carbonate d'ammoniaque qu'il convient de le doser.

A cet effet, on ajoute à tout le résidu et dans la capsule même qui le contient : 1° un volume déterminé et en excès d'une solution acide titrée, de préférence l'acide chlorhydrique; 2° 1 ou 2 gouttes d'une solution au 1/100° d'hélianthine ou *orangé Poirrier*, comme réactif indicateur. Cette matière colorante prend une coloration jaune safrané en présence des alcalis, rose en présence des acides minéraux, mais elle n'est pas influencée par l'acide carbonique.

On laisse digérer quelques instants le résidu avec la solution d'acide chlorhydrique, puis on neutralise l'excès d'acide par une solution titrée d'ammoniaque. Si les solutions acide et ammoniacale sont d'un titre tel qu'elles se saturent réciproquement à volume égal, la différence des volumes de liqueur acide et de

(1) Acide carbonique des carbonates, sels ammoniacaux, chlorures, eau de cristallisation non abandonnée par certains sels à 105°.

liqueur ammoniacale donnera la quantité d'acide chlorhydrique employée et, par suite, la quantité absolue d'acide carbonique contenue dans le résidu au rouge. Les solutions demi-normale d'acide chlorhydrique et d'ammoniaque conviennent parfaitement pour effectuer ce dosage.

Cette opération, qui donne une indication sérieuse, n'apporte dans le résidu qu'une petite quantité de chlorhydrate d'ammoniaque; on s'en débarrasse par une évaporation suivie d'une légère calcination.

Dosage des acides phosphorique et silicique. — Le dosage de ces deux acides est assez intimement lié, car il faut, pour obtenir des chiffres d'une réelle exactitude, éliminer la silice avant de procéder au dosage de l'acide phosphorique.

Le résidu qui a déjà servi au dosage de l'acide carbonique combiné est employé pour le dosage des acides phosphorique et silicique.

Silice ou acide silicique. — On ajoute à ce résidu un peu d'acide chlorhydrique concentré; on évapore à siccité et l'on chauffe quelques instants à 125 à 150° (ces diverses opérations ont pour effet de rendre la silice insoluble, même dans les acides concentrés). On reprend le résidu par l'acide chlorhydrique ou azotique étendu d'un peu d'eau, on jette sur un petit filtre en papier pur qui retiendra l'acide silicique. On lave le filtre avec de l'eau distillée; on sèche à l'étuve, on le met dans une capsule tarée, on calcine au moufle et au rouge sombre et l'on pèse. Le poids obtenu donne la silice renfermée dans le volume d'eau employée.

Acide phosphorique. — La solution obtenue dans l'opération précédente et les eaux de lavage serviront au dosage de l'acide phosphorique.

On précipite d'abord tout l'acide phosphorique sous forme de phospho-molybdate d'ammoniaque. Pour cela, on réduit à un faible volume la solution sur laquelle on opère, et on ajoute un fort excès du réactif nitro-molybdique.

Ce réactif s'obtient en mélangeant volumes égaux d'une solution à 10 pour 100 de molybdate d'ammoniaque et d'acide azotique concentré.

Pour peu que la solution contienne d'acide phosphorique, le réactif produit à froid une belle teinte jaune. Celle-ci s'accentue par la chaleur, et, s'il y a une quantité appréciable d'acide phosphorique, il se manifeste un précipité plus ou moins abondant.

On peut recueillir ce précipité sur un filtre, le laver à l'eau contenant 20 pour 100 d'acide nitrique, le sécher, le peser directement, et de son poids déduire la quantité d'acide phosphorique (en multipliant par le facteur 0,0314). Il est préférable de dissoudre le précipité de phospho-molybdate d'ammoniaque dans de l'ammoniaque, sans trop grand excès de celle-ci, et d'ajouter à la solution 1 ou 2 centimètres cubes d'une solution de chlorure de magnésium au 1/10e. Il se formera du phosphate ammoniaco-magnésien que l'on transforme en pyrophosphate de magnésie par calcination ; on en déduit l'acide phosphorique. Voici comment on opère dans ce cas : on se débarrasse de l'excès de la solution de phospho-molybdate d'ammoniaque, en ajoutant goutte à goutte à la solution ammoniacale de l'acide chlorhydrique dilué, jusqu'à ce que le précipité jaune, qui se manifeste à chaque addition d'acide, mette un certain temps à disparaître, ou même jusqu'à ce qu'un léger trouble persiste ; à ce moment on ajoute juste assez d'ammoniaque pour le faire disparaître, et l'on est sûr de ne pas opérer sur un liquide trop ammoniacal.

Il faut avoir soin d'attendre que la solution ammoniacale de phospho-molybdate d'ammoniaque soit bien refroidie avant d'ajouter la solution magnésienne, car il peut se former à chaud des phosphates basiques de magnésie au lieu du phosphate ammoniaco-magnésien bien défini que l'on cherche à obtenir. Au bout de vingt-quatre heures la précipitation du phosphate ammoniaco-magnésien est complète. On le recueille sur un filtre en papier de Berzélius. On le lave avec soin avec de l'eau faiblement ammoniacale, on conduit le lavage de manière à ne pas employer un trop grand volume d'eau. On sèche, on incinère et l'on pèse. Si le précipité n'était pas parfaitement blanc, on ajouterait quelques gouttes d'acide nitrique et l'on calcinerait ensuite. Il est utile de maintenir pendant quelques instants la capsule dans laquelle se fait la calcination au rouge vif, pour faire disparaître les quelques traces d'acide molybdique qui auraient pu rester.

Le résidu est constitué par du pyrophosphate de magnésie, et son poids, multiplié par le coefficient 0,639, donne, exprimé en acide phosphorique anhydre, la quantité absolue d'acide phosphorique contenue dans le résidu au rouge et, par suite, dans le volume d'eau qui a servi à obtenir ce résidu.

Dosage du chlore. — On dose le chlore, soit dans l'eau telle quelle, soit dans l'eau concentrée par évaporation, si celle-ci est tellement pauvre qu'on ne puisse effectuer qu'un dosage incertain sur un volume de 200 à 250 centimètres cubes.

On emploie indifféremment pour le dosage du chlore l'une des deux méthodes que nous allons décrire :

1° *Méthode de Tony-Garcin.* — Elle permet de doser directement le chlore sous la forme de chlorure d'argent. Elle repose sur le principe suivant : si une solution neutre contient à la fois des chlorures et un chromate alcalin, les chlorures seront complètement transformés en chlorure d'argent à l'aide d'une solution d'azotate de ce métal, avant que le chromate n'agisse sur la solution argentique. La formation du chromate d'argent d'un rouge brique très intense avertit de cette transformation complète.

Il convient, pour l'application de cette méthode, de s'assurer de la neutralisation parfaite de l'eau à examiner. Au cas où l'eau serait alcaline, on la rendrait très légèrement acide par quelques gouttes d'acide acétique, et l'on neutraliserait l'excès de celui-ci par l'addition d'une petite quantité de carbonate de chaux précipité pur, dont l'excès ne gène en rien la réaction. On ajoute au volume pris pour l'essai (100 ou 200 centimètres cubes) 1 goutte ou 2 d'une solution de chromate neutre de potasse.

On opère le titrage avec une solution normale au 1/10ᵉ ou au 1/100ᵉ d'azotate d'argent, selon la richesse en chlorures que l'on peut présumer par un essai rapide. La solution normale d'azotate d'argent doit renfermer 170 grammes d'azotate d'argent par litre.

On se sert pour ce titrage d'une burette graduée de Mohr, divisée en dixièmes de centimètre cube, et l'on verse la solution d'argent goutte à goutte dans un grand verre où l'on a placé le volume d'eau sur lequel on opère. La partie du liquide où tombe la goutte de liqueur argentique s'entoure d'une auréole rouge brun qui disparaît immédiatement au début. Au fur et à mesure que l'opération s'avance, la trace rouge, due au chromate d'argent formé, persiste un peu plus longtemps jusqu'à ce qu'enfin une nuance très légèrement briquetée annonce la fin de l'opération.

Il est bon de fixer par un essai sur de l'eau distillée, contenant un peu de carbonate de chaux précipité et pur, la quantité de liqueur argentique nécessaire pour produire dans un volume donné la teinte d'intensité déterminée à laquelle on s'arrêtera.

On retranche du volume de la solution d'argent employée le volume nécessaire pour produire la réaction; le reste représente le chlore contenu dans l'eau.

Si l'on a opéré sur 100 centimètres cubes d'eau; il suffit de multiplier le volume du réactif employé dans l'essai par 0,0585 si l'on a employé la solution décime-normale, ou par 0,00585 si l'on a employé la solution normale au 1/100ᵉ, pour obtenir un résultat exprimé en chlorure de sodium et par litre d'eau. Les coefficients 0,0355 et 0,00355 donneraient le résultat exprimé en chlore.

La solution d'argent dont nous nous servons est la solution décime-normale renfermant 17 d'azotate d'argent par litre.

2° *Méthode de Vohlard*. — La méthode de Vohlard repose sur le principe suivant : si l'on verse une solution de sulfocyanure alcalin (c'est le sulfocyanure de potassium que l'on emploie le plus fréquemment) dans un liquide tenant à la fois en dissolution un sel d'argent et un sel de fer au maximum, il se produit une coloration rouge sang qui n'apparaît que lorsque tout l'argent a été amené à l'état de sulfocyanure d'argent. S'il existe dans le liquide des sels d'argent précipités, notamment du chlorure d'argent, ceux-ci ne sont pas touchés par les réactifs en présence.

Le mode opératoire peut donc se résumer de la façon suivante : on ajoute au liquide, dans lequel il s'agit de doser le chlore, un volume déterminé d'une solution titrée de nitrate d'argent (il faut un excès de réactif); on cherche ensuite à l'aide d'une solution titrée de sulfocyanure de potassium la quantité d'argent qui est restée en solution dans le liquide. La différence entre la quantité d'argent ajoutée à l'essai et la quantité retrouvée par le sulfocyanure donne le poids d'argent nécessité par la précipitation du chlore.

On prendra donc un volume connu de l'eau à analyser, on y ajoutera un excès de solution d'argent et 1 ou 2 gouttes d'une solution de sulfate ferrique, destiné à servir d'indicateur. A l'aide d'une solution de sulfocyanure de potassium, d'un titre tel que volumes égaux de la liqueur argentique et celle du sulfocyanure se saturent réciproquement, on trouve exactement le volume de liqueur d'argent non utilisé.

Si l'on a ajouté à l'eau mise en expérience 10 centimètres

cubes de liqueur d'argent normale au 1/100ᵉ et qu'il faille
seulement 3,4 centimètres cubes de solution de sulfocyanure
également normale au 1/100ᵉ, cela signifie que 6,6 centimètres
cubes d'azotate d'argent ont été nécessaires pour précipiter le
chlore des chlorures que renferme l'eau.

Le calcul se fait comme précédemment, et il est utile aussi de
déterminer par une opération préalable le volume de solution
de sulfocyanure nécessaire pour obtenir la teinte rouge à laquelle on s'arrête.

Il n'est guère possible d'indiquer la quantité de sulfocyanure
de potassium à employer pour faire la solution, car ce sel,
bien qu'il ait une constitution parfaitement définie, est fort
hygrométrique, et celui que l'on trouve dans le commerce a
une composition extrêmement variable.

Il n'est, d'ailleurs, pas indispensable de connaître le poids
exact des corps nécessaires pour faire une solution à un titre
donné, puisque la méthode courante consiste à faire une solution notablement plus forte que celle que l'on se propose d'obtenir. On détermine exactement le titre de cette solution par
une opération préalable, et l'on réduit ce titre à celui que l'on
désire par une addition d'eau distillée en proportion déterminée
par le calcul.

D'une manière générale, toutes les fois que l'on a à préparer
des solutions titrées, la balance, nous entendons la balance de
précision, n'est nécessaire que pour la préparation de la solution que nous appellerons la *solution-mère*.

Le nitrate d'argent dont la composition est très fixe peut parfaitement servir dans ce but. 170 grammes de ce sel pur, dissous dans un litre d'eau distillée, donnent une solution normale
qui peut servir de point de départ pour la préparation de toutes
les autres solutions usuelles acides ou alcalines.

On fera d'abord, par exemple, la solution chlorhydrique avec
laquelle on obtiendra la solution ammoniacale et ainsi de suite.

Dosage de l'acide sulfurique. — On l'opère généralement sur
l'eau elle-même ou sur l'eau préalablement concentrée, si elle
n'est que très peu chargée en sulfates.

La méthode usitée est celle qui consiste à précipiter l'acide
sulfurique sous la forme de sulfate de baryte, à laver, sécher,
calciner et peser ce précipité.

On emploie au moins un demi-litre de l'eau à examiner. On

le concentre au besoin par évaporation; on lui ajoute un excès de la solution de chlorure de baryum acidulée par l'acide chlorhydrique. L'acide chlorhydrique prévient la précipitation d'autres acides, tels que l'acide phosphorique, qui forment avec le chlorure de baryum des combinaisons insolubles dans l'eau, mais solubles dans les acides. On laisse déposer quelques heures, on décante le liquide surnageant qui est parfaitement limpide sur un filtre en papier pur (1); on verse ensuite le précipité que l'on lave soigneusement avec de l'eau distillée. Lorsque le précipité de sulfate de baryte est bien lavé, on sèche le filtre à l'étuve, on fait tomber la majeure partie du précipité dans une capsule en platine tarée; on brûle le filtre au-dessus de cette capsule et on calcine au moufle. Le précipité doit être très blanc après la calcination. S'il n'en était pas ainsi, on reprendrait le précipité par quelques gouttes d'acide azotique pur que l'on évaporerait avec précaution, pour éviter les projections. On soumet la capsule à une nouvelle calcination; on laisse refroidir sous la cloche à dessécher et l'on pèse.

Le poids du sulfate de baryte obtenu multiplié par le coefficient 0,3433 donne la quantité absolue d'acide sulfurique que renfermait le volume d'eau mis en expérience.

Dosage de l'acide azotique. — L'acide azotique ne peut être dosé que dans l'eau elle-même, car l'évaporation et surtout la calcination en font disparaître une quantité d'autant plus forte que l'eau est plus riche en matières organiques.

Par la diphénylamine. — La réaction si nette que donne le sulfate de diphénylamine avec l'acide azotique peut servir dans une certaine mesure à doser approximativement l'acide azotique.

On fera une dilution connue d'acide azotique, de façon que, dans les conditions de la réaction que l'on réalisera toujours les mêmes, on obtienne une teinte d'une intensité déterminée. Ce sera la teinte type. Par dilution avec de l'eau distillée, on amènera l'eau à analyser à fournir une teinte sensiblement

---

(1) C'est le papier de Berzélius dont on se sert habituellement. Ce papier ne laisse quand on le brûle qu'un poids de cendres tout à fait négligeable; quand on n'a pas à sa disposition un papier pur, on détermine par un essai préalable la teneur en cendres de celui que l'on emploie.

voisine et les dilutions étant connues, on pourra déduire de cette série d'opérations la quantité d'acide azotique.

Toutefois cette méthode est bien incertaine; il y a trop de causes d'erreur pour qu'on ne puisse la recommander que dans le cas où les eaux sont très pauvres en nitrates.

Par l'indigo. — La méthode basée sur la décoloration du carmin d'indigo est également fort aléatoire et ne vaut pas, à notre avis, beaucoup mieux que la précédente, bien qu'elle soit d'une exécution plus délicate.

Procédé rapide de G. Harrow (1). — M. Harrow a proposé, pour le dosage rapide des azotates dans l'eau potable, une méthode colorimétrique basée sur la réaction de Griess que nous avons citée à *l'analyse qualitative*. Cette méthode est fondée sur l'action de l'acide nitreux sur la naphtylamine et l'acide sulfanilique. Il faut, pour produire cette réaction, réduire l'acide nitrique à l'état d'acide nitreux, et cette réduction se fait au moyen de la poudre de zinc. La réduction n'est que partielle et fournit aussi de l'ammoniaque et de l'hydroxylamine. Les résultats n'en sont pas moins satisfaisants, d'après M. Harrow.

Le réactif se prépare en dissolvant dans 200 centimètres cubes d'eau 1 centimètre cube d'α-naphtylamine, 1 gramme d'acide sulfanilique et 25 centimètres cubes d'acide chlorhydrique concentré; on fait bouillir avec un peu de noir animal, on filtre et on étend à 500 centimètres cubes. D'autre part, on prépare des solutions d'azotate de potassium renfermant respectivement 1, 0,1, 0,01 d'azote pour 100,000. Il suffit de dissoudre 0 gr. 721 de nitre pur dans un litre d'eau et d'étendre de manière à former un volume de 10, 100, 1000 fois plus grand. Enfin il faut de la poudre de zinc contenue dans un petit bocal dont le bouchon porte un fil métallique aplati de manière à former une petite spatule.

Pour faire un essai, on prend 50 centimètres cubes de l'eau à étudier et on la place dans un verre de 100 centimètres cubes sur un papier blanc. On dépose, à côté et de la même façon, 50 centimètres cubes de chacune des trois solutions-types.

Dans chaque verre, on verse 10 centimètres de réactif (s'il y a des nitrites dans l'eau, elle se colore directement en rose), puis un peu de poudre de zinc (7 à 8 milligrammes); s'il y a des nitrates, une coloration rose se développe. Au bout de quinze

____

(1) *Bulletin de la Société chimique de Paris*, 20 octobre 1891.

minutes, la réaction est terminée; on compare alors aux solutions-types en procédant, comme dans les essais, avec le réactif de Nessler.

On évalue généralement les azotates en acide nitrique (AzO³H). Pour faciliter les calculs, la solution d'azotate de potasse devant servir à faire les essais comparatifs sera préparée de telle sorte que un litre renferme 1 milligramme ou 1 centigramme d'acide azotique. A cet effet, on pèsera 1 gr. 60 d'azotate de potasse que l'on versera dans un ballon jaugé de un litre; on remplira avec de l'eau distillée jusqu'au trait de jauge. Cette première solution contiendra une quantité de sel correspondant à 1 gramme d'acide nitrique par litre. Il suffira de l'étendre convenablement pour avoir des solutions renfermant 0,10, 0,01, 0,001 d'acide nitrique par litre.

Méthode de Grandval et Lajoux. — La méthode à laquelle nous donnons la préférence est celle de MM. Grandval et Lajoux.

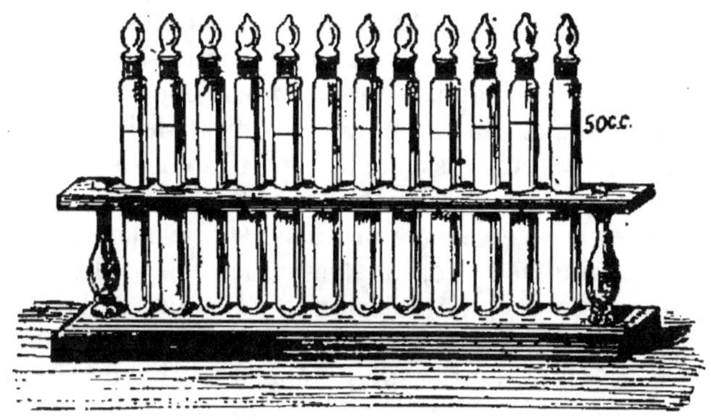

Fig 11. — Tubes de Grandval et Lajoux.

Cette méthode repose sur la transformation du phénol en acide picrique, sous l'action de l'acide nitrique et sur l'intensité de coloration que possède le picrate d'ammoniaque que l'on forme dans cette réaction. Cette intensité de coloration se mesure, soit à l'aide du colorimètre de Duboscq, soit en comparant dans des tubes de même diamètre les teintes produites. Nous nous servons de ces tubes qui portent le nom des auteurs et qui sont bouchés à l'émeri et jaugés à 50 centimètres cubes (fig. 11).

7.

Il faut, pour employer cette méthode, deux solutions, l'une de réactif sulfophénique, l'autre d'azotate de potasse.

Solution sulfophénique. — On la prépare en dissolvant avec précaution 7 gr.50 de phénol pur dans 92 gr. 5 d'acide sulfurique monohydraté. Cette solution doit être conservée dans un flacon bouché à l'émeri.

Solution d'azotate de potasse. — Les auteurs se servent d'une solution d'azotate de potasse renfermant 0 gr.50 de ce sel par litre. Nous aimons mieux employer, pour simplifier les calculs, une solution de ce sel en renfermant 1 gr. 60 par litre et correspondant à 1 gramme d'acide nitrique (AzO^3H).

Mode opératoire. — On évapore, au bain-marie, à siccité et dans une capsule de porcelaine, 5 centimètres cubes de la solution de nitrate. On laisse refroidir et on traite le résidu par 15 gouttes de solution sulfophénique; on ajoute de l'eau, puis de l'ammoniaque en excès, et on étend à 1000 centimètres cubes avec de l'eau distillée. On introduit dans des tubes de Grandval et Lajoux 50, 40, 30, 20, etc., centimètres cubes de cette solution; on amène au volume de 50 centimètres cubes avec de l'eau distillée, et l'on note le volume de solution que le tube a reçu.

D'autre part, on évapore, comme dans l'opération précédente, 10 centimètres cubes ou un volume plus grand de l'eau à examiner. On traite, après refroidissement, par 15 gouttes d'acide sulfo-phénique; on ajoute un peu d'eau distillée, puis un excès d'ammoniaque, et l'on verse dans un tube. On lave la capsule et l'on parfait le volume de 50 centimètres cubes avec de l'eau distillée.

On compare alors la teinte jaune fournie par l'eau et celle donnée par l'un des tubes, et l'on cherche par tâtonnements quelle est la teinte dont le tube renfermant l'eau se rapproche le plus. Si la teinte fournie par l'eau était plus foncée que celle du tube contenant 50 centimètres cubes de solution, on diluerait le contenu du tube de l'eau et l'on en tiendrait compte dans le calcul. Si le tube à eau était moins coloré que le tube renfermant la plus faible dilution de picrate d'ammoniaque, il faudrait préparer de nouveaux tubes plus dilués que les précédents.

Méthode de Schlœsing. — La méthode la plus exacte pour le dosage de l'acide nitrique est celle de Schlœsing; elle repose sur la décomposition des nitrates ou de l'acide nitrique par les sels ferreux. Il se produit du bioxyde d'azote que l'on mesure et du volume duquel on déduit la proportion d'acide azotique.

L'appareil à employer est représenté par la figure 12. Un ballon B de 200 à 250 centimètres cubes de capacité est muni d'un bouchon à deux trous donnant passage, l'un à un tube à entonnoir (tube à brome) avec robinet, l'autre à un tube abducteur se rendant dans une cuve préalablement remplie d'eau assez fortement alcalinisée par de la soude caustique.

Il est très avantageux de se servir d'un tube abducteur en deux pièces réunies par un tube de caoutchouc, de manière à pouvoir, par une simple pression des doigts, interrompre à un moment quelconque la communication entre le ballon et la cuve à eau. Le tube abducteur doit avoir une section intérieure très faible : 2 millimètres sont très suffisants.

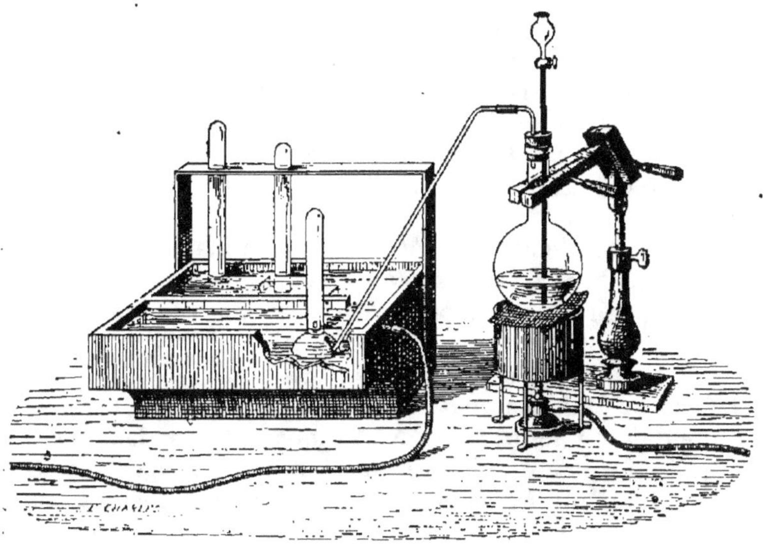

Fig. 12. — Dosage de l'acide nitrique.

On se sert dans cette opération de cloches graduées de 50 centimètres cubes divisées en dixièmes.

Mode opératoire. — On verse dans le ballon 40 à 50 centimètres cubes d'une solution de protochlorure de fer obtenue en attaquant à chaud 200 grammes de fer pur par 200 centimètres cubes d'acide chlorhydrique étendu d'eau et complétant le volume de 1 litre. On ajoute encore au ballon 40 à 50 centimètres cubes d'acide chlorhydrique dilué à 50 pour 100, et on porte à l'ébullition en maintenant le robinet R ouvert. Lorsque la vapeur sort sous forme de jet par le tube à entonnoir, on ferme le robinet et on continue à faire bouillir quelques instants encore, jusqu'à ce qu'on n'aperçoive plus de bulles gazeuses venant crever à la surface de la cuve, à l'extrémité du tube recourbé. Pour plus de certitude, on couvre celle-ci d'une cloche bien remplie d'eau; il ne doit pas y monter la moindre bulle de gaz.

On a, d'autre part, réduit à 100 centimètres cubes, ou même moins, un volume de 500 à 1000 centimètres cubes de l'eau à essayer. On en remplit l'entonnoir et on ouvre alors le robinet avec précaution pour faire écouler une partie de cette eau dans le ballon B. On doit faire cette manœuvre avec beaucoup d'attention, car l'abaissement de température produit par l'arrivée de l'eau tend à déterminer une absorption du liquide de la cuve. Il faut donc être prêt à serrer le tube abducteur dans la partie formée par du caoutchouc, pour éviter cet inconvénient. Quand le contenu ou la moitié du contenu de l'entonnoir est passé dans le ballon, on ferme le robinet. La pression intérieure ne tarde pas à se rétablir; on cesse de presser le caoutchouc et le dégagement gazeux commence.

Quand il se ralentit, on répète la même manœuvre avec une nouvelle quantité d'eau jusqu'à ce que tout le liquide sur lequel on veut opérer ait été employé. Enfin quand les dernières portions d'eau ont été introduites, on continue l'ébullition jusqu'à ce qu'il n'y ait plus de dégagement de gaz.

La cloche graduée contient à ce moment tout le bioxyde d'azote qu'a pu fournir l'acide azotique contenu dans l'eau. Il ne reste plus qu'à en mesurer le volume et calculer, d'après ce volume, la quantité d'acide azotique qui lui a donné naissance.

On apprécie le volume du gaz en plongeant la cloche, tenue avec une pince en bois pour ne pas échauffer le gaz, dans un vase plein d'eau, assez profond pour que l'on puisse amener sur un même plan le niveau de l'eau de la cloche et celui de l'eau du vase. Le gaz se trouve alors à la pression atmosphérique du moment. On note cette pression au baromètre du laboratoire; on prend la température à l'aide d'un thermomètre.

On sait que la densité d'un gaz multipliée par le poids de un litre d'air, 1 gr. 293, donne le poids de un litre de ce gaz; il est donc facile de connaître le poids du volume du gaz obtenu dans l'expérience. Mais ces éléments indispensables, densité et poids de un litre d'air, ont été calculés pour des gaz dans des conditions bien définies, 0° de température et 760 millimètres de pression, conditions qu'il est à peu près impossible de réaliser dans un laboratoire. Il faut donc ramener à 0° et à 760 de pression le volume gazeux avant d'en déterminer le poids.

Le volume d'un gaz à 0° est exprimé par la formule :

$$V_0 = Vt \, (1 + at)$$

dans laquelle Vt indique le volume à t degrés; a, le coefficient de dilatation des gaz, égale 0,003665.

Pour avoir le volume d'un gaz à 0°, il suffira de résoudre la formule ci-dessus.

Quant au volume sous la pression de 760, si on le connaît sous la pression H. on l'exprime par la formule :

$$\frac{760}{H} = \frac{V}{x} .$$

L'opération se faisant dans une cuve à eau, il convient de faire intervenir l'état hygrométrique du gaz pour en avoir la mesure exacte. On se borne à effectuer les calculs, comme nous l'avons indiqué, en déduisant de la pression H observée la tension de la vapeur d'eau à la température à laquelle l'on a opéré.

L'expression ci-dessus devient alors :

$$\frac{760}{H - n} = \frac{V}{x}$$

n exprimant la tension de vapeur d'eau à la température t.

La formule suivante résume les deux précédentes :

$$V_0 : 760 = V \times \frac{H - n}{760} \times \frac{1}{1 + 0,003665 \, t} .$$

Le tableau suivant donne, d'après Broch, la tension de vapeur d'eau pour des températures comprises entre 4 et 30° centigrades.

Tension de vapeur d'eau en millimètres de mercure de 4 à 30° (Broch).

Température	Tension	Température	Tension	Température	Tension
4°	6,07	13°	11,1	22°	19,6
5	6,51	14	11,9	23	20,8
6	6,97	15	12,7	24	22,1
7	7,47	16	13,5	25	23,5
8	8	17	14,4	26	25,0
9	8,5	18	15,3	27	26,5
10	9,1	19	16,3	28	28,1
11	9,8	20	17,4	29	29,7
12	10,4	21	18,5	30	31,5

Nous avons maintenant les éléments nécessaires pour ramener à 0° et à 760 le volume d'un gaz observé à une température et à une pression quelconques.

En effectuant les calculs indiqués, nous trouvons que 1 centimètre cube de bioxyde d'azote pèse 0 gr. 000627 et correspond à 0 gr. 002417 d'acide nitrique anhydre (Az^2O^5) et à 0 gr.0028203 d'acide azotique hydraté (AzO^3H).

Le tableau ci-dessous dispensera des calculs, lorsqu'on aura ramené le volume obtenu 0° et à 760.

Bioxyde d'azote à 0° et 760	Bioxyde d'azote (AzO)	Acide nitrique (Az^2O^5)	Acide nitrique hydraté (AzO^3H)
centi-cubes	milligrammes	milligrammes	milligrammes
1	0,627	2,417	2,8203
2	1,254	4,834	5,6406
3	1,881	7,251	8,4609
4	2,508	9,668	11,2812
5	3,135	12,085	14,1015
6	3,762	14,502	16,9218
7	4,389	16,989	19,7421
8	5,016	19,336	22,5624
9	5,643	21,753	25,3827

Lorsqu'on effectuera des dosages d'acide azotique par la méthode de Schlœsing, on devra se tenir en garde contre ce fait que le gaz recueilli dans la cloche pourrait ne pas être pur et renfermer de faibles quantités d'azote.

Il y a un moyen bien simple de s'assurer du fait. Il suffit, en effet, de faire passer sous la cloche, après avoir mesuré exactement le volume, comme cela a été dit, un peu de la solution de chlorure ferreux. Les sels ferreux possèdent la propriété d'absorber le bioxyde d'azote à froid. Si donc l'absorption est complète, c'est-à-dire s'il ne reste pas de gaz dans la cloche, c'est que l'on avait bien recueilli du bioxyde d'azote. S'il reste un gaz, c'est de l'azote dont il faudra déduire le volume du volume primitivement noté.

Quelques auteurs conseillent, pour éviter les calculs qui précèdent, de faire une deuxième opération avec une solution titrée d'azotate de potasse et de comparer les volumes de bioxyde d'azote obtenus dans les deux opérations. Nous pensons qu'il est beaucoup plus simple de faire une seule opération et d'appliquer les formules indiquées.

Certains auteurs désignent sous le nom *d'azote nitrique* l'acide nitrique trouvé dans les eaux.

Dosage de l'acide azoteux. — Nous avons vu que la présence de l'acide azoteux dénote que l'eau examinée est mauvaise ou suspecte. Il est cependant des cas où de faibles traces d'acide azoteux n'empêchent pas qu'une eau puisse être consommée.

L'acide azoteux peut être dosé avec assez d'exactitude, grâce à une méthode très simple due à Tromsdorff et reposant sur le principe suivant : si l'on verse dans de l'eau acidulée par l'acide sulfurique un mélange d'iodure de zinc et d'amidon, il ne doit pas se produire la moindre coloration bleue immédiatement, ni après un temps plus ou moins long, si l'essai est placé dans l'obscurité ou à la lumière diffuse. L'eau qui contient même de faibles traces d'azotites prend une coloration bleue plus ou moins intense et en rapport avec la proportion d'acide azoteux. Il est nécessaire de n'effectuer cette réaction qu'à la lumière diffuse, car à la lumière directe une coloration se manifeste au bout de quelques minutes avec de l'eau parfaitement exempte d'acide azoteux. A la lumière diffuse, il faut plusieurs heures pour produire le même phénomène. Il est indispensable, pour appliquer cette méthode, d'avoir : 1° de l'eau tout à fait exempte d'acide azoteux ; 2° une solution rigoureusement titrée d'azotite de potasse ou d'azotite d'argent; 3° de l'acide sulfurique parfaitement pur; 4° le réactif iodure de zinc et empois.

Nous allons indiquer comment on peut préparer l'eau exempte d'acide azoteux et la solution titrée d'acide azoteux. On a fait connaître précédemment la préparation du réactif iodozincique (page 77) ; quant à l'acide sulfurique pur, on le trouve dans le commerce.

Préparation de l'eau exempte d'acide nitreux. — On distille de l'eau ordinaire sur un peu d'acide sulfurique. La distillation doit être conduite lentement. On ne recueille que les deux derniers tiers des produits distillés et l'on a la précaution de changer plusieurs fois le vase dans lequel on reçoit le produit de la distillation. On essaie les diverses portions recueillies, d'après le principe exposé ci-dessus, et l'on ne conserve, pour l'usage, que celles qui ne donnent pas de réaction après plusieurs heures d'observation.

Préparation de la solution titrée d'acide azoteux. — 1° Pour faire une solution bien connue d'acide azoteux, on dissout environ 0 gr. 25 d'azotite de potasse dans un litre d'eau distillée. Il faut, pour l'exactitude de l'opération, que la solution d'azotite soit très faible et renferme au plus $\frac{1}{5000}$ d'acide azoteux. Dans ces conditions, l'eau ne réagit pas sur l'acide nitreux pour le transformer en acide azotique et bioxyde d'azote. On a ainsi une solution dont on ne connaît pas le titre exact; on le détermine en oxydant l'azotite de potasse par le permanganate. Il est très facile de peser exactement du permanganate de potasse; ce sel peut être obtenu très pur et se conserve parfaitement bien.

On ajoute à un volume connu de la solution d'azotite de potasse une très faible quantité d'acide sulfurique, et l'on fait tomber goutte à goutte à l'aide d'une burette graduée une solution faible de permanganate de potasse de titre connu (ce titre peut au besoin être déterminé antérieurement par une solution connue d'un sel de protoxyde de fer) jusqu'à ce que l'oxydation de l'acide azoteux soit presque complète. On en est averti par la lenteur plus grande avec laquelle disparaît la coloration rose du permanganate. A ce moment on acidule plus fortement la liqueur et l'on continue l'addition de permanganate jusqu'à coloration rose persistante.

Dans cette réaction 1 équivalent d'acide azoteux exige 2 équivalents d'oxygène pour sa transformation en acide azotique;

il lui en faut donc la même quantité que nécessiteraient quatre équivalents de sel ferreux pour leur transformation. L'équation suivante exprime la réaction:

$$5Az^2O^3 + 2Mn^2O^7 = 5Az^2O^5 + 4MnO.$$

On connaît ainsi le titre de la solution d'azotite de potasse. Il suffit de l'étendre d'eau pure de telle sorte qu'elle renferme seulement 0 gr. 10 d'acide azoteux par litre.

2° On peut se servir, pour préparer la solution titrée d'acide azoteux, d'un procédé plus simple que le précédent. On fait dissoudre dans de l'eau pure et bouillante 0 gr. 406 de nitrite d'argent pur et cristallisé. On ajoute un léger excès d'une solution de chlorure de sodium pur et on amène le volume d'eau à un litre dans un ballon jaugé. On laisse déposer le chlorure d'argent qui s'est formé; on décante et l'on a ainsi une solution d'azotite de soude renfermant exactement comme la précédente 0 gr. 0001 d'acide nitreux (Az^2O^3) par litre.

Mode opératoire. — Voyons maintenant comment il convient d'appliquer la méthode :

L'essai se fait sur 50 centimètres cubes d'eau placée dans un tube. Les gros tubes à essai dits à *glucose*, c'est-à-dire employés fréquemment pour le dosage de glucose par la liqueur cupro-potassique, conviennent parfaitement ; mais il vaut mieux se servir des tubes de Grandval et Lajoux, tubes dont nous avons recommandé l'emploi pour le dosage de l'acide nitrique.

On met dans l'un de ces tubes : 1° 50 centimètres cubes de l'eau à essayer ; 2° 1 centimètre cube d'acide sulfurique pur, 3° 1 centimètre cube de la solution d'iodure de zinc amidonnée. Si la coloration bleue attendue se manifeste immédiatement, c'est que l'eau est trop chargée en nitrites pour se prêter telle quelle à un dosage. On en fait des dilutions à 50, 25, 10 et 5 pour 100, et l'on répète l'expérience sur chacune de ces dilutions. L'eau ne sera considérée comme convenablement étendue que s'il s'écoule deux minutes au moins avant qu'une coloration, même faible, ne se manifeste.

Cela fait, on prépare des termes de comparaison dans des tubes semblables avec la solution titrée d'acide azoteux. On prend d'abord 10 centimètres cubes de cette solution que l'on étend à 100 centimètres cubes. La nouvelle liqueur renfermera donc 0 gr. 01 d'acide nitreux par litre ; un centimètre cube en contiendra par suite 0,00001, soit un centième de milligramme.

On met dans chacun des cinq tubes devant servir de types de comparaison 0 c.c. 1, 0 c.c. 2, 0 c.c. 3, 0 c.c. 4 et 0 c.c. 5 de cette nouvelle solution. Chaque tube contiendra donc 1, 2, 3, 4, 5 millièmes de milligramme d'acide azoteux ; on amène dans chaque tube le volume à 50 centimètres cubes avec de l'eau exempte d'acide azoteux.

D'autre part, on met dans deux tubes 50 centimètres cubes de l'eau à analyser étendue comme cela a été nécessaire pour que la coloration ne s'observe qu'au bout de deux minutes, et l'on note cette dilution qui interviendra dans les calculs.

Chacun des sept tubes est additionné de 1 centimètre cube d'acide sulfurique et de 1 centimètre cube d'iodure de zinc amidonné. On agite et on observe que les colorations commencent à se développer dans les tubes les plus chargés en acide azoteux. On note le temps au bout duquel les colorations se produisent. On peut apercevoir la coloration la plus faible en examinant le liquide sous une certaine épaisseur, de haut en bas, par exemple, le fond du tube reposant sur du papier blanc.

Si la coloration se développe dans les tubes contenant l'eau à examiner au bout d'un temps exactement égal à celui qu'il a fallu pour l'un quelconque des tubes types, c'est que l'eau diluée contient la même quantité d'acide nitreux que le tube dont il s'agit.

En multipliant le chiffre représentant l'acide azoteux de ce tube par celui qui indique la dilution on aura la quantité d'acide azoteux renfermée dans les 50 centimètres cubes d'eau. Il suffira de multiplier ce chiffre par 20 pour rapporter les résultats au litre, pris comme unité.

Si, au contraire, la coloration bleue se développe dans les deux tubes contenant l'eau avant qu'elle ne se soit produite dans aucun des autres, c'est que les tubes types ne sont pas assez riches en acide nitreux pour servir utilement de terme de comparaison. Il en est de même, mais en sens inverse, si la coloration des tubes contenant l'eau à analyser se manifeste la dernière. Il faut alors recommencer l'essai avec des types plus riches ou plus pauvres, suivant le cas.

Enfin, si la coloration se manifeste après qu'elle s'est montrée dans l'un des tubes types, mais avant qu'elle n'apparaisse dans le tube suivant, il convient de faire quatre ou cinq types compris entre les deux dilutions correspondantes et de recommencer l'essai; qui sera fait, cette fois-ci, dans des limites encore plus étroites.

Tel est le procédé que nous employons pour le dosage de l'acide nitreux. Il existe aussi des méthodes colorimétriques, entre autres celle qui consiste à se servir d'une solution de chlorhydrate de métaphénylène-diamine. Nous y avons renoncé à cause de la facilité avec laquelle se décompose le réactif.

Quant à la méthode qui est basée sur la réduction du permanganate de potasse par l'acide azoteux, nous ne pensons pas qu'on puisse en obtenir de bons résultats, à cause des matières organiques que renferment les eaux et dont il est fort difficile de limiter nettement l'action sur le réactif.

Dosage de la chaux. — On peut l'effectuer, soit sur l'eau directement, soit sur les liqueurs qui ont servi à précipiter l'acide phosphorique dans le résidu, soit sur le résidu au rouge sombre.

Dans le premier cas qui est préférable, si l'on a assez d'eau à sa disposition, on prend un volume déterminé d'eau et on le concentre à 100 ou 120 centimètres cubes après l'avoir additionné d'acide chlorhydrique. Dans le deuxième cas, on se sert simplement de la liqueur provenant de la précipitation des acides phosphorique et silicique. On la concentre s'il y a lieu.

Enfin dans le cas où l'on agirait sur le résidu au rouge, il suffira d'ajouter à ce résidu de l'acide chlorhydrique et de l'eau distillée de manière à tout dissoudre.

On ajoute à la solution chlorhydrique du chlorhydrate d'ammoniaque en excès, puis de l'ammoniaque, jusqu'à réaction nettement alcaline. Si le liquide se trouble à ce moment-là, on sépare par filtration le précipité formé (dû à la silice, à l'oxyde de fer ou à l'alumine). On lave très soigneusement le filtre et on additionne les eaux de lavage d'un excès d'oxalate d'ammoniaque à 10 pour 100.

On laisse déposer douze heures, on décante sur un filtre en papier Berzélius le liquide bien clair surnageant, on jette le précipité sur le filtre, on le lave avec de l'eau faiblement ammoniacale; on le dessèche et on l'incinère.

Les eaux de lavage sont conservées pour le dosage de la magnésie.

Si l'incinération est poussée au rouge vif, on obtient de la chaux vive, et par pesée directe on a la chaux (CaO).

Si l'on veut peser la chaux à l'état de carbonate, on ajoute un peu de carbonate d'ammoniaque pur dans la capsule, et l'on chauffe faiblement de manière à volatiliser le carbonate alcalin. Il faut, pour transformer en chaux (CaO) le carbonate de chaux pesé, multiplier le poids trouvé par le coefficient 0,56.

Si l'on désire peser la chaux à l'état de sulfate, on traite le résidu par quelques gouttes d'acide sulfurique et l'on chauffe quelques instants au rouge sombre. On transforme le poids obtenu en chaux (CaO) en multipliant par le coefficient 0,41176.

Au lieu de doser la chaux par pesée on peut la doser volumétriquement. Il n'y a pas lieu dans ce cas de se préoccuper si la chaux est à l'état de chaux vive ou de carbonate.

On ajoute au résidu de la calcination de l'oxalate de chaux un volume connu et en excès d'acide chlorhydrique titré et 1 à 2 gouttes de solution d'orangé Poirrier comme indicateur. On cherche ensuite avec une liqueur alcaline titrée la quantité d'acide chlorhydrique disparue et l'on déduit de ce résultat la quantité absolue de chaux que l'on avait dans la capsule.

Dosage de la magnésie. — On se sert de la liqueur séparée de l'oxalate de chaux et mise de côté dans l'opération précédente. On concentre un peu cette liqueur si elle est trop étendue, de manière à en avoir 100 à 150 centimètres cubes. On ajoute un excès d'une solution de phosphate d'ammoniaque. On agite et l'on abandonne au repos pendant dix ou douze heures. Il se produit un précipité cristallin de phosphate ammoniaco-magnésien, qu'on n'aura plus qu'à recueillir sur un filtre, laver avec de l'eau ammoniacale, sécher et incinérer pour le transformer en pyrophosphate de magnésie. Ce dernier doit être parfaitement blanc; s'il n'en était pas ainsi, on additionnerait le résidu d'un peu d'acide nitrique et l'on soumettrait à une nouvelle calcination.

La calcination au rouge doit être faite dans une capsule ou un creuset taré; la différence de poids multiplié par le coefficient 0,3603 donne la quantité absolue de magnésie.

On aurait pu employer dans cette opération du phosphate de soude au lieu du phosphate d'ammoniaque; mais l'on donnera la préférence à ce dernier sel, afin de pouvoir effectuer le dosage de la potasse et de la soude, comme nous l'indiquons ci-dessous.

Dosage de la potasse et de la soude. — L'eau que l'on vient de priver, dans les deux opérations précédentes, de la chaux et de la magnésie renferme encore de l'acide phosphorique et de l'acide sulfurique. Il faut en éliminer ces acides pour qu'elle puisse servir au dosage de la potasse et de la soude.

Pour cela, on amène le liquide traité pour le dosage de la chaux et de la magnésie à un faible volume en l'évaporant au bain-marie. On lui ajoute une petite quantité d'hydrate de chaux en suspension dans l'eau (lait de chaux), de manière à avoir une réaction légèrement alcaline. On chauffe quelques instants au bain-marie, on ajoute du carbonate d'ammoniaque et enfin un peu d'oxalate d'ammoniaque.

On sépare par filtration le précipité formé, on le lave, on reçoit le liquide et les eaux de lavage dans une capsule tarée, et l'on évapore à siccité.

Toutes les bases alcalino-terreuses, de même que tous les acides susceptibles de gêner le dosage des bases alcalines, sont éliminés. Il ne reste à ce moment dans la capsule que du chlorure de potassium et de sodium et des sels ammoniacaux.

On chauffe la capsule avec beaucoup de précautions et on maintient quelques instants au rouge sombre. Les sels ammoniacaux se volatilisent, les chlorures alcalins restent seuls. On en prend le poids que l'on note.

Le mélange de chlorure de potassium et de sodium est repris par quelques gouttes d'eau distillée aiguisée d'acide chlorhydrique et additionné d'un excès de chlorure de platine. On évapore de nouveau presque à siccité. Il y a en ce moment dans la capsule du chlorure de platine, du chloroplatinate de potasse et du chloroplatinate de soude. On reprend le tout par de l'alcool à 80º à froid (1) qui ne dissout que le chlorure de platine et le chloroplatinate de soude. On recueille sur un filtre taré le précipité de chloroplatinate de potasse, on le lave avec de l'alcool à 80º jusqu'à ce que le liquide soit complètement incolore. On sèche à 105 ou 110º et l'on pèse. Le poids obtenu multiplié par le facteur 0,19307 donne la quantité absolue de potasse.

Pour connaitre la quantité de soude, on transforme par le

____

(1) L'alcool à 80º se prépare en ajoutant 13 c. c. d'eau distillée à 100 c. c. d'alcool à 90º.

calcul la potasse trouvée en chlorure de potassium. On retranche le chiffre exprimant le chlorure de potassium du poids total des chlorures noté précédemment et l'on obtient par différence le chlorure de sodium qu'il est facile de transformer en soude par le calcul.

On pourra si on le désire transformer directement le chloroplatinate de potasse en chlorure de potassium en multipliant le poids trouvé par le facteur 0,30357.

Pour exprimer la potasse trouvée en chlorure de potassium, il suffira de multiplier le chiffre obtenu par le facteur 1,585.

Le chlorure de sodium sera transformé en soude en multipliant le chiffre exprimant la quantité de ce sel par le facteur 0,53059.

Dosage de l'ammoniaque. — Ce dosage a une très grande importance, la présence d'une quantité notable d'ammoniaque étant toujours l'indice d'une contamination de l'eau. On peut employer pour ce dosage la méthode colorimétrique à l'aide du réactif de Nessler ou les méthodes volumétrique et pondérale.

Le réactif de Nessler est, nous l'avons vu, d'une telle sensibilité qu'il permet de déceler des traces infinitésimales d'ammoniaque ou de sels ammoniacaux.

On peut utiliser ce réactif pour le dosage de ce corps, en comparant les colorations produites par un mélange du réactif et de l'eau à examiner à celles fournies par des types faits avec le réactif et une solution faible, mais bien titrée, d'un sel ammoniacal.

Cette méthode peut s'employer, soit directement sur l'eau à analyser, soit sur l'ammoniaque provenant de la distillation de cette eau et contenue sous un faible volume.

Préparation du réactif de Nessler (voir page 81).

Préparation de solution titrée de sel ammoniacal. — C'est au chlorhydrate d'ammoniaque qu'il convient de s'adresser. On fait une solution telle que un litre contienne exactement 1 gramme d'ammoniaque ; 1 centimètre cube en renfermera alors 0,001 (un milligramme).

3 gr. 150 de chlorhydrate d'ammoniaque pur renferment 1 gramme d'ammoniaque. On fera donc une solution avec cette quantité de sel ammoniacal et un litre d'eau distillée (1). On

---

(1) L'eau distillée parfaitement exempte d'ammoniaque s'obtient en distillant une eau quelconque avec un peu d'acide sulfurique.

aura le soin de tenir cette solution à l'abri des vapeurs ammoniacales si fréquentes dans les laboratoires.

On fera une deuxième solution de sel ammoniacal en mesurant 1 centimètre cube de la solution primitive et en l'étendant à 100 centimètres cubes avec de l'eau distillée. Cette deuxième solution contient 0,01 milligramme de sel ammoniacal par centimètre cube.

Si l'on opère directement sur l'eau à analyser, on procédera de la manière suivante :

On commence par débarrasser l'eau des sels de chaux et de magnésie qui, en troublant la liqueur sous l'action du réactif, nuiraient à la netteté de la coloration. On ajoute dans ce but à un volume de 3 à 400 centimètres cubes d'eau 2 centimètres cubes d'une solution de carbonate de soude pur et 1 centimètre cube d'une solution de soude caustique (ces solutions doivent être au litre de 30 pour 100).

On agite vivement, on laisse déposer, on filtre, et c'est sur l'eau ainsi privée de chaux et de magnésie que l'on effectuera le dosage.

A cet effet, l'on met dans un tube de Grandval et Lajoux 50 centimètres cubes de cette eau que l'on additionne de 1 centimètre cube de réactif de Nessler. S'il se produisait une coloration jaune légèrement briquetée et si l'addition d'un nouveau centimètre cube de réactif donnait une coloration plus foncée, ce serait un signe certain de la trop grande richesse de l'eau en ammoniaque, et il faudrait la diluer avec de l'eau distillée de telle sorte que le deuxième centimètre cube de réactif ne produisît aucun changement dans la couleur.

Quand on a obtenu une coloration convenable, on cherche à reproduire la même coloration avec de l'eau distillée, à laquelle on a ajouté une quantité connue de sel ammoniacal et la même quantité que dans l'opération précédente de carbonate de soude et de soude caustique.

On prend une série de tubes Grandval et Lajoux et on ajoute à chacun d'eux 0 c.c.1 ; 0 c.c. 2.... 0 c.c. 5 de la deuxième solution de chlorure ammonique (celle qui renferme un centième de milligramme d'ammoniaque par centimètre cube). On remplit chaque tube jusqu'au trait avec de l'eau distillée privée d'ammoniaque et préalablement additionnée de carbonate de soude et de soude caustique. Chaque tube reçoit ensuite 1 centimètre cube de réactif de Nessler.

On agite, et l'on compare la coloration à celle fournie par le tube renfermant l'eau à examiner. Le calcul se fait comme nous l'avons indiqué à propos du dosage de l'acide nitrique.

Dans le cas où la coloration obtenue dans le premier type de comparaison serait plus forte que celle donnée par l'eau, il faudrait faire une nouvelle dilution plus faible de chlorhydrate d'ammoniaque et recommencer l'essai.

La plupart du temps cette méthode est suffisante et fournit de bons résultats. Si l'eau examinée ne renfermait que des traces excessivement faibles d'ammoniaque, on n'aurait qu'à en distiller en présence de magnésie un volume assez considérable; on en recueillirait un très faible volume et on opérerait le dosage sur le produit de la distillation, comme il a été indiqué ci-dessus.

Nous avons eu l'occasion d'analyser des eaux potables suffisamment riches en ammoniaque pour nous permettre d'effectuer des dosages soit à l'aide de la méthode pondérale soit à l'aide de la volumétrie.

Quelle que soit la méthode employée, ce sera toujours sur les produits de la distillation d'un volume déterminé d'eau que l'on opérera si l'on emploie la méthode pondérale.

On met dans un ballon 500 centimètres cubes d'eau, pris exactement, et 4 à 5 grammes de magnésie récemment calcinée. On chauffe, et l'on recueille avec l'appareil ci-contre (fig. 13) 150 à 200 centimètres cubes d'eau renfermant toute l'ammoniaque du volume mis en expérience. On ajoute au produit de la distillation suffisamment d'acide chlorhydrique pour avoir une réaction acide, et l'on réduit par évaporation dans une capsule placée au bain-marie à un très petit volume (3 à 4 centimètres cubes). On laisse la capsule sur le bain-marie on ajoute une solution de chlorure de platine, et l'on continue l'évaporation jusqu'à siccité à peu près complète.

On traite le résidu par de l'alcool à 80° centigrades (1). Tout l'excès de chlorure de platine se dissout, et il ne reste que du chloroplatinate d'ammoniaque que l'on recueille sur un filtre taré. On lave avec de l'alcool à 80°, on dessèche à l'étuve à une température de 105 à 110°.

En multipliant le poids du chloroplatinate d'ammoniaque par

(1) L'alcool à 80° s'obtient en ajoutant à 100 c. c. d'alcool à 90° 18 c. c. d'eau distillée.

le coefficient 0,07646, on obtient la quantité absolue d'ammoniaque existant dans le volume d'eau mis en expérience.

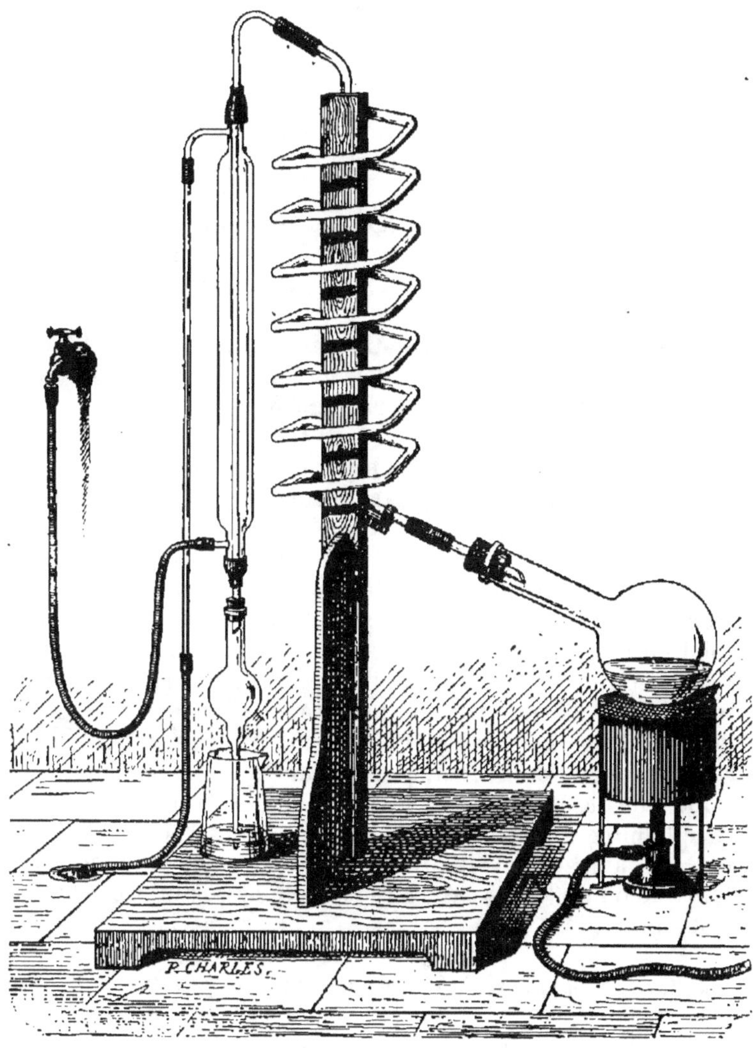

Fig. 13. — Appareil de Schlœsing.

Si l'on emploie la méthode volumétrique, il suffira de distiller de la même façon un volume connu d'eau, de recueillir le produit de la distillation dans un volume déterminé de solution demi-normale d'acide chlorhydrique. Quand on a distillé 150 ou 200 centimètres cubes du liquide, on titre en se servant du tournesol comme indicateur avec la solution demi-normale d'ammoniaque. On obtient par différence le nombre de centimètres cubes de solution d'acide chlorhydrique correspondant à l'ammoniaque renfermée dans l'eau.

Il suffit de multiplier le chiffre exprimant cette différence par le coefficient 0,0035 pour connaître la proportion d'ammoniaque.

Cette dernière méthode est beaucoup plus rapide que la précédente, et doit lui être préférée lorsque les eaux renferment une proportion assez notable de cet alcali.

Ammoniaque albuminoïde. — On désigne sous le nom *d'ammoniaque albuminoïde* celle qui se dégage lorsqu'on traite certaines matières organiques par le permanganate de potasse en solution alcaline.

La méthode ordinairement employée pour ce dosage a été proposée par Wanklyn et Chappmann. Ces auteurs dosent d'abord l'ammoniaque en distillant un volume déterminé d'eau avec un excès de soude caustique, en recueillant les produits distillés et dosant l'ammoniaque à l'aide du réactif de Nessler, comme nous l'avons ailleurs indiqué. On laisse refroidir; on ajoute dans le ballon ou la cornue, qui a servi dans l'opération précédente, 50 centimètres cubes d'une solution de permanganate de potasse préparée en faisant dissoudre 8 grammes de ce sel et 200 grammes de potasse caustique dans un litre d'eau. On chauffe de nouveau et l'on recueille les produits de la distillation sur lesquels on dose de nouveau l'ammoniaque. C'est là l'ammoniaque albuminoïde que l'on désigne sous le nom *d'azote albuminoïde*. On admet, dans la pratique, que le poids d'ammoniaque albuminoïde multiplié par 10 représente la quantité de matière organique azotée.

Matières organiques. — Les matières organiques que l'on rencontre dans les eaux ont différentes origines. Elles proviennent tantôt des animaux qui vivent dans les eaux, de leurs déjections, de leurs débris, de leurs cadavres, tantôt des végétaux : plantes à l'état de décomposition (produits humiques), microbes et leurs produits de sécrétion. D'autres fois enfin, les matières organiques sont dues aux déjections de l'homme, à la souillure de l'eau par les égouts, etc.

Quand elles ne sont pas directement nuisibles par elles-mêmes, les matières organiques présentent l'énorme inconvénient d'accompagner les bactéries pathogènes et de favoriser leur pullulation.

Les eaux ne devraient donc pas renfermer de matières organiques, ou, du moins, elles ne devraient en tenir que le moins possible en dissolution.

Il ne sera question ici que du dosage des matières organiques en dissolution, car nous avons admis que la première des qualités d'une eau devait être sa parfaite limpidité.

Matières en suspension. — Dans le cas où il serait cependant intéressant de connaître la quantité des matières en suspension dans une eau, on en laisserait déposer un certain volume, un litre par exemple, on décanterait la partie claire; on recueillirait le reste sur un petit filtre taré que l'on sécherait à 110° et que l'on pèserait. Il suffirait alors d'incinérer et de déduire du poids obtenu le poids des cendres laissées par les matières en suspension. Cette dernière pesée donnerait la quantité des matières minérales en suspension dans l'eau.

Dosage des matières organiques en dissolution. — Il est extrêmement difficile, pour ne pas dire impossible, de doser avec certitude les matières organiques des eaux.

Nous avons vu que la *perte au rouge*, même après la reconstitution des carbonates, ne pouvait pas servir à exprimer les *matières organiques*, et que différents corps de nature minérale se décomposaient sous l'action du rouge sombre.

Les procédés qui consistent à doser l'azote et le carbone du résidu à 100° et à les transformer, par le calcul, en une matière organique, l'albumine par exemple, n'expriment pas davantage la quantité de matière organique; car rien n'indique que l'on a affaire à des matières organiques de l'espèce calculée.

En réalité, on ne dose pas la matière organique des eaux, on s'efforce seulement à en apprécier la variation par la mesure d'une action exercée sur un réactif par les matières organiques. la réduction du permanganate de potasse par exemple.

Les procédés le plus généralement suivis consistent à rechercher la quantité d'oxygène qu'empruntent les matières organiques au permanganate pour s'oxyder. Les résultats s'expriment en *oxygène* ou en *acide oxalique*.

Procédé de Lévy. — Dosage en solution acide. — Ce procédé est celui prescrit par l'instruction du Comité consultatif d'hygiène ; il a été précédemment décrit.

Procédé de Schulze - Tromsdorff. — Dosage en solution alcaline. — Nous nous servons du procédé de Schulze - Tromsdorff, parce qu'il permet de doser les matières organiques en liqueur alcaline et que l'action du permanganate sur ces matières est plus profonde en solution alcaline qu'en solution acide.

Les réactifs indispensables pour l'emploi de ce procédé sont les suivants :

1° De l'eau distillée absolument exempte de matières organiques. On l'obtient en distillant de l'eau sur une petite quantité de soude caustique et de permanganate de potasse ;

2° Une solution dans l'eau de soude caustique pure préparée en dissolvant 1 partie de soude pour 2 parties d'eau distillée ;

3° Une solution d'acide sulfurique pur à 20 pour 100 ;

4° Une solution normale au 1/100ᵉ d'acide oxalique, contenant par conséquent 0 gr. 63 d'acide oxalique par litre ;

5° Enfin, une solution contenant exactement 0 gr. 3162 de permanganate de potasse pur.

Des volumes égaux de ces dernières solutions s'équivalent.

Mode opératoire — Il est bon de déterminer, sur 100 centimètres cubes d'eau distillée pure, la quantité de permanganate qui est nécessaire pour l'amener à la teinte rose persistante à laquelle on s'arrêtera. Pour cela, on met dans une fiole de Bohême 100 centimètres cubes d'eau distillée ; on l'additionne de 0 c. c. 5 de la solution de soude caustique et de 10 centimètres cubes de la solution de permanganate de potasse. On fait bouillir exactement pendant dix minutes, et l'on ajoute 5 centimètres cubes d'acide sulfurique et 10 centimètres cubes de l'acide oxalique titré. Si les liqueurs sont bien titrées, l'acide oxalique devra décolorer le liquide, et 2 ou 3 gouttes de solution de permanganate, que l'on versera avec une burette de Mohr, coloreront l'essai. Le nombre de gouttes nécessaires pour avoir la coloration voulue variera avec l'opérateur. Quel que soit ce nombre, on le retranchera lorsqu'on procédera avec l'eau à analyser.

On effectue le dosage de la matière organique exactement de la même manière. On fait bouillir pendant dix minutes 100 centimètres cubes d'eau additionnée de un demi-centimètre cube de soude et de 10 centimètres cubes de permanganate. On laisse refroidir à 50 ou 60° environ, et l'on ajoute goutte à goutte, avec la burette de Mohr, de la solution de permanganate de potasse jusqu'à la coloration rose faible persistante que l'on s'est donnée comme terme de la réaction.

C'est ce dernier volume de permanganate diminué de celui que l'on a déterminé avec l'eau distillée qui sert à exprimer la quantité de matière organique contenue dans l'eau.

Le nombre obtenu multiplié par 0,0008 exprimera la matière organique en oxygène et par litre; en le multipliant par 0,0063 la matière organique sera exprimée en acide oxalique.

Dosage en solution acide et en solution alcaline. — M. Gabriel Pouchet, le savant directeur du laboratoire du Comité consultatif d'hygiène, dose les matières organiques en solution acide et en solution alcaline, comme l'ont montré les quelques résultats de ses analyses que nous avons exposés. Le laboratoire municipal de Paris emploie également cette méthode qui est décrite ainsi qu'il suit par M. Bordas(1) : « La liqueur de permanganate de potasse renferme exactement 3 gr. 162 de sel par litre, ce qui correspond à 1 centimètre cube = 0 gr. 0008 d'oxygène, ou 0 gr. 0063 d'acide oxalique.

« On additionne 125 centimètres cubes de permanganate d'eau distillée, de façon à faire un litre; alors, 1 centimètre cube = 0 gr. 0001 d'oxygène ou 0 gr. 000738 d'acide oxalique.

« La solution de sulfate ferreux n'a pas besoin d'être titrée exactement; il suffit d'employer toujours un même volume de la solution (5 grammes de sulfate ferreux cristallisé dans un litre d'eau additionnée de 20 centimètres cubes d'acide sulfurique concentré).

« La solution d'acide sulfurique est faite en mélangeant 200 centimètres cubes d'acide sulfurique à 800 centimètres cubes d'eau; le tout doit être conservé dans un flacon bouché à l'émeri.

« Enfin, la solution alcaline est composée d'une solution saturée de bicarbonate de soude.

« Le dosage se fait de la façon suivante :

« *Dosage en solution acide.* — On fait simultanément bouillir 200 centimètres cubes d'eau distillée avec 10 centimètres cubes d'acide sulfurique et 20 centimètres cubes de permanganate, en

(1) Girard et Dupré, *Analyse des matières alimentaires et recherche de leurs falsifications,* 1894 (*Encyclopédie chimique* de Frémy).

8.

prolongeant l'ébullition pendant *dix minutes exactement*; puis, 200 centimètres cubes de l'eau à analyser additionnée aussi de 10 centimètres cubes d'acide et de 20 centimètres cubes de permanganate, prolongeant aussi l'ébullition pendant *dix minutes exactement*.

« On plonge ensuite les deux ballons dans l'eau froide, et, quand la température du liquide est d'environ 30°, on verse dans chacun 20 centimètres cubes de sulfate ferreux et on ramène au rose avec le permanganate de potasse.

« La différence entre le volume de permanganate consommé par le ballon d'eau distillée et celui de l'eau à analyser est calculée à raison de un demi-milligramme d'oxygène par litre pour 1 centimètre cube de permanganate.

« *Dosage en solution alcaline.* — On introduit dans un ballon 100 centimètres cubes de l'eau à analyser, puis 200 centimètres cubes de la même eau dans un autre ballon; on ajoute dans chacun 20 centimètres cubes de bicarbonate de soude et 20 centimètres cubes de permanganate.

« On fait bouillir exactement pendant dix minutes, on refroidit rapidement jusqu'à 30° environ dans l'eau froide, et on ajoute 10 centimètres cubes d'acide sulfurique et 20 centimètres cubes de sulfate ferreux; on ramène au rose par le permanganate, et la différence entre les deux volumes est calculée en oxygène, à raison de 1 milligramme par litre pour 1 centimètre cube de permanganate.

« Ce titrage ne se fait en réalité que sur 100 centimètres cubes, tandis que le dosage en solution acide s'opère sur 200 centimètres cubes. »

Dosage des gaz contenus dans l'eau. — Une eau potable doit renfermer de 20 à 50 centimètres cubes de gaz par litre. Ces gaz, qui sont, nous l'avons vu, l'oxygène, l'azote et l'acide carbonique, doivent s'y trouver dans les proportions suivantes:

Oxygène	15 parties
Azote	35 —
Acide carbonique.	50 —
Total. . .	100 parties

L'oxygène dissous dans l'eau provient, soit de l'air, soit des plantes vivant dans cette eau. On sait que les plantes possèdent la propriété de décomposer l'acide carbonique et de mettre en liberté de l'oxygène, lequel se dissout dans l'eau.

La quantité d'oxygène dissous peut diminuer sous l'action réductrice de certaines bactéries ou de certaines matières organiques qui se trouvent dans l'eau. Une eau complètement privée d'oxygène serait absolument impropre à la consommation.

Le tableau suivant donne les proportions des gaz dissous dans quelques eaux.

Désignation des gaz	Air	Air dissous calculé	Eau de source	Eau de Seine	Eau du Rhin	Eau d'un lac	Eau d'étang	Eau d'un puits	Eau de pluie
Azote . . .	79	65,2	5,6	3,9	7,4	5,9	6,6	9,8	15,1
Oxygène . .	21	34,8	13,8	12	15,9	13,4	16	25,3	7,4
Acide carbonique . .			16,2	16,2	7,6	0,6	11,2	21,7	0,5
Total. .	100	100	35,6	32,1	30,9	19,9	33,8	56,8	23

Dosage des gaz dissous dans l'eau. — Deux méthodes peuvent être employées pour le dosage des gaz dissous dans l'eau. Toutes deux sont basées sur la séparation des gaz de l'eau dans laquelle ils se trouvent. Dans l'une de ces méthodes, on extrait ces gaz à l'aide de la chaleur ; dans l'autre, on se sert du vide.

Procédé classique. — Ce procédé permet d'extraire les gaz de la manière suivante :

On prend un ballon fermé par un bouchon dans le trou duquel passe un tube abducteur (fig. 14). On remplit complètement le ballon avec de l'eau à analyser. On enfonce le bouchon, muni du tube abducteur, assez profondément pour que le liquide déplacé par le bouchon remplisse complètement ce tube dont la portion, qui est enfoncée dans le bouchon, ne doit pas dépasser la surface inférieure de ce dernier. Si l'opération a été bien conduite, on ne doit apercevoir, dans le ballon et dans le tube, aucune bulle d'air. Ainsi préparé, le ballon est placé sur un fourneau, de telle sorte que le tube abducteur débouche dans une éprouvette graduée pleine de mercure. On chauffe avec précaution. Une partie de l'eau passe dans l'éprouvette sous l'influence de la dilatation et l'eau ne tarde pas à entrer en ébullition. Cette ébullition doit être prolongée tant qu'on le juge nécessaire (cinq à dix minutes suffisent largement), sans se préoccuper de l'espace vide qui se forme au-dessous du bouchon. On éteint le feu et on laisse tout l'appareil revenir à la température ambiante.

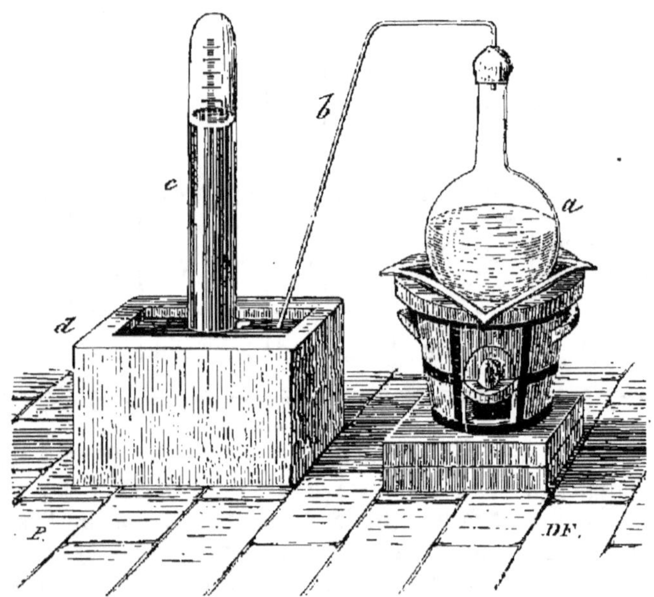

Fig. 14. — Appareil pour l'analyse des gaz contenus dans l'eau.

Après refroidissement, le ballon doit être aussi plein qu'au début, et l'on ne doit pas apercevoir la moindre bulle gazeuse dans une partie quelconque de l'appareil, si ce n'est dans l'éprouvette. Pendant le refroidissement, une certaine quantité de mercure peut passer dans le ballon ; il n'y a pas lieu de s'en préoccuper.

Dans l'éprouvette graduée sont réunis tous les gaz dissous dans l'eau au-dessus d'une couche d'eau surmontant elle-même une colonne de mercure. On introduit un peu de soude caustique dans la cloche, à l'aide d'une pipette à bout recourbé, pour absorber l'acide carbonique.

On mesure le volume V des gaz restant dans l'éprouvette. Ces gaz sont l'oxygène et l'azote. On absorbe l'oxygène à l'aide d'une solution concentrée d'acide pyrogallique, et l'on note le nouveau volume V'. Le volume de l'oxygène sera donné par la différence V — V' et celui de l'azote par V'.

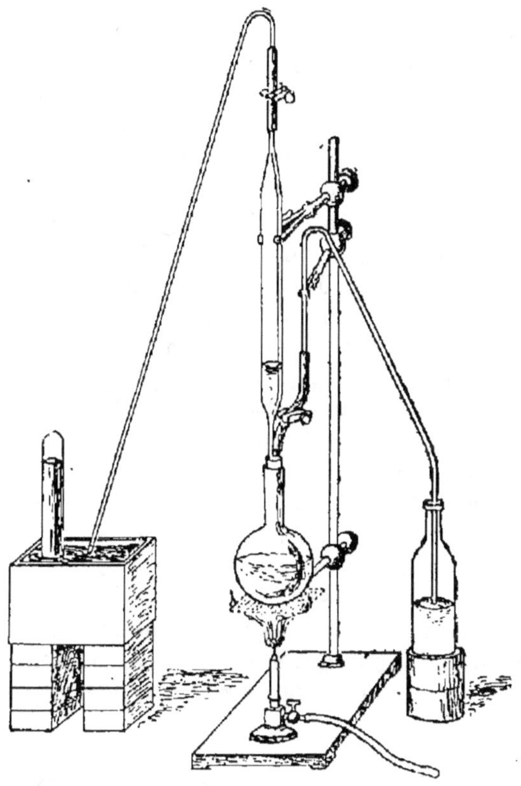

Fig. 15. — Appareil de M. Armand Gautier pour le dosage des gaz de l'eau.

On ramène par le calcul le volume des gaz à 0° et à la pression de 760, en tenant compte de la hauteur de la colonne de mercure et de celle de l'eau qui la surmonte, et l'on a ainsi le volume des gaz de l'air dissous dans l'eau.

Procédé Armand Gautier. — Il est préférable d'employer pour ce dosage le procédé de M. Armand Gautier décrit ainsi qu'il suit par son auteur :

« Pour extraire tous les gaz dissous dans l'eau, je prends un ballon A (fig. 15) de deux litres environ, portant un bouchon de caoutchouc à deux trous qui reçoivent chacun un tube. L'un D, très large, permettra aux gaz qui se dégageront de se rendre sous la cloche à mercure C ; l'autre pB sert à puiser l'eau dans la bouteille B. On introduit d'abord en A et sans les mesurer, 20 à 30 centimètres cubes d'eau, on ouvre les pinces p et q, l'extrémité du tube B trempant d'abord dans un verre plein d'eau bouillie. On porte alors l'eau du ballon A, à l'ébullition. Sa vapeur chasse bientôt tout l'air de l'appareil. En laissant légèrement refroidir, et fermant en q, l'air du tube pB est balayé et ce tube se remplit d'eau dès qu'on ferme p. La vapeur qui s'échappe alors par Dq chasse rapidement tout l'air de l'appareil. On place à ce moment en B la bouteille préalablement tarée qui contient l'eau à examiner. En ouvrant la pince p, on introduit 5 à 600 centimètres cubes de cette eau dans le ballon A. On enlève la bouteille et on la pèse. On a donc le poids et, par la densité, le volume de l'eau introduite. En rouvrant la pince p, l'extrémité B plongeant cette fois dans de l'eau bouillie, on aspire encore en A l'eau restée dans le tube étroit pB, et la totalité de l'eau à examiner est ainsi introduite dans le ballon A. On ferme p, on ouvre q : il suffit dès lors d'une ébullition de quelques instants pour que les gaz dissous, chassés par la vapeur, soient entraînés en C. Le large tube D a pour but de condenser la majeure partie de la vapeur d'eau et de recevoir ses gaz. Ils se séparent de l'eau qu'on examine dès leur arrivée dans le ballon vide et chaud A, montent en D quand l'ébullition commence, et sont bientôt recueillis en C, sans entraîner avec eux une quantité sensible d'eau.

« On analyse alors ces gaz par les méthodes ordinaires. L'acide carbonique est absorbé par la potase ; l'oxygène l'est ensuite par le phosphore ou par un mélange de potasse et de pyrogallol ; l'azote reste pour résidu. »

Procédé par le vide à l'aide de la trompe à mercure. — On extrait les gaz à l'aide de la trompe à mercure d'Alvergniat et on les recueille sur la cuve à mercure. On fait le vide dans un ballon de 2 à 300 centimètres cubes, et l'on introduit dans le ballon un volume déterminé (100 à 200 centimètres cubes) de l'eau à examiner en faisant attention de ne pas laisser pénétrer de l'air. On recueille ces gaz dans une éprouvette graduée que l'on porte sur la cuve à mercure et l'on note le volume total V du gaz dégagé. On absorbe l'acide carbonique avec une solution de soude ou de potasse et l'on inscrit le nouveau volume V'. On ajoute une solution concentrée de pyrogallol pour absorber l'oxygène et l'on note le volume V'' de l'azote qui reste dans la cloche.

Le volume de l'acide carbonique sera égal à V — V'; celui de l'oxygène à V' — V'', celui de l'azote à V''.

On fait les corrections relatives à la pression et à la température, à l'aide de la formule bien connue :

$$V^o : 760 = V \times \frac{H - n}{760} \times \frac{1}{1 + 0,00367 \times t}.$$

dans laquelle V° : 760 indique le volume à 0° et à 760 millimètres de mercure de pression, V le volume observé, H la pression du moment; t la température et n la tension de la vapeur d'eau en millimètres de mercure.

Pour transformer le volume en poids, il suffit de multiplier le volume obtenu en centimètres cubes par le poids de 1 centimètre cube de chacun des gaz, soit :

> 0,001977 pour l'acide carbonique,
> 0,00143 pour l'oxygène,
> 0,001256 pour l'azote.

La méthode d'extraction des gaz avec la trompe à mercure est la plus exacte ; elle a le défaut de demander beaucoup plus de temps que les précédentes.

On a souvent intérêt à ne doser que l'acide carbonique ou l'oxygène séparément; nous allons indiquer les procédés à employer dans ce cas.

Dosage de l'acide carbonique. — On peut le doser en ajoutant un excès d'eau de chaux à un volume connu de l'eau à analyser. Tout l'acide carbonique, combiné ou simplement dissous dans l'eau, est précipité sous forme de carbonate de chaux. On laisse déposer le précipité dans un flacon bouché ; on décante après repos le liquide clair surnageant ; on jette sur un petit filtre le dépôt obtenu ; on le lave à l'eau distillée préalablement bouillie ; on le dissout dans un volume connu d'acide chlorhydrique titré ; enfin, on mesure la quantité d'acide disparue, à l'aide d'une solution alcaline titrée, en se servant de quelques gouttes d'orangé Poirrier comme *indicateur*.

On calcule la quantité d'acide carbonique correspondant à l'acide chlorhydrique neutralisé par le carbonate de chaux.

Le résultat obtenu exprime la totalité de l'acide carbonique. Si l'on désirait connaître la quantité d'acide carbonique libre que renferme cette eau, il suffirait de retrancher de l'acide carbonique total l'acide carbonique combiné dont nous avons dosé la proportion sur le résidu à 100°.

Dosage de l'oxygène. — Procédé de Schutzenberger et Risler. — Ce procédé permet de doser l'oxygène sur un faible volume d'eau (50 à 100 centimètres cubes) avec une très grande approximation.

L'opération se fait, à l'abri de l'air, dans une atmosphère d'hydrogène. L'appareil de MM. Schutzenberger et Risler se compose (fig. 16) de deux ballons en verre épais, A et B, contenant, l'un de la grenaille de zinc, l'autre de l'acide chlorhydrique étendu de son volume. Ces ballons sont reliés par un tube en caoutchouc de gros diamètre. Une disposition spéciale indiquée par la figure permet à ces ballons de produire, d'une manière intermittente, de l'hydrogène, lequel est lavé en D. Le tube à boules E sert à retenir les projections d'eau ; l'éprouvette F est remplie de fragments de potasse caustique.

Le flacon G a trois tubulures : l'une communique avec l'appareil producteur d'hydrogène ; la tubulure du centre porte un bouchon en caoutchouc percé de deux trous sur lesquels sont placés deux tubes effilés qu'il est facile de mettre en communication avec les caoutchoucs porte-pinces de deux burettes de Mohr p et q'. La troisième tubulure du flacon G est fermée par un bouchon percé de deux trous sur lequel sont fixés d'après les auteurs : « 1° Un tube à robinet en verre dont la longue branche plonge dans le flacon et dont la courte branche aérienne sert à fixer, par l'intermédiaire d'un caouchouc, l'extrémité inférieure d'une pipette jaugée de 50 à 100 centimètres cubes ; de cette façon, l'eau à titrer n'arrive nullement au contact de l'air et les résultats sont plus exacts. 2° Un petit appareil laveur b destiné à former fermeture hydraulique et par lequel s'échappe l'hydrogène. Au même support se trouve fixée une troisième burette indépendante dont nous indiquerons l'usage plus loin. Le réducteur servant de liqueur titrée est renfermé dans le flacon L et les burettes se remplissent par aspiration en mettant leur caoutchouc porte-pinces en communication avec le tube plongeur du flacon L. Le volume occupé par le liquide ainsi enlevé au flacon est remplacé par du gaz d'éclairage, purgé d'oxygène par un passage à travers une colonne K remplie de ponce imbibée de pyro-

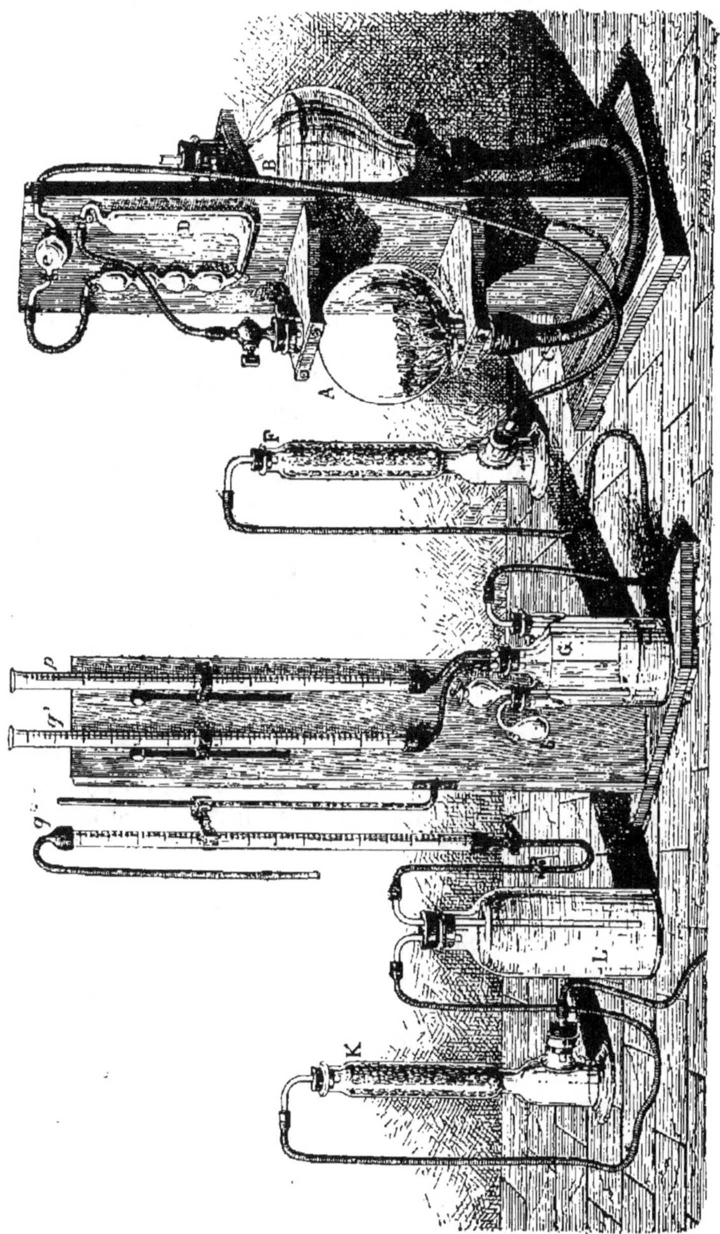

Fig. 16. — Procédé de Schulzenberger et Risler.

gallate de soude. La tubulure inférieure de l'éprouvette K communique avec un robinet à gaz. La solution se trouve ainsi préservée du contact de l'air et conserve son titre pendant très longtemps ; elle est préparée par l'action de la poudre de zinc sur une solution de bisulfite de soude (1) ; seulement, on a soin, en outre, d'agiter le liquide avec un lait de chaux qui en précipite l'oxyde de zinc et le rend légèrement alcalin. Sous cette forme il est moins altérable tout en conservant la propriété de réduire énergiquement l'indigo et d'absorber l'oxygène dissous. La méthode consiste à faire arriver un volume connu d'eau aérée (50 à 100 centimètres cubes) dans un milieu formé par une solution de sulfindigotate de soude (carmin d'indigo), exactement réduit et amené à la teinte jaune paille par une addition convenable d'hydrosulfite alcalin. Il se régénère une proportion de sulfindigotate bleu correspondant à la dose d'oxygène dissous, et c'est cette proportion que l'on détermine en ajoutant de l'hydrosulfite goutte à goutte jusqu'à décoloration.

« La concentration du réducteur doit être assez faible pour que 100 centimètres cubes d'eau moyennement aérée exigent de 8 à 10 centimètres cubes de réducteur. Après quelques tâtonnements on arrive vite à la dilution convenable. Outre l'hydrosulfite, on fait usage d'une solution de carmin d'indigo, que l'on conserve à l'abri de la lumière et dans des flacons bien bouchés.

« Il suffit pour l'obtenir de dissoudre à chaud 100 grammes environ de carmin en pâte du commerce dans 1 à 2 litres d'eau ; on filtre et on étend de façon à former 10 litres. On a aussi une provision pour un grand nombre d'essais.

« Ceci posé, on procède de la manière suivante : la burette p est remplie avec la solution de carmin ; les burettes q' et q'' sont remplies par aspiration avec la solution d'hydrosulfite contenue dans le flacon L. On introduit dans le flacon G 50 à 100 centimètres cubes de solution de carmin et 250 centimètres cubes d'eau tiède, distillée ou non à 50° environ. On ajuste les

(1) « On prépare l'hydrosulfite de soude en agitant pendant quelques minutes de la poudre de zinc avec une solution étendue de bisulfite de soude, contenue dans un flacon qu'elle remplit presque entièrement. On emploie à cet effet 50 grammes de bisulfite du commerce à 35° Baumé, 4 à 5 grammes de poudre de zinc et 200 grammes d'eau. Le liquide est filtré et versé dans un flacon que l'on maintient fermé. »

caoutchoucs des burettes p et q', et on amorce de manière à remplir les tubes effilés du liquide contenu dans la burette; puis on laisse couler dans le flacon G un volume d'hydrosulfite emprunté à la burette auxiliaire q'' pour amener la solution bleue au jaune paille, avec un certain excès de réducteur. A ce moment on fixe le tube abducteur de l'hydrogène et on balaye l'air du flacon G par un rapide courant, ce qui exige quelques minutes employées à remplir la douille de l'entonnoir a jusqu'au bouchon inférieur avec l'eau destinée au titrage. Généralement, si l'on n'a pas ajouté au début trop de réducteur, l'air du vase a eu le temps d'en réoxyder l'excès et de donner au liquide une teinte bleue, que l'on détruit en laissant couler quelques gouttes ou quelques centimètres cubes d'hydrosulfite de la burette q'. On juge que l'air est bien expulsé lorsque le liquide jaune ne se colore plus à la surface, et l'on est sûr qu'il n'y a pas excès de réducteur si quelques gouttes d'indigo tombant de la burette p dans le liquide lui donnent une teinte bleue ou verdâtre persistante, teinte que l'on détruit de nouveau par une petite quantité d'hydrosulfite. L'appareil se trouve ainsi préparé pour le dosage. On note le point de départ du liquide dans la burette q'; on verse dans l'entonnoir 100 ou 50 centimètres cubes d'eau à essayer qu'on laisse couler dans le flacon G en soulevant avec précaution la tige qui porte le bouchon rodé, jusqu'à ce que le liquide arrive au niveau du bouchon. Pendant ce temps l'hydrogène doit continuer à marcher lentement. Il ne reste plus qu'à laisser tomber goutte à goutte l'hydrosulfite, en tenant la pince d'une main et le flacon de l'autre et en communiquant au liquide un mouvement giratoire. On arrête l'opération lorsqu'une dernière goutte fait passer la solution au jaune paille et on lit le point d'arrêt.

« En répétant la même opération avec de l'eau aérée, saturée à une température connue, que l'on peut immédiatement introduire dans le milieu tout préparé du premier essai, un calcul analogue au précédent fournira l'inconnue du problème. On peut aussi déterminer une fois pour toutes la valeur en oxygène de 100 centimètres cubes d'indigo. Dans ce cas, au lieu d'eau aérée, on laisse couler dans le flacon G, après le premier essai, 25 centimètres cubes d'indigo que l'on décolore en notant le volume d'hydrosulfite nécessaire.

« Pour mesurer en oxygène la valeur de l'indigo, on détermine vec la même solution réductrice les volumes nécessaires pour décolorer 25 centimètres cubes d'indigo et 25 centimètres cubes d'une solution de sulfate de cuivre ammoniacal contenant 4 gr. 46 de sulfate de cuivre cristallisé par litre ; 10 centimètres cubes d'une semblable solution cèdent en se décolorant 1 centimètre cube d'oxygène.

« Cet essai se fait dans un petit flacon de Woolf à trois tubulures analogues au flacon G; mais le bouchon du milieu ne porte qu'une burette. On opère également les deux essais dans un courant d'hydrogène. Supposons que 25 centimètres cubes de liqueur cuivreuse aient exigé 48 centimètres d'hydrosulfite tandis que le même volume d'indigo en exige 13 centimètres cubes.

« 4 × 48 ou 192 d'hydrosulfite correspondent à 10 centimètres cubes d'oxygène.

« 1 d'hydrosulfite correspond à 10/192ᵉ

« 4 × 13 ou 52 d'hydrosulfite ou d'indigo correspondent à $\frac{10 \times 52}{192} = 2{,}7$ d'oxygène.

« On peut faire 3 ou 4 essais successifs dans le même flacon sans le vider en employant 50 centimètres cubes d'eau, et dans une journée il est facile d'exécuter 50 à 60 dosages. »

Procédé Mohr. — Ce procédé est beaucoup plus rapide que le précédent et donne des résultats aussi exacts; nous lui donnons la préférence. Il consiste à absorber l'oxygène de l'eau avec une solution de sulfate double de fer et d'ammoniaque, en présence d'une solution alcaline de potasse.

Il se produit dans cette opération du sulfate de potasse, pendant que le protoxyde de fer se précipite et qu'une partie se transforme en peroxyde sous l'action de l'oxygène. Du poids de protoxyde transformé en peroxyde on déduit le poids et le volume de l'oxygène dissous dans l'eau.

On opère, à l'abri de l'air, dans une atmosphère d'acide carbonique. A cet effet, on fait passer un courant d'acide carbonique dans un ballon de 4 à 500 centimètres cubes. On introduit un volume connu, 100 à 200 centimètres cubes, de l'eau à analyser, puis 10 centimètres cubes d'une solution de sulfate de fer ammoniacal contenant 39 grammes, 2 de ce sel par litre. Cette solution doit être titrée avec une solution de permanganate de potasse renfermant 3 gr. 162 de permanganate par litre. Ces deux solutions s'équivalent volume à volume. On ajoute quelques centimètres cubes d'une solution concentrée de potasse de manière à avoir une réaction nettement alcaline. On agite fortement pendant dix minutes ; on ajoute de l'acide sulfurique pour dissoudre le précipité formé et l'on titre avec la solution de permanganate jusqu'à coloration rose. Le nombre de centimètres cubes de cette dernière solution retranché de 10 (nombre de centimètres cubes de solution du sulfate double) indique la quantité de protoxyde de fer qui a été oxydée par l'oxygène de l'eau.

Ainsi, par exemple, s'il a fallu 6 c. c. 5 de solution de permanganate, la différence 3,5 représente la proportion de sel ferreux transformé en sel ferrique. Nous savons que 1 centimètre de permanganate équivaut à 0,0008 d'oxygène, 3 c. c. 5 correspondront à $0,0008 \times 3,5 = 0,002$, soit 2 milligrammes d'oxygène. Connaissant le poids de 1 centimètre cube de ce gaz à 0° et à 760, il nous sera facile de connaître le volume correspondant à 2 milligrammes. Ce volume sera égal à $\dfrac{0,002}{0,00143}$, soit 1 c.c. 39.

Il suffira, pour transformer en volume le poids d'oxygène que renfermait l'eau, de diviser le poids par 0,00143 ; on pourra plus simplement multiplier par le facteur 0,6993 qui représente le volume d'oxygène correspondant à 0,001 (milligramme) de ce gaz.

Interprétation des résultats fournis par l'analyse quantitative. — Le Comité consultatif d'hygiène a fixé dans le tableau suivant les limites entre lesquelles devaient varier quelques-uns des différents éléments dosés dans l'eau :

	Eau très pure	Eau potable	Eau suspecte	Eau mauvaise
Chlore	moins de 0 gr. 015 par litre	moins de 0 gr. 040 (excepté au bord de la mer)	0 gr. 050 à 0 gr. 100	plus de 0 gr. 100
Acide sulfurique	0 gr. 002 à 0 gr. 005	0 gr. 005 à 0 gr. 030	plus de 0 gr. 030	plus de 0 gr. 050
Oxygène emprunté au permanganate (sol. alcaline)	moins de 0 gr. 001	moins de 0 gr. 002	moins de 0 gr. 003 à 0 gr. 003	plus de 0 gr. 004
Perte au rouge	moins de 0 gr. 015	moins de 0 gr. 040	0 gr. 040 à 0 gr. 070	plus de 0 gr. 100
Degré hydrotimétrique total	5 à 15	15 à 30	plus de 30	plus de 100
Degré hydrotimétrique persistant après l'ébullition	2 à 5	5 à 12	12 à 18	au-dessus de 20

En 1885, le Congrès international pharmaceutique de Bruxelles a indiqué, ainsi qu'il suit, les conditions que doit remplir une eau pour être potable :

1° Elle doit être limpide, transparente, incolore, sans odeur et complètement exempte de matières en suspension ;

2° Elle doit être fraîche et d'une saveur agréable ; sa température ne doit pas varier sensiblement et ne peut dépasser 15° ;

3° Elle doit être aérée et tenir en dissolution une certaine quantité d'acide carbonique. Il faut, en outre, que l'air qu'elle renferme contienne plus d'oxygène que l'air atmosphérique ;

4° La quantité de matières organiques, évaluée en acide oxalique, ne doit pas dépasser 20 milligrammes par litre ;

5° Elle ne doit pas contenir plus de 5/10° de milligramme d'ammoniaque par litre ;

6° La matière organique azotée, brûlée par une solution alcaline de permanganate de potasse, ne doit pas fournir plus de 0 gr. 0001 d'azote albuminoïde par litre d'eau ;

7° Un litre d'eau ne doit pas contenir plus de :

> 0,500 de sels minéraux,
> 0,060 d'anhydride sulfurique,
> 0,008 de chlore,
> 0,002 d'anhydride azotique,
> 0,200 d'oxyde alcalino-terreux,
> 0,030 de silice,
> 0,003 de fer.

8° L'eau potable ne doit renfermer ni nitrites, ni hydrogène sulfuré, ni sulfures, ni sels métalliques précipitables par l'acide sulfhydrique ou le sulfhydrate d'ammoniaque, à l'exception de traces de fer, d'aluminium ou de manganèse ;

9° Elle ne peut acquérir une odeur désagréable après avoir séjourné pendant quelque temps dans un vase ouvert ou fermé ;

10° . . . .

Il ne nous reste pas grand'chose à ajouter aux conditions imposées par le Comité consultatif d'hygiène de France et par le Congrès de Bruxelles. Nous croyons cependant devoir dire quelques mots sur quelques-uns des dosages effectués.

Résidu à 100°. — Une eau de bonne qualité ne doit pas laisser plus de 0 gr. 60 de résidu à 100° par litre. Au-dessus de ce chiffre, l'eau est suspecte et quelquefois, suivant les résultats fournis par les autres dosages (résidu au rouge, etc.), impropre à la consommation.

Résidu au rouge sombre. — Une bonne eau potable tient en dissolution de 0 gr. 15 à 0 gr. 50 de matières minérales formées en majeure partie de carbonate de chaux, de chlorures et de sulfates alcalins et alcalino-ferreux, et de traces de silice, de fer, etc.

Une eau qui fournira un peu plus de 0 gr. 50 de résidu au rouge pourra être bue sans grands inconvénients. Mais au-dessus de ce chiffre, elle pourra être d'une digestion difficile et parfois complètement impropre à l'alimentation.

Acide phosphorique. — Le Congrès de Bruxelles a admis que l'acide phosphorique était un élément normal de l'eau potable. S'il est vrai que certaines eaux excellentes renferment des phosphates, il n'est pas moins certain que les matières fécales et urinaires en renferment de fortes proportions et que la présence de l'acide phosphorique peut indiquer une contamination par ces matières.

Une eau dans laquelle on dosera plus de un demi-milligramme par litre d'acide phosphorique devra être rejetée de l'alimentation.

Chlore. — Les chlorures que renferment les eaux sont des chlorures alcalins ou alcalino-ferreux. Nous nous conformons aux limites maxima indiquées par le Comité consultatif d'hygiène. Lorsqu'une eau renfermera une proportion de chlore supérieure à 0 gr. 10 par litre, on devra se souvenir que les liquides provenant d'infiltrations d'eaux ménagères, d'eaux d'égouts, de fosses d'aisance, etc., sont chargés de chlorures et diriger les investigations dans ce sens.

Matières organiques. — Nous nous conformons exactement aux prescriptions du Comité consultatif d'hygiène de France.

TROISIÈME PARTIE

EXAMEN MICROSCOPIQUE DES EAUX

Le choix du microscope a une très grande importance. On doit s'adresser, pour acheter de bons instruments, à des maisons connues, telles que : Nachet, Verick, en France ; Zeiss, Leitz, en Allemagne.

Nous conseillons l'usage d'un microscope muni d'une crémaillère et d'un revolver. Il est nécessaire d'avoir 2 ou 3 objectifs afin de pouvoir examiner, à différents grossissements, les corps en suspension dans l'eau.

On aura recours aux ouvrages spéciaux pour la technique microscopique, le montage des préparations (1), etc.

CHAPITRE Ier

ANALYSE MICROCHIMIQUE

Procédé de MM. Behrens et Bourgeois pour la recherche des matières minérales dans les eaux. — MM. Behrens et Bourgeois ont publié dans l'*Encyclopédie chimique* de Frémy, *Analyse microchimique*, une méthode très originale d'analyse fondée sur l'examen microscopique des cristaux qui se forment lorsqu'on évapore une goutte d'eau telle quelle ou additionnée de divers réactifs.

Cette méthode n'est que qualitative, mais elle possède l'avantage d'exiger une faible quantité d'eau et d'être mise en pratique avec un simple microscope et quelques réactifs.

(1) Robin, *Traité du Microscope*, 2e édition, Paris, 1877. — Couvreur, *Le Microscope et ses applications*, Paris, 1883.

Voici, d'après M. Guichard (1), la marche à suivre :

« 1° On concentre environ 20 centimètres cubes de façon à les réduire à 1 centimètre cube; une goutte de ce liquide est additionnée d'acide nitrique, on concentre sur le porte-objet du microscope; il se dépose des cristaux aiguillés de sulfate de chaux hydraté parfaitement caractéristique $SO^4Ca + 2H^2O$.

« Si à cette même goutte on ajoute une goutte de nitrate de thallium, on aura du chlorure thalleux TlCl formant des cubes incolores très réfringents qui démontrent l'existence des chlorures dans l'eau.

« On évapore quelques gouttes additionnées d'un petit fragment d'acétate de calcium, on recouvre le résidu d'un peu de gélatine, on laisse refroidir et on place dessus une goutte d'acide chlorhydrique; on voit bientôt se dégager des bulles d'acide carbonique.

« On évapore une grosse goutte, additionnée d'acide acétique, jusqu'à ce qu'il ne reste qu'une très petite goutte ; on ajoute du chlorure de platine; on obtient des cristaux jaunes, octaédriques, et quelquefois en tables hexagonales s'il y a des sels de potassium.

« Le phosphate de sodium et l'ammoniaque donneront de même des cristaux de phosphate ammoniaco-magnésien en forme de X et à la fin des cristaux caractéristiques du système rhombique.

« Une autre grosse goutte traitée de même donne avec l'acétate d'urane des tétraèdres jaunes clairs d'acétate double d'uranyle et de sodium s'il y a des sels de sodium.

« 2° On concentre 10 centimètres cubes d'eau avec deux gouttes d'acide azotique, puis on en concentre quelques gouttes sur le porte-objet avec une goutte d'acide azotique et quelques grains de molybdate d'ammonium ; s'il y a des phosphates on trouve sur les bords de la goutte des cristaux sphéroïdaux de phosphomolybdate.

« Dans une autre goutte on cherche le fer par le ferrocyanure de potassium.

« On dépose autour de la goutte un fil de métal ou de verre courbé en anneau ; on ajoute un excès de soude, on recouvre d'un porte-objet mouillé avec une goutte d'acide chlorhydrique ; en chauffant très légèrement on voit se former une légère buée

(1) Guichard, *L'eau dans l'industrie*, Paris, 1894.

sur le porte-objet, on laisse refroidir aussitôt et, au bout d'une demi-minute, on ajoute du chlorure de platine ; on obtient des octaèdres de chloroplatinate d'ammonium. Ces octaèdres démontrent la présence de l'ammoniaque.

« 3° Dix centimètres cubes de l'eau sont concentrés de même avec de la soude caustique ; 2 ou 3 gouttes sont concentrées avec un peu d'iodure de potassium et de l'amidon ; puis on touche avec un fil de platine humecté d'acide sulfurique, les grains d'amidon se colorent en bleu ou violet s'il y a un azotite.

« 4° Une autre portion est évaporée avec un peu d'acétate d'ammonium et d'acide acétique ; on y ajoute un peu d'azotate de cuivre, et après refroidissement une goutte d'une solution saturée d'azotite de potassium et une granule d'azotate de thallium, on a des cristaux cubiques variant de l'orangé au noir s'il y a du plomb. Ces cristaux sont un azotate triple de cuivre, de plomb et de potassium. »

CHAPITRE II

EXAMEN MICROSCOPIQUE PROPREMENT DIT

Le microscope nous permettra encore de déterminer les éléments en suspension dans l'eau. Ces éléments sont tantôt des matières minérales ou organiques, amorphes ou cristallisées, ou présentant une forme définie, tantôt des êtres animés, morts ou vivants, végétaux ou animaux entiers ou divisés.

Le nombre de ces éléments ou débris d'éléments qui peuvent se trouver dans les eaux potables est très considérable. Nous décrirons ceux qui présentent un certain intérêt au point de vue de l'hygiène .

Avant d'en arriver là, exposons les procédés employés pour la détermination des matières en suspension dans une eau potable.

Prise d'échantillon. — Les échantillons prélevés pour l'analyse chimique peuvent très bien servir pour l'examen microscopique d'une eau. Quand on prélève un échantillon dans le seul but de l'examiner micrographiquement, on doit prendre toutes les précautions indiquées (voir page 56).

Premier procédé d'examen. — On remplit de l'eau à examiner un tube spécial (voy. fig. 5) ou même un simple verre à expérience. On laisse déposer quelques heures ; on décante soigneusement ou l'on siphonne le liquide de manière à en laisser le moins possible dans le récipient employé. On peut examiner directement au microscope et faire des préparations avec le peu de liquide restant.

Il y a avantage à ajouter à ce liquide un volume égal de glycérine ou quelques gouttes de solution d'acide osmique au 1/100°.

Deuxième procédé d'examen. — On ne peut examiner, avec le premier procédé, que les éléments déposés au fond du verre ou du tube. Il peut cependant être intéressant d'étudier les corps, ayant la même densité que l'eau, flottant dans ce liquide, et ceux, plus légers, restant à la surface.

Dans ce cas, on place dans le tube d'un entonnoir un petit tampon de coton bien serré et permettant à l'eau de ne s'écouler que goutte à goutte. On verse un demi-litre ou un litre de l'eau à examiner, et, quand il n'en reste plus dans l'entonnoir que quelques centimètres cubes, on les recueille dans un petit verre à pied. On a ainsi presque toutes les matières minérales ou organiques, ainsi que les organismes vivants ou morts, entiers ou en fragments, en suspension dans l'eau.

Il suffit, comme dans le procédé décrit plus haut, de traiter par la glycérine ou l'acide osmique et de faire des préparations microscopiques.

CHAPITRE III

DIFFÉRENTS PRODUITS EN SUSPENSION DANS L'EAU

Matières minérales. — Les matières minérales, que l'on pourra trouver en suspension dans l'eau, sont de la silice (fragments de quartz), de l'argile, du carbonate de chaux, de l'oxyde de fer, du charbon, du plâtre, etc. Le carbonate de chaux est la substance minérale que l'on rencontre le plus fréquemment.

Il sera souvent impossible de caractériser, à l'aide du microscope, les débris minéraux. Les figures 17 à 23 montrent quelques-unes de ces matières minérales, cristallines ou amorphes, contenues dans les eaux.

Substances végétales. — Les substances végétales en suspension dans les eaux sont constituées, tantôt par des végétaux

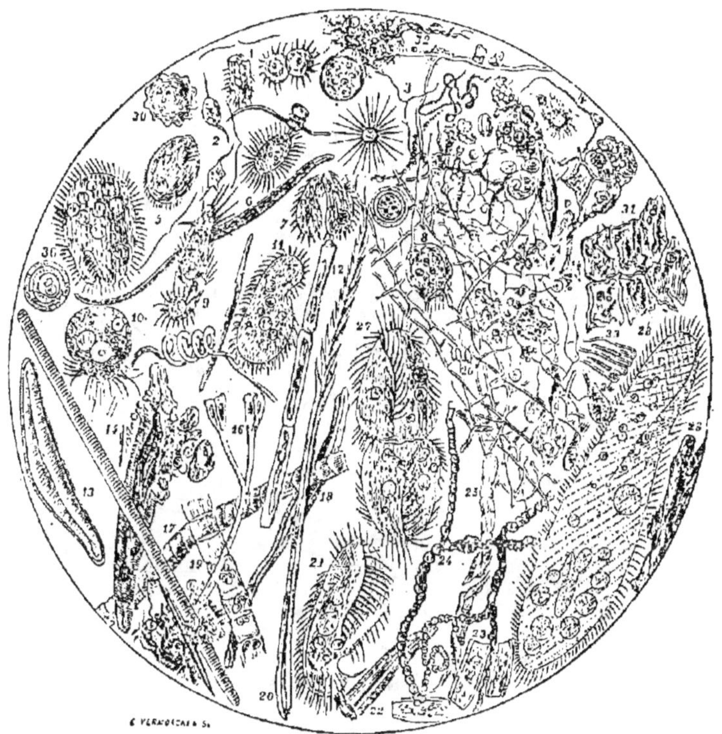

Fig. 17. — Eau vue au microscope.

1. *Caleps hirsutus* ; 2. *Bodograndis* ; 3. *Actinophrys Eichornii* ; 4. Cellule d'épithélium ; 5. *Leucophrys striata* ; 6. Anguillule fluviatile ; 7. *Pacamecium chrysalis* ; 8. *Vorticella microstoma* ; 9. *Kerona* (jeune) ; 10. *Vorticella microstoma* ; 11. *Paramœcium aurelia* ; 12. *Conferva* ; 13. *Cocconema lanceolatum* ; 14. *Synedra splendens* ; 15. *Gymnosigma attenuatum* ; 16. *Gomphonema acuminatum* ; 17. Fibre de laine ; 18. Fibre de coton ; 19. *Conferva floccosa* ; 20. Débris de cheveux ; 21. *Kerona mytelus* ; 22. Fragment de silice ; 23. Diatome vulgare ; 24. Torula ; 25. Fibre de lin ; 26. *Acthrodesmus quadricaudatus* ; 27. *Stylonichia* ; 28. *Paramœcium caudatum* ; 29. Fibre de bois ; 30. Pollen ; 31. Tissu végétal et mycelium avec spores ; 32. Détritus de matière végétale ; 33. *Gomphonema curvalum* ; 34. Spores de fungus ; 35. Antherozoïde ; 36. Spore enkysté (Hassall).

entiers : *algues* et *champignons*; tantôt par des débris ou portions de végétaux : grains d'amidon, tissus divers, fibres li-
gneuses, morceaux d'épiderme avec stomates, grains de pollen,
filament de chanvre, de lin, de coton, carapaces de diatomées,
etc. (voir les fig. 17 à 23).

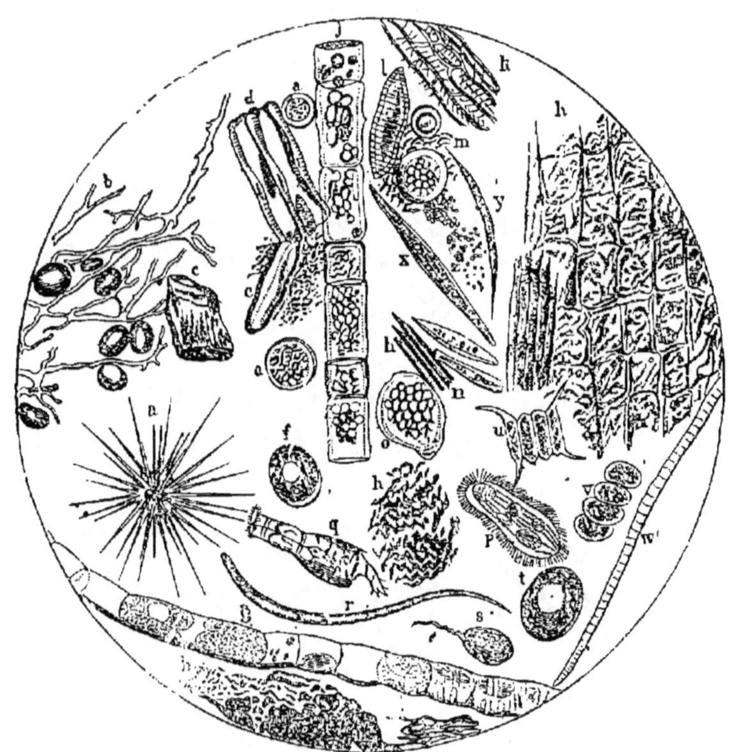

Fig. 18. — Eau vue au microscope.

aaa. Infusoires actinophriens à différents degrés de développement, 260/1 ;
b. Débris de *Gromio fluviatilis* (?), 435/1 ; *c.* Carbonate de chaux, 435/1 ; *d. Navicula viridis* (Diatomées), 435/1 ; *e. Grammatophora marina*, 435/1 ; *f. Euglena
viridis* (Euglcnicus) à l'état d'enkystement, 435/1 ; *g. Pinnata* (Conferves), 780/1 ;
hhh. Détritus de végétaux, 465/1 ; *ii.* Substances carbonatées ; *i.* Filament d'une
conferve, montrant les différentes dispositions des protoplasmas dans les anciennes et nouvelles cellules, 354/1 ; *k.* Partie de feuille de mousse, 102/1 ; *l,
Grammatophora marina*, 434/1 ; *m.* Spores et zoospores, 435/1 ; *n. Diatoma hya-
linum* (Diatomées), 435/1 ; *o.* Cellule avec protoplasma en voie de division, 435/1 ;
r. Oxytricha lingua (Acinetiens), 260/1 ; *q.* Rotifère vulgaire petit, 108/1 ; *r.* Anguillule fluviatile, 108/1 ; *s. Peranema globosa*, 108/1 ; *t.* Embryon d'un zoophyte (?)
180/1 ; *u. Arthrodesmus incus*, 435/1 ; *v. Scenedesmus obtusus*, 780/1 ; *w, Os-
cillaria lævis* (Oscillaires), 780/1 ; *z.* Zoospores, 435/1.

Algues. — Tous les types d'algues se rencontrent dans les eaux douces.

Algues vertes. — Les algues vertes sont, au dire de certains auteurs, plus utiles que nuisibles; la fonction chlorophyllienne, qu'elles possèdent, met en liberté l'oxygène de l'acide carbonique dissous dans l'eau. Le seul inconvénient qui peut résulter de leur présence, c'est leur putréfaction, qui ne manque pas de se produire, toutes les fois qu'il y a abaissement du niveau des eaux.

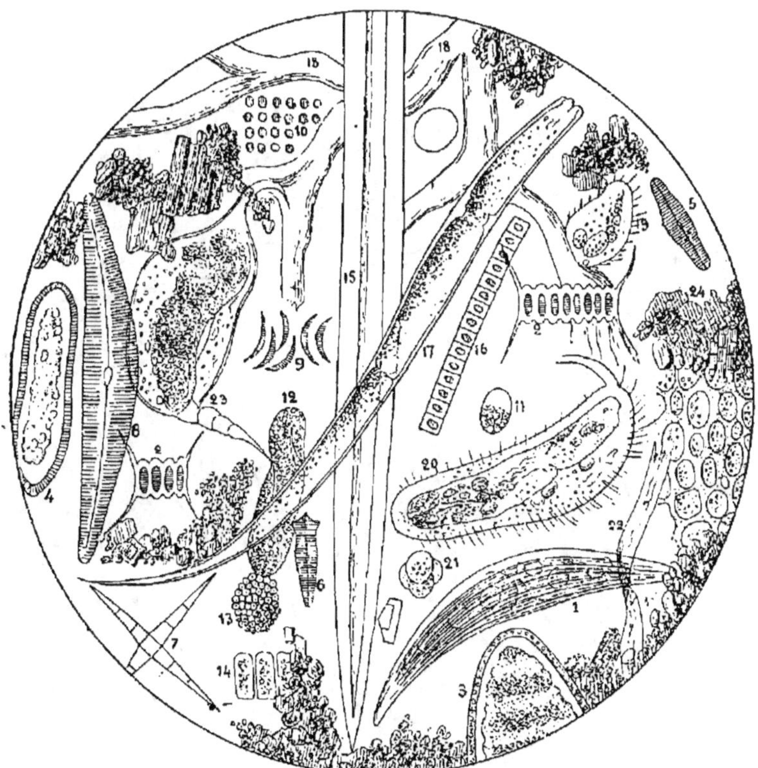

Fig. 19. — Eau de la Seine à Port-à-l'Anglais.

1. *Closterium lunula*; 2. *Scenedesmus quadricauda*; 3. *Cymatopleura elliptica*; 4. *Nitzschia dubia*; 5. *Navicula ambigua*; 6. *Gomphonema acuminatum*; 7. *Asterionella*; 8. *Cocconema lanceolatum*; 9. *Raphidium*; 10. *Tetraspora*; 11. *Chlamydococcus pluvialis*; 12. *Euglena viridis*; 13.?; 14.?; 15. Spicule de Spongille; 16. *Ulotrix tenerrima*; 17. Anguillule; 18. Mycélium; 19. *Glaucoma scintillans*; 20. *Chætonotus*; 21. Grain de pollen; 22. Fibre de coton; 23. *Brachionus palea*; 24. Débris organique et terreux (G. Neuville).

Les algues vertes font partie des confervacées et des conjuguées (*closterium, demidium, zygnema, spiroggra,* etc).

Algues brunes. — Les algues brunes, parmi lesquelles sont classées les *diatomées,* se rencontrent assez fréquemment dans les eaux de bonne qualité. Elles exercent, comme les algues vertes, la fonction chlorophyllienne. Elles ne sont pas d'un mauvais indice pour les eaux qui les renferment, mais elles présentent le même inconvénient que les précédentes.

Algues blanches et algues bleues. — Les algues blanches (in-

Fig. 20. — Eau de la Seine à la Pompe à feu de Chaillot.

1. *Pandoria morum*; 2. *Surirella splendida*; 3. *Stauronies phœnicenteron*; 4. *Epithemia argus?*; 5. *Chlamydococcus pluvialis*; 6. *Euglena*; 7. *Daphnia pulex* (période nauplienne); 8. *Endomostracés*; 9. Anguillule; 10. Fibre musculaire striée; 11. Débris végétal entouré de débris organiques et terreux; 12. Fibres de coton; 13. Mycelium de champignon; 14. *Cladophora glomerata* (grossi 175 fois en diamètres) (G. Neuville).

colores) et les algues bleues offrent des inconvénients plus sérieux. Celles-ci se trouvent le plus souvent dans les eaux chargées de matières organiques (mares, étangs, fossés) et sont l'indice d'un certain degré de corruption de l'eau. Elles sont représentées principalement par les oscillariées.

Les *algues blanches* (algues incolores), que la plupart des auteurs classent aujourd'hui avec raison parmi les champignons, ne présentent pas directement de graves inconvénients. Mais certains chrenothrix (*chrenothrix kuhniana*) possèdent la pro-

Fig. 21. — Eau de la Seine à Saint Ouen.

1. *Diatoma grande*; 2. *Cymatopleura elliptica*; 3. *Nitzchia dubia*; 4. *Melosira varians*; 5. *Cosmarium botrytis*; 6. Algue décomposée; 7. *Scenedesmus quadricauda*; 8. *Paramœcium*; 9. Infusoire?; 10. Fibre de coton; 11. Poil; 12. Cristaux salins; 13. Fibre musculaire striée; 14. Poil de laine; 15. Débris de tissu végétal; 16. Matière colorante; 17. Trachées; 18. Dépôts de matières organiques et séreuses; 19. Spicule de Spongille (G. Neuville).

priété d'emprisonner l'oxyde de fer qui se trouve dans certaines eaux. Cette algue végète rapidement, s'accumule dans les conduites en quantité telle qu'elle les obstrue complétement. L'eau prend, en outre, très souvent un goût d'encre qui la rend complètement impropre à tous les usages domestiques. On a signalé la présence de cette algue à Lille et à Berlin.

Le *chladothrix dichotoma* obstrue fréquemment les conduites d'eau, en précipitant les sels de chaux autour des filaments et en formant des amas considérables.

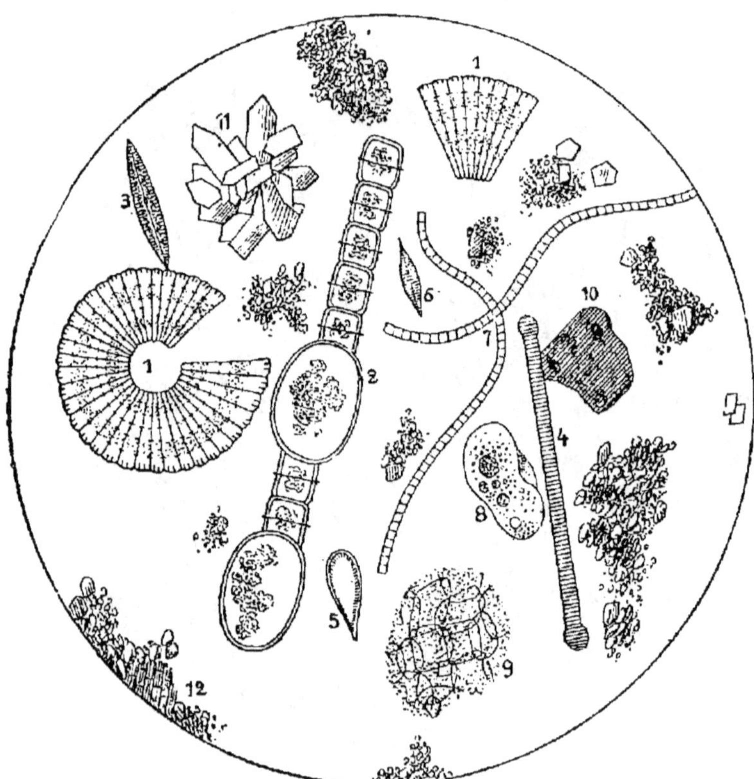

Fig. 22. — Eau des sources de la Vanne.

1. Méridion circulaire; 2. *Melosira varians* avec sporanges; 3. *Navicula serians*; 4. *Synedra serians*; 5. *Surirella salina*; 6. *Navicula rhycocephala*; 7. *Ulothrix tenerrima*; 8. Infusoire; 9. Débris végétal; 10. Débris animal; 11. Cristaux calcaires; 12. Dépôts terreux.

On trouve également dans les eaux riches en matières organiques des beggiatoées qui possèdent, d'après quelques auteurs, la faculté de réduire les sulfates et de les transformer en sulfures. Il est aujourd'hui démontré que ces végétaux, appelés encore *sulfuraires*, vivent volontiers dans les eaux, dégagent de l'hydrogène sulfuré et décomposent ce gaz ou les sulfures en fixant le soufre dans leur protoplasma.

Les beggiatoées poussent ordinairement dans les eaux chargées de matières organiques ou de substances en putréfaction. Elles indiquent presque toujours une contamination de l'eau. On devra rejeter ou tout au moins tenir en suspicion les eaux potables en renfermant.

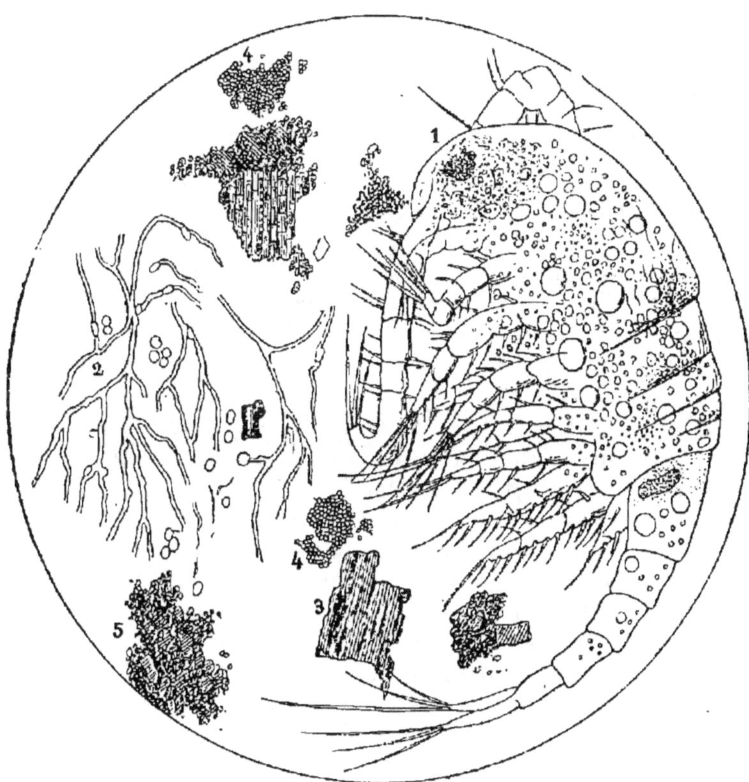

Fig. 23. — Eau d'un puits de la rive gauche à Paris.

1. *Cyclops vulgaire*; 2. Mycélium avec spores; 3. Débris ligneux; 4. Micrococcus; 5. Dépôts organiques et terreux.

Les beggiatoées se distinguent des *chrenothrix* par la présence presque constante de granulations de soufre.

Champignons. — Les eaux potables contiennent, nous l'avons vu, des champignons : *levures, moisissures* et *bactéries*.

Parmi les levures, Macé a isolé de l'eau le *saccharomyces ellipsoïdus*, le principal ferment du vin, et d'autres saccharomyces.

Les *moisissures* peuvent se trouver dans l'eau, soit à l'état de spores, soit dans un état de développement plus ou moins complet. Ces moisissures appartiennent aux genres : *mucor, penicillium, aspergillus.*

Les *saprolégéniées*, que l'on trouve quelquefois dans les eaux, vivent sur les débris stercoraux ou cadavériques (Arnould) et indiquent que l'eau est de mauvaise qualité.

L'étude complète des *bactéries* sera exposée au chapitre *Analyse bactériologique.*

Produits animaux . — Les produits animaux, qui peuvent être trouvés dans les eaux, y sont vivants ou morts, entiers ou à l'état de débris.

Débris animaux. — Certains débris d'origine animale, tels que des poils d'animaux, des plumes d'oiseaux, des filaments de laine ou de soie, des organes ou débris d'organes d'insectes, etc., n'ont pas une bien grande signification au point de vue hygiénique.

D'autres, au contraire, doivent faire suspecter et même rejeter de la consommation les eaux qui les renferment; ce sont : des cellules épithéliales provenant de l'intestin ou de la vessie de l'homme ou les fibres musculaires, fournies par la viande des animaux servant à l'alimentation. Ces différents éléments sont expulsés du corps de l'homme avec les matières fécales ou urinaires et indiquent une pollution certaine de l'eau par des égoûts, des fosses d'aisance, des puisards, etc.

Toute eau qui fournira à l'examen micrographique de semblables éléments devra être absolument condamnée.

Les animaux vivants, leurs œufs, leurs larves, que l'on trouve fréquemment dans les eaux, sont intéressants à étudier. Quelques-uns de ces organismes n'ont pas d'action sensible sur notre économie ; d'autres, par contre, occasionnent, directement ou indirectement, des effets nuisibles tels qu'il est bon de les connaître pour s'en garantir. Nous nous occuperons surtout de ces derniers.

Protozoaires. — Les protozoaires vivent la plupart du temps dans les eaux douces. C'est surtout dans les eaux de puits, de citerne, de mare, les eaux stagnantes en un mot, que l'on rencontre des amibes et des rhizopodes dont quelques-uns, n'étant pas détruits dans l'estomac, passent dans l'intestin et s'y multiplient. L'*amœba-coli*, que quelques auteurs ont prétendu être la cause de dysenteries et d'abcès du foie, vit très bien dans l'intestin de l'homme.

Infusoires. — Les *flagellés* sont représentés par les genres : *cercomonas, monas, euglena,* etc. Ces infusoires n'ont aucune action nocive, mais on doit se méfier de l'eau qui en renferme.

Les ciliés, que l'on trouve aussi dans les eaux, appartiennent aux genres : *puramecium, kolpoda, enchelys, leucophrys, glaucoma, vorticella, balantidium,* etc.

Le *balantidium coli* a été observé quelquefois dans les selles dysentériques et ne joue probablement pas un rôle plus important que les amibes dont nous avons parlé.

Comme les *flagellés*, les ciliés n'ont pas d'action nuisible. Ils indiquent simplement que l'eau renferme une forte proportion de matières organiques.

Vers. — Certains vers, leurs œufs ou leurs larves sont souvent avalés avec les eaux potables et produisent chez l'homme des effets nuisibles à différents degrés.

Hirudinées. — Parmi les hirudinées, la sangsue de cheval (*hœmopis sanguisuga*) est très fréquente dans les eaux douces de l'Europe et de l'Algérie. On l'avale grosse comme un fil ; elle se fixe parfois au pharynx où elle se gorge de sang et peut occasionner d'assez graves désordres. D'autres sangsues vivent dans certaines eaux potables. Elles appartiennent au genre *Hirudo* et sont généralement assez grosses pour ne pas être absorbées.

Helminthes. — Les nématodes parasites du corps de l'homme sont transmis le plus souvent par l'eau potable.

Ascaride lombricoïde. — Les œufs d'ascaride lombricoïde (*ascaris lombricoïdes*) sont ovoïdes ou elliptiques. Ils ont deux enveloppes : l'une, interne, est dure et homogène ; l'autre, externe, est transparente, plissée, peu résistante et donne à l'œuf un aspect particulier. On ne sait pas exactement où les œufs d'ascaride achèvent leur développement. On suppose que l'embryon se développe dans les œufs tombés dans l'eau et qu'il ne sort que quand l'œuf arrive dans le tube digestif de l'homme. L'ascaride lombricoïde atteint en moyenne 18 à 22 centimètres de long.

Ascaris mystax. — Les œufs de l'ascaris mystax sont un peu plus gros que les précédents et présentent un aspect très caractéristique. L'ascaris mystax est un parasite très commun des chats et des chiens et très rarement de l'homme. Sa longueur est de 5 à 11 centimètres.

Oxyure vermiculaire. — Les œufs sont ovoïdes, lisses, et ont une face aplatie. Ils possèdent trois couches superposées.

On rencontre assez rarement ces œufs dans l'eau qui les détruit rapidement.

Tricocephalus dispar. — L'œuf du tricocéphale de l'homme a un aspect particulier qui le fait facilement reconnaître. Il est ovoïde, lisse, légèrement brunâtre et résistant. Il paraît démontré que le développement de l'embryon s'effectue dans l'eau et que les jeunes vers passent dans l'intestin avec l'eau de boisson.

Strongle géant et ankylostome duodénal. — Les œufs ou les embryons de *strongle géant* et de *l'ankylostome duodénal* peuvent parfois se rencontrer dans l'eau et pénétrer dans notre corps à l'aide de ce liquide.

Filaire de Médine. — L'eau de certains pays (Afrique et Asie) peut renfermer les embryons ou les larves de la *filaire de Médine*. Ces larves ou embryons sont libres ou contenus dans un hôte intermédiaire qui est généralement un petit crustacé aquatique du genre Cyclops. L'embryon arrive dans l'eau et s'introduit dans le corps du *cyclops*, où il passe à l'état de larve sans s'enkyster.

L'aspect de la larve diffère essentiellement de celui de l'embryon. D'après Fedschenko, les larves sont avalées avec l'eau à l'état libre ou dans des cyclops. Elles passent dans l'intestin, atteignent tout leur développement et s'accouplent fort probablement. Les mâles sont expulsés, tandis que les femelles se dirigent vers le tissu cellulaire sous-cutané où elles atteignent jusqu'à 4 mètres de longueur. Elles se fixent dans ce tissu cellulaire et y occasionnent les accidents que l'on connaît.

Filaire du sang. — La filaire du sang (*filaria sanguinis*) vit dans les vaisseaux sanguins et lymphatiques où elle pond des œufs dont les embryons se répandent dans le sang. Les moustiques, en suçant le sang d'un homme renfermant des embryons de filaire, introduisent dans leur corps une grande quantité de ces embryons, qu'ils déposent à la surface de l'eau où ils viennent pondre leurs œufs. L'eau peut donc faire passer les embryons dans notre corps.

La *filaria sanguinis hominis* a été trouvée dans le sang d'hommes atteints d'hématurie dans d'Inde, dans l'Amérique du Sud, et plus tard, en Australie.

Anguillule intestinale. — On attribue l'*anémie des mineurs* à l'anguillule intestinale ou à l'ankylostome duodénal dont nous avons déjà dit un mot. On ne rencontre dans l'intestin que les femelles de cette anguillule, ces femelles produisant par parthénogenèse probablement des œufs qui ne tardent pas à éclore dans l'intestin de petites larves rejetées avec les excréments (Arnould). Ces larves peuvent arriver dans l'eau et s'introduire par cette voie dans l'intestin de l'homme.

Trématodes. — Les trématodes, que l'on rencontre dans l'eau à l'état d'œufs ou de larves, sont le *distomum hœmatobium* ou *bilharzia hœmatobia*, le *distomum lanceolatum* et le *distomum hepaticum*.

Distomum hepaticum. — L'œuf du *distomum hepaticum*, la douve du foie est ovoïde ; sa coque est brune et possède à sa petite extrémité une petite ouverture par où passe l'embryon. Ce dernier a une forme allongée ; il est entouré de cils vibra. tiles. Du côté de la partie la plus large, il est muni d'une pointe dure et acérée qui lui sert à perforer la coque de certains mollusques aquatiques (*lymnœa*). Là, l'embryon perd ses cils et se transforme en une sorte de sac appelé *rédie* qui produira par bourgeonnement les vraies larves (*cercaires*). Ce sont ces *cercaires* qui peuvent être absorbées avec l'eau de boisson, pénétrer dans l'intestin de l'homme et se transformer en animal parfait, la *douve hépatique*.

Distomum lanceolatum. — L'embryon du *distome lancéolé* passe par les mêmes phases que le précédent et peut s'introduire dans le corps de l'homme de la même façon.

Les *cercaires* de la *douve hépatique* ou *lancéolée* se trouvent dans les eaux habitées par de petits mollusques du genre *lymnea*.

Bilharzia hœmatobia. — Le *distomum hœmatobium* ou *bilharzia hœmatobia* est très commun en Abyssinie. L'animal parfois a une forme très différente du précédent. Les œufs ont une forme tout à fait particulière, qui permet de les reconnaître facilement.

Cestodes. — L'eau peut renfermer des œufs de cestodes : *tœnias solium, mediccanellata, echinococcus* et *botriocephalus.*

Tœnia solium. — L'œuf du *tœnia solium* est légèrement ovoïde. La coque est épaisse, striée rudiairement, et paraît constituée par l'accolement de petits *bâtonnets.* En traitant cet œuf par la potasse caustique, on distingue facilement dans l'une des moitiés de l'embryon six crochets presque droits, disposés de diverses façons (Macé).

Tœnia mediocanellata. — Son œuf est un peu plus gros que le précédent, mais il a une structure analogue.

Tœnia echinococcus. — L'œuf est légèrement ovalaire ; la coque est comme granuleuse et moins épaisse que celle du précédent.

Botriocephalus latus. — L'œuf du *botriocephale* large est elliptique. La coque est épaisse, brune, et porte à l'une de ses extrémités un opercule. L'œuf contient un embryon plus ou moins bien développé, selon son âge.

Rotifères. — Les rotifères sont communs dans les eaux stagnantes, mais non putréfiées. Aucune espèce n'est nuisible à l'homme.

Crustacés et Arachnides. — On trouve encore dans certaines eaux non stagnantes de petits crustacés parmi lesquels on observe le *daphnia pulex* ou *daphnie puce d'eau.*

Les *cyclops* habitent, au contraire, le plus souvent les eaux stagnantes.

On a signalé la présence dans certaines eaux douces d'arachnides, parmi lesquels le *Macrobiotus Dujardini* se trouve assez fréquemment à côté des *Rotifères.*

QUATRIÈME PARTIE

ANALYSE BACTÉRIOLOGIQUE

CHAPITRE Ier

GÉNÉRALITÉS

Les expériences de Pasteur et Joubert (1) ont mis en lumière ce fait très important que les eaux de certaines sources étaient pures, au point de vue microbiologique, et que, prélevées avec toutes les précautions voulues, elles ne renfermaient aucun organisme vivant.

On conçoit aisément que les eaux, qui se sont chargées de bactéries pendant leur parcours à la surface de la terre, s'en débarrassent en traversant des couches de terrains plus ou moins épaisses qui font l'office de filtres. Théoriquement, une eau de source ne devrait pas renfermer de bactéries. Dans la pratique, on se trouve en présence de causes multiples de contamination, parmi lesquelles les principales sont : le voisinage des habitations, des égouts, l'épandage des matières fécales, etc.

Les eaux qui renferment le moins de microbes sont les eaux de sources ; les eaux de fleuves et de rivières sont au contraire les plus peuplées.

Les eaux potables contiennent donc toujours un nombre plus ou moins considérable de micro-organismes, parmi lesquels les uns sont inoffensifs (et c'est heureusement le plus grand

---

(1) Pasteur et Joubert, *Comptes rendus de l'Académie des Sciences*, 1878.

nombre), les autres sont doués de propriétés nuisibles, sont *pathogènes*.

Les microbes non-pathogènes sont généralement désignés sous le nom de *saprophytes* (de σαπρός, putride ; φυτον, feuille). Ce sont des bactéries qui paraissent vivre aux dépens des matières organiques mortes et qui provoquent des fermentations et la putréfaction.

Il importe donc de distinguer les diverses espèces de microbes, ce qui est d'une extrême difficulté. Malgré les immenses progrès accomplis, nos connaissances en bactériologie, cette science née d'hier, ne sont pas encore suffisamment étendues et ne nous permettent pas toujours de connaître toutes les propriétés que peuvent posséder les différentes bactéries.

Nous connaissons cependant un certain nombre de microbes nettement pathogènes et nous pouvons les isoler, les caractériser et être ainsi fixés sur la nocuité de l'eau qui les renferme. Nous possédons aussi à l'heure actuelle des méthodes qui nous permettent de compter les bactéries.

C'est là précisément ce que se propose l'analyse bactériologique ou biologique. Elle recherche parmi les bactéries d'une eau celles qui sont *pathogènes* et fait la numération de toutes celles qui se trouvent dans cette eau.

C'est à M. Miquel, le savant directeur du service micrographique de l'Observatoire de Montsouris, que revient l'honneur d'avoir procédé le premier en France, et peut-être dans le monde entier, à des analyses bactériologiques d'eaux de toute nature. M. Miquel a publié, en effet, dès 1879, les premières statistiques relatives à la richesse bactérienne des eaux météoriques, des eaux de la Seine, des eaux d'égout, etc. Plus tard, ce distingué micrographe a publié différentes méthodes d'analyse microbiologique des eaux ; enfin, c'est en 1892 qu'il a publié un *Manuel d'analyse bactériologique des eaux*, le premier travail de ce genre publié en France. L'année suivante, M. Gabriel Roux de Lyon, publiait son *Précis d'analyse microbiologique des eaux*.

L'analyse bactériologique peut être *quantitative* ou *qualitative*. Mais ces termes n'ont pas ici la signification qu'ils ont en analyse chimique. En chimie, procéder à l'analyse qualitative d'une substance signifie rechercher les éléments dont elle se compose ; faire une analyse quantitative, c'est déterminer la quantité des mêmes éléments, les doser.

En bactériologie, quand on fait l'analyse *qualitative* d'une eau, on recherche dans cette eau une ou plusieurs bactéries parfaitement définies ; tandis que, si l'on procède à une analyse *quantitative*, on détermine le nombre des bactéries *aérobies* que renferme cette eau *sans s'occuper de l'espèce à laquelle elles appartiennent*.

En analyse bactériologique des eaux, on ne peut songer à examiner directement au microscope les bactéries qu'elles contiennent. Cette méthode, qui a été usitée pendant très longtemps, peut tout au plus servir à reconnaître certaines familles ou certains genres de micro-organismes. C'est tout ce que l'on peut demander à toutes les méthodes d'examen direct, que l'on emploie ou non dans ces méthodes des réactifs ou des colorants divers.

Qu'il s'agisse d'analyse qualitative ou d'analyse quantitative, les méthodes, qui seules, au moins à l'heure actuelle, peuvent donner de bons résultats, sont celles qui permettent de cultiver, dans des milieux solides ou liquides, les différentes espèces bactériennes et de les isoler.

Le principe de l'analyse bactériologique des eaux est le suivant : quand on ajoute une ou plusieurs gouttes d'une eau quelconque à un milieu nutritif préalablement stérilisé, il se produit, au bout d'un certain temps, une altération de ce milieu qui se manifeste par un trouble si l'on s'est servi d'un milieu liquide, et par l'apparition de petits points, de petites taches, si on a employé un milieu solide. Le trouble est formé par le développement des bactéries ; les points ou les taches sont des *colonies*, c'est-à-dire des agglomérations de bactéries.

Des méthodes que nous décrirons plus loin permettront de compter les bactéries et d'en isoler les différentes espèces. Ces méthodes exigent une technique et des instruments spéciaux que nous passerons en revue. Nous donnerons également, dans un chapitre spécial, les formules des milieux nutritifs divers usités dans l'examen bactériologique des eaux :

Voici d'ailleurs comment nous avons divisé la partie de ce volume qui a trait à l'analyse biologique des eaux ,

1° Instruments nécessaires ;

2° Prélèvement des échantillons ;

3° Transport des eaux ;

4° Milieux nutritifs ;

5° Analyse quantitative ;

6° Analyse qualitative ;

7° Description de quelques espèces.

CHAPITRE II

INSTRUMENTS NÉCESSAIRES

Article Ier. — Instruments d'optique.

I. Microscope. — Le microscope est l'instrument indispensable pour toute étude bactériologique.

Il ne faut pas songer à employer, pour des recherches microbiologiques, des petits modèles de microscopes. Un laboratoire bien outillé doit avoir un microscope *grand modèle* avec tous les perfectionnements désirables. Mais ces instruments sont d'un prix tellement élevé que l'on se sert souvent de microscopes de modèle moyen, qui sont moins chers que les précédents et qui sont cependant munis des accessoires perfectionnés indispensables pour des recherches de ce genre.

Le microscope dont on se servira devra être muni : 1° d'une crémaillère pour la mise au point rapide; 2° d'une vis pour le mouvement lent. Cette vis est, dans certains modèles, micrométrique et porte des divisions permettant de faire des variations de mise au point de 1 millième de millimètre; 3° de l'appareil d'*éclairage Abbé*; 4° d'un *revolver porte-objectif*.

Le *revolver* est d'une grande utilité. La maison Vérick en construit qui permettent la mise au point des trois objectifs de différents numéros qu'ils portent.

L'appareil d'éclairage Abbé se compose d'un système optique à deux ou trois lentilles ayant pour effet de concentrer la lumière sur la préparation. L'ensemble de cet appareil est placé sous la platine du microscope, de telle sorte que la lentille supérieure affleure la face inférieure de la lame porte-objet et qu'elle soit, par conséquent, sur le même plan que la partie supérieure de la platine. A ce système optique est annexé un appareil *porte-diaphragmes*, dans lequel on peut introduire des disques percés de trous de différentes grosseurs.

Les objectifs qu'il sera indispensable d'avoir au microscope devront permettre d'obtenir un grossissement faible pour l'examen des colonies, et deux grossissements forts, l'un à sec, l'autre à immersion. Les liquides employés pour ce dernier objectif sont généralement indiqués par les constructeurs.

La platine du microscope sera large de manière à permettre l'examen des plaques de Koch dont il sera parlé plus loin.

On trouvera des détails sur la mensuration des bactéries, sur le montage et la conservation des préparations, etc., dans les ouvrages spéciaux et particulièrement dans l'excellent *Traité de bactériologie* de M. le professeur Macé (1).

II. Loupe. — On pourra se servir dans de nombreux cas d'une loupe montée pour l'étude et la numération des colonies.

III. Chambre claire. — On se sert habituellement, pour dessiner les objets vus au microscope, de *chambres claires* dont une des meilleures est, à notre avis, celle de Milne-Edwards construite par Vérick. En bactériologie, il n'est pas toujours commode de dessiner à la chambre claire, à cause de la petite dimension des bactéries. On a alors recours à la reproduction photographique.

IV. Photographie microscopique. — Plusieurs modèles d'appareils ont été construits et sont en usage en photographie microscopique. Les uns sont verticaux, les autres horizontaux. Nous croyons qu'il vaut mieux se servir des premiers.

Article II. — Appareils de stérilisation.

En bactériologie, tous les récipients employés (flacons, tubes, pipettes, etc.) et les liquides ou bouillons de culture utilisés doivent être stérilisés, c'est-à-dire complètement privés de bactéries. A cet effet, les instruments sont portés à de hautes températures à l'aide d'appareils de chauffages spéciaux, tandis que les bouillons sont aseptisés, tantôt avec les mêmes appareils, tantôt par filtration.

I. Appareils de stérilisation à air sec. — 1o *Étuve simple de Macé.* — L'appareil représenté par la figure 24 est en tôle ou

(1) E. Macé, *Traité pratique de Bactériologie*, 2e édition, Paris, 1894.

10.

en cuivre ; il peut être facilement construit partout et peut servir à stériliser les ustensiles dont on a besoin. Les dimensions

Fig. 24. — Appareil à stérilisation à air sec.

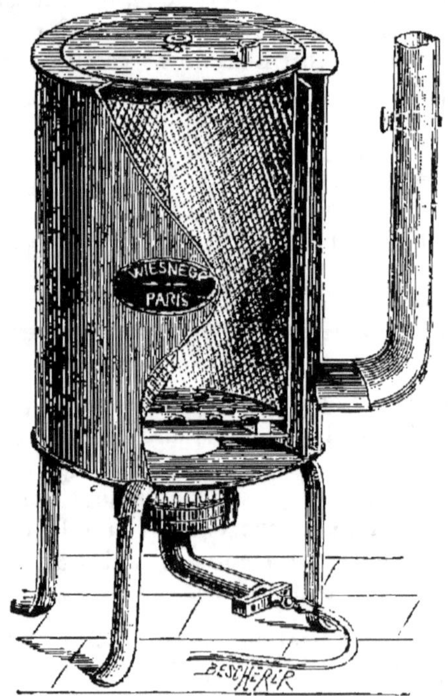

Fig. 25. — Four de Pasteur pour flamber les ballons.

suivantes : 30 centimètres de hauteur et 20 centimètres de longueur et de profondeur, sont suffisantes. On peut facilement

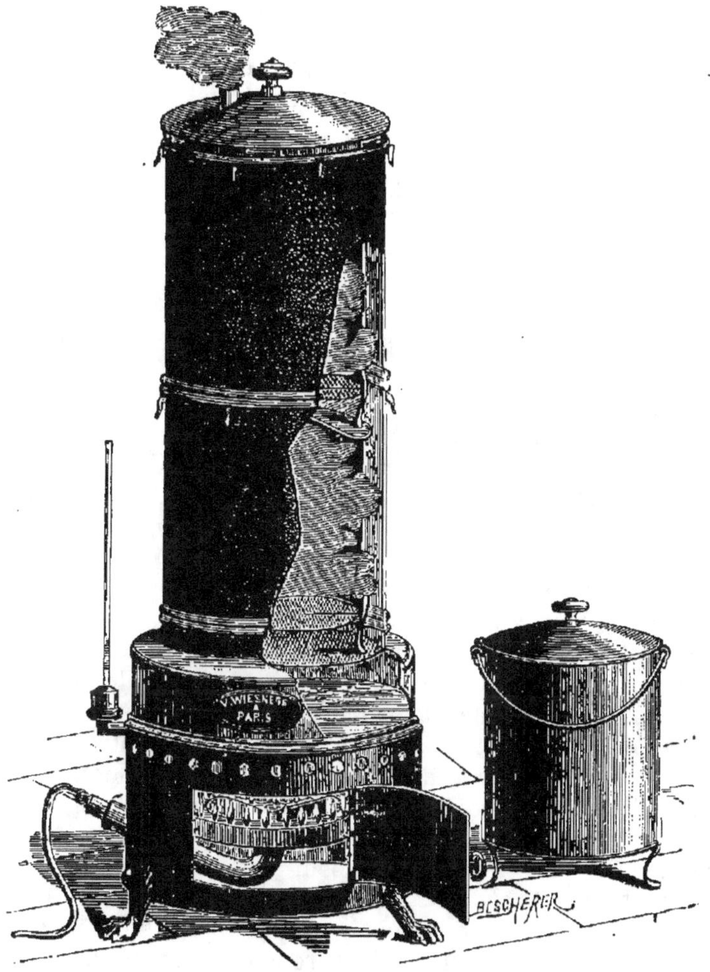

Fig. 26. — Stérilisateur à vapeur de Koch.

porter cet appareil à la température de 150°, en le plaçant sur
un fourneau à gaz ou à pétrole.

2° *Étuve Wiessnegg*. — Dans les laboratoires de chimie, on
utilisera très avantageusement l'étuve de Wiessnegg.

3° *Four de Pasteur*. — Le four à flamber de Pasteur est l'appareil dont on se sert le plus fréquemment dans les laboratoires de bactériologie. On peut, à l'aide de cet appareil, porter rapidement les objets à la température de 150 à 200°.

Le four de Pasteur (fig. 25) est un fourneau en tôle chauffé par un brûleur spécial et dans lequel est placé un panier en toile métallique destiné à recevoir les objets.

II. Appareils de stérilisation à vapeur. — 1° *Stérilisateur à vapeur de Koch*. — Le stérilisateur à vapeur de Koch se compose d'un cylindre en fer-blanc recouvert d'une épaisse couche de feutre. Le fond de ce cylindre est fermé par un grillage en fer. Le cylindre est soudé à une chaudière en cuivre munie d'un tube à niveau et placée elle-même sur un brûleur. Le dessin ci-contre (fig. 26) montre suffisammant la manière dont cet appareil doit être employé.

Le stérilisateur à vapeur d'eau de Koch servira toutes les fois que l'on ne désirera pas dépasser la température de 100°.

2° *Autoclave de Chamberland*. — L'autoclave de Chamberland est un instrument indispensable à tout laboratoire de microbiologie. C'est une sorte de marmite de Papin (fig. 27), en cuivre rouge brasé. Le couvercle est fixé à l'aide de fortes vis et porte trois orifices. Sur l'un de ces orifices est fixé un manomètre gradué de 0 à 2 atmosphères ; le deuxième est muni d'un robinet ; au troisième est adaptée une soupape de sûreté. La chaudière est supportée par un fourneau à enveloppe de tôle munie de plusieurs couronnes de brûleurs.

Il suffit, pour mettre l'appareil en marche, d'introduire une certaine quantité d'eau, de placer le panier en fil de fer ou de cuivre contenant les objets à stériliser (l'eau ne doit pas toucher le fond du panier), d'adapter le couvercle et de fixer solidement. On chauffe alors et l'on peut obtenir des températures variant entre 100 et 130° centigrades.

L'autoclave de Chamberland peut servir pour la stérilisation à 100° sous pression normale et remplacer le stérilisateur de Koch ; il suffit de laisser le robinet ouvert.

III. Stérilisation par filtration. — 1° *Filtre à pression graduée*. — Certains liquides de culture sont altérés par la chaleur ; on emploie pour les stériliser les bougies en porcelaine poreuse de Chamberland. Ces bougies ne filtrent rapidement qu'à la con-

dition que le liquide à stériliser soit soumis à une certaine
pression (fig. 28) obtenue à l'aide d'une petite pompe à com-
pression.

Il est bien entendu que la bougie en porcelaine doit être stérilisée avant l'opération.

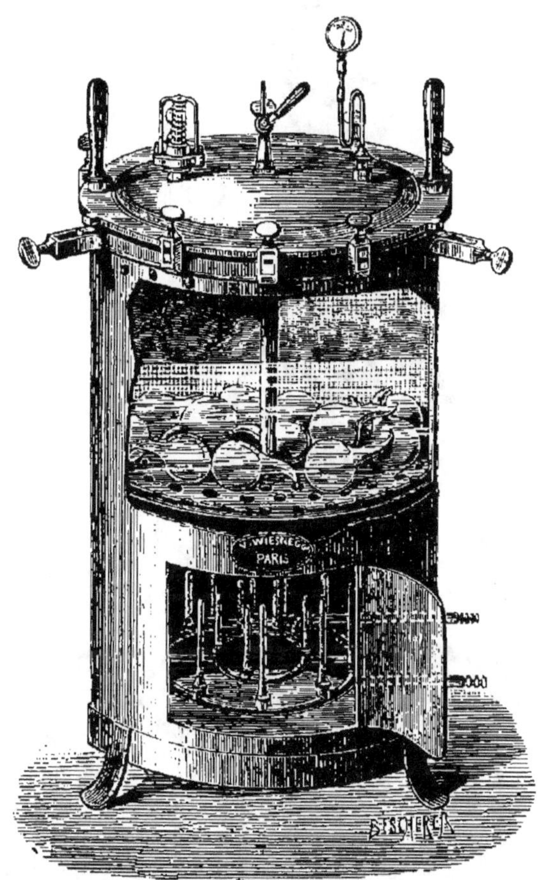

Fig. 27. — Autoclave de Chamberland.

2° *Petit appareil de Chamberland.* — Le petit appareil de
Chamberland (fig. 29) pour la stérilisation par filtration se
compose d'une petite pompe, d'une éprouvette où l'on met le
liquide à stériliser, d'une bougie en porcelaine poreuse et d'un

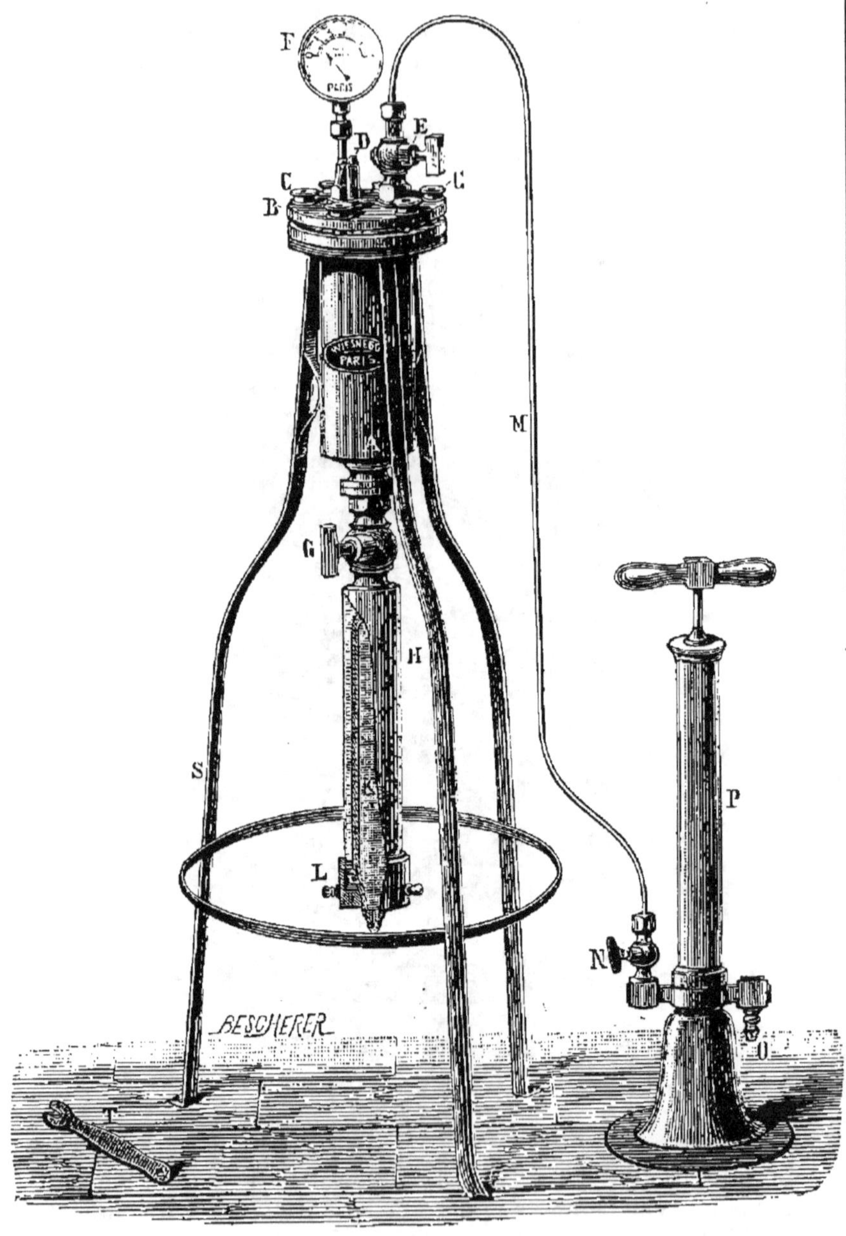

Fig. 28. — Filtre à pression graduée.

ballon à trois tubulures. La bougie est reliée au ballon par un tube en caoutchouc. Le tout est stérilisé à l'avance. Pour faire marcher l'appareil, il suffit de mettre la bougie dans l'éprouvette et de faire fonctionner la petite pompe.

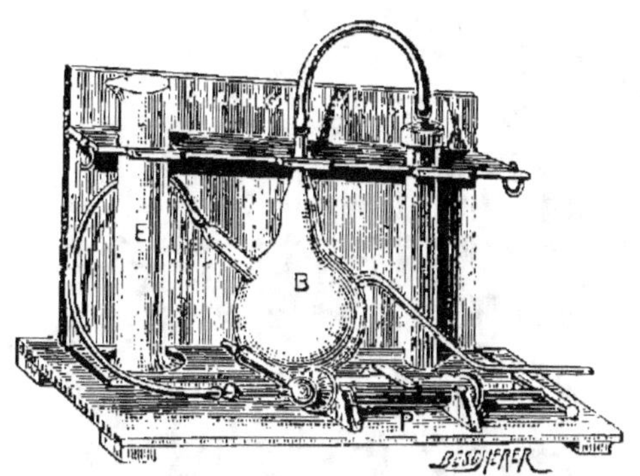

Fig. 29. — Appareil de Chamberland pour la stérilisation par filtration.

IV. Étuves à incubation. — On a souvent besoin, en bactériologie, d'exposer les cultures à des températures déterminées et constantes. On se sert pour cela d'étuves munies de régulateurs de température. Ces étuves portent le nom d'*étuves à incubation*.

1° *Étuve de Pasteur modifiée par Roux.* — L'étuve de Pasteur modifiée par Roux (fig. 30) est, parmi les grandes étuves, la plus commode. C'est une armoire en bois de 1,55 mètre de hauteur sur 0,70 mètre de largeur et 0,45 mètre de profondeur. La porte est vitrée, et les côtés sont à doubles parois. Le chauffage est obtenu à l'aide de petits brûleurs dont les produits de combustion passent dans des tubes de cuivre disposés verticalement et placés contre la paroi interne de l'étuve.

Le régulateur spécial est métallique et permet d'obtenir des températures constantes.

2° *Étuve de Babès.* — L'étuve construite par Wiessnegg, d'après Babès (fig. 31), est en fer-blanc ou en cuivre à doubles parois au milieu desquelles on peut placer une certaine quantité d'eau. La porte est formée de deux lames de verre entre lesquelles existe une couche d'air de 2 à 3 millimètres d'épaisseur.

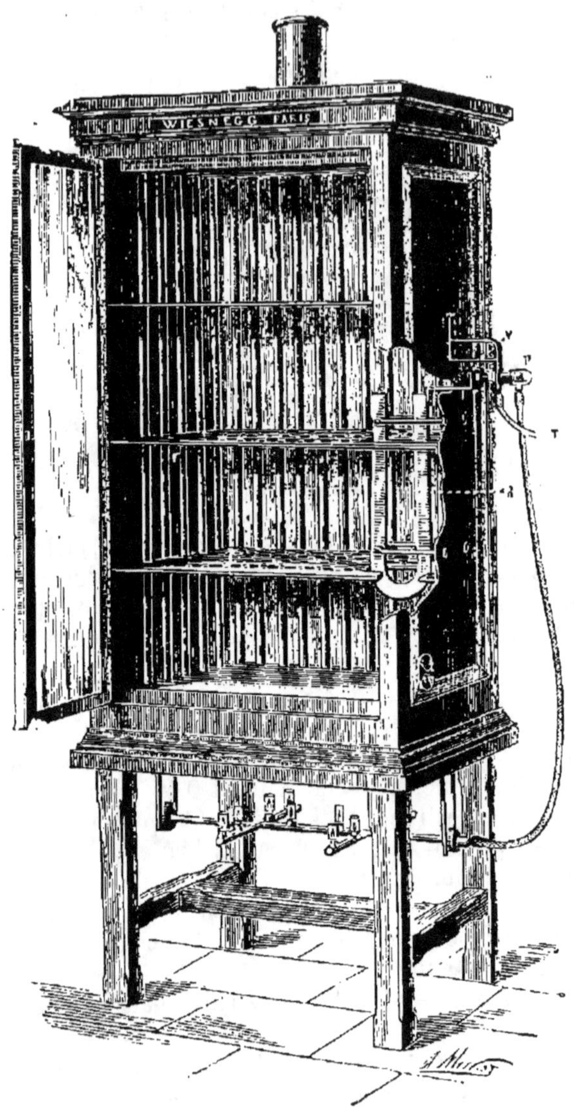

Fig. 30. — Étuve de Pasteur modifiée par Roux.

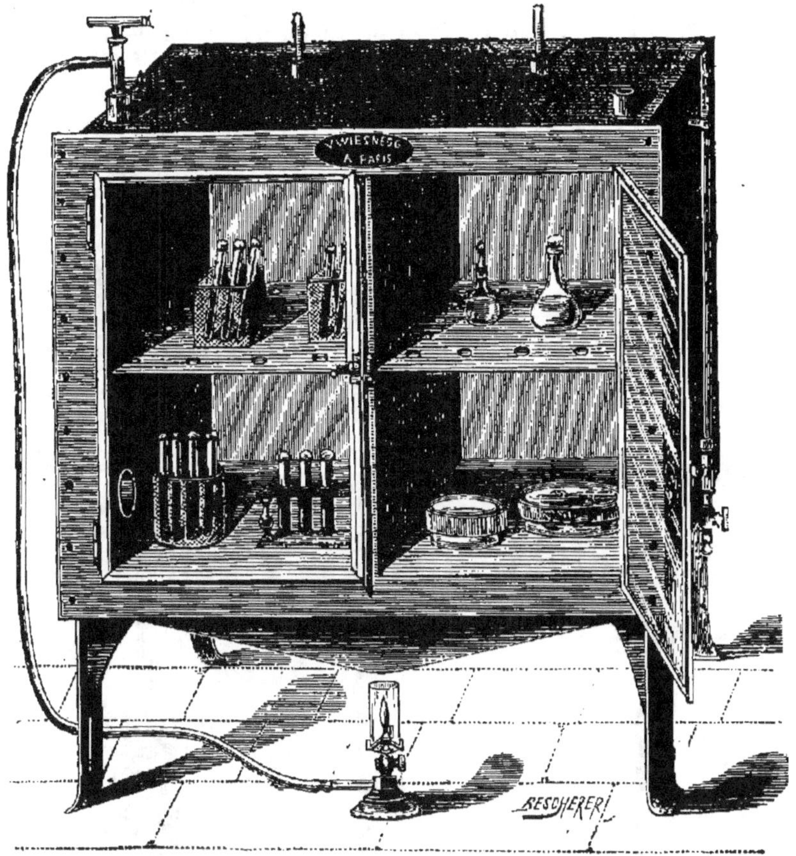

Fig. 32. — Grande étuve, modèle Babès, à 2 compartiments.

Article III. — Régulateurs.

I. **Régulateurs de température**. — Le bon fonctionnement d'une étuve dépend surtout de son régulateur.

1° *Régulateur à mercure de Chancel*. — Le régulateur que Wiessnegg met à toutes ses étuves est à mercure (fig. 33). Ce métal se dilate sous l'influence de la chaleur et vient boucher plus ou moins complètement l'orifice inférieur du tube, par où arrive le gaz. On règle le niveau du mercure et, par conséquent, la température, à l'aide d'une vis.

CORBIL. — Les Eaux potables. 11

2° *Régulateur d'Arsonval.* — Le nouveau régulateur d'Arsonval est entièrement métallique (fig. 34). Le principe de cet appareil est basé sur la dilatation de liquides, tels que l'huile de pétrole ou l'huile d'olives. Ces liquides, se dilatant ou se contractant selon que la température augmente ou diminue,

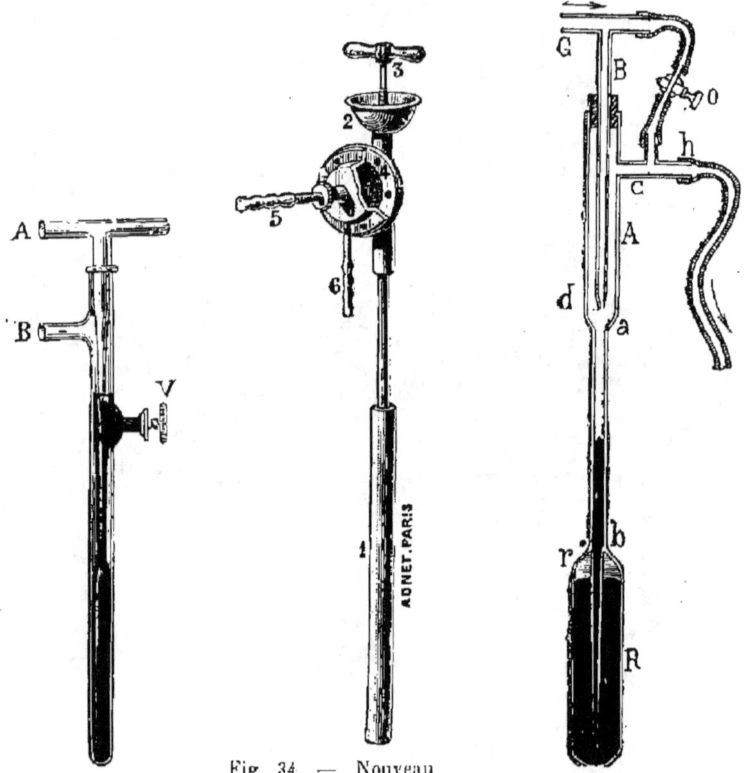

Fig. 33. — Régulateur à mercure, de Chancel.

Fig. 34. — Nouveau régulateur de d'Arsonval, à membrane métallique.

Fig. 35. — Régulateur à mercure et à éther, de M. Pittion.

viennent agir sur une membrane métallique très souple, laquelle obstrue plus ou moins l'orifice d'arrivée du gaz.

3° *Régulateur de M. Pittion.* — C'est un régulateur (fig. 35) dont le fonctionnement repose sur la tension des vapeurs de l'éther. On en trouvera une description détaillée dans l'ouvrage de M. Gabriel Roux (1).

(1) Dr Gabriel Roux, de Lyon, *Précis d'analyse microbiologique des eaux*, p. 55.

II. Régulateur de pression Moitessier. — Il se produit dans les conduites de gaz des variations de pression qui font varier légèrement la température des brûleurs, même lorsqu'ils sont munis d'un régulateur de température. On place, pour éviter cet inconvénient, entre le tube d'arrivée du gaz et le régulateur, un autre régulateur dit de pression dont l'invention est due à Moitessier (fig. 36).

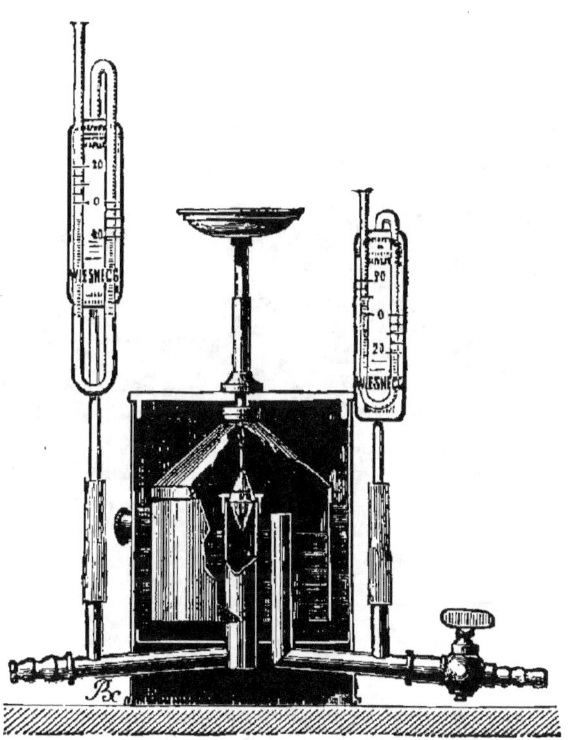

Fig. 36. — Régulateur de pression Moitessier.

On obtient, en utilisant ces deux régulateurs, des températures constantes que le premier seul de ces appareils ne pourrait fournir qu'imparfaitement.

Article IV. — Etuves à basse température.

En été, lorsque la température dépasse 25 et même 30°, dans certains laboratoires, il est indispensable d'avoir à sa disposition une *étuve à basses températures*, dans laquelle on placera les récipients contenant des milieux nutritifs fusibles à ces températures.

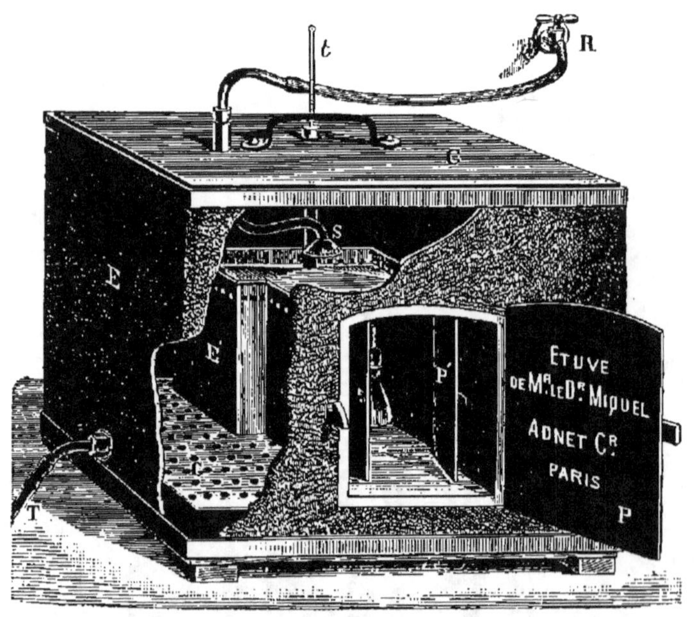

Fig. 37. — Étuve glacière à basses températures.

L'une de ces étuves a été construite par Adnet, sur les indications de M. Miquel pour conserver à 0° les eaux déposées au laboratoire.

Ce sont deux boîtes métalliques (fig. 37), l'une intérieure destinée à placer les échantillons, l'autre servant d'enveloppe à la première. On met entre les cloisons des blocs de glace qui permettent d'obtenir la température de 0°.

Nous avons fait construire, sur le principe de l'étuve de M. Miquel, un appareil à peu près semblable que nous utilisons, surtout en été, pour conserver la gélatine et les cultures dans ce milieu nutritif. Un courant d'eau continu circule dans l'étuve et nous donne, aux plus fortes chaleurs de l'été, la température de l'eau qui est comprise, à cette époque, entre 19 et 21°.

Article V. — Objets divers.

Un laboratoire, où l'on pratique des analyses bactériologiques d'eau, doit, en outre de tous les instruments que nous venons de décrire, être largement muni d'une foule d'objets, tels que des ballons jaugés ou non, des tubes, des godets en verre, des thermomètres, des pipettes, etc.

Nous décrirons ces différents objets au fur et à mesure que nous serons appelés à nous en servir dans nos études bactériologiques.

CHAPITRE III

PRÉLÈVEMENT DES EAUX

En principe, l'eau à soumettre à l'examen bactériologique ne doit renfermer que les bactéries qu'elle tient en suspension au moment du prélèvement. Il faudra donc, lorsqu'on prélèvera des échantillons, avoir des précautions spéciales pour éviter la souillure de l'eau par des germes étrangers provenant, soit des récipients, soit de l'air.

Les récipients employés devront être propres, lavés par conséquent à plusieurs reprises avec de l'eau distillée, et stérilisés par la chaleur pour les priver de tout organisme vivant.

Les vases employés pour recueillir les échantillons d'eau doivent être en verre.

Quelques expérimentateurs emploient de simples tubes à essai bouchés avec un tampon de coton et stérilisés; ce moyen peut servir à prélever de l'eau à la condition qu'elle se trouve à proximité du laboratoire.

Nous nous servons pour notre part, comme notre maître, M. le professeur Rietsch, de Marseille, nous l'a indiqué, de tubes à essai stérilisés à 150°, avec leur bouchon de coton, et préparés de la manière suivante : On étire longuement ces tubes à la lampe, au-dessus du bouchon ; puis, par un trait de chalumeau, on détache la partie inférieure avec son long bec. On brise avec une pince l'extrémité de la partie effilée ; on maintient le tube dans la flamme du chalumeau, presque jusqu'à ramollissement du verre, et à ce moment, on scelle la partie effilée. Sous l'influence de la chaleur, le tube s'est suffisamment vidé d'air pour pouvoir servir au puisage de l'eau. On place encore, par précaution, les tubes ainsi préparés au four de Pasteur, pendant une heure.

MM. Miquel et Roux se servent ou se sont servis, avant nous d'ailleurs, de tubes analogues qui constituent un des moyens les plus parfaits du prélèvement des eaux.

Comme tout le monde ne peut pas fabriquer ces tubes assez fragiles et qu'ils exigent de la part des personnes chargées du prélèvement une certaine habitude des manipulations, M. Miquel conseille d'employer des flacons de verre de 100 à 200 centimètres cubes simplement bouchés au liège et soumis au traitement suivant :

« Les flacons, d'abord munis à leur goulot d'un tampon d'ouate, sont disposés dans un bain d'air dont on élève graduellement la température jusqu'à 200°. Au bout d'une demi-heure, on peut considérer les germes contenus dans l'intérieur du flacon comme entièrement détruits. Les flacons refroidis, on enlève, avec une pince ou fil métallique flambé, le coton roussi, qu'on remplace par un bouchon de liège légèrement carbonisé à a surface par la flamme d'une lampe à alcool ou d'un bec de gaz. Les flacons sont alors entourés d'une feuille de papier et cachetés dans cette enveloppe » (MIQUEL).

Certains analystes se servent également de flacons de Frendenreich, dont la partie ouverte, où l'on place habituellement la ouate, a été scellée à la lampe.

Nous employons parfois ces flacons, qui présentent l'avantage d'être très facilement remplis et de permettre le puisage direct, avec une pipette, de l'eau à ensemencer. Nous stérilisons ces flacons après les avoir enveloppés de papier.

Article Ier. — Prélèvement de l'eau.

Voici les précautions que l'on devra prendre pour remplir les récipients décrits :

Puisage superficiel (ruisseaux, rivières, fleuves, sources, lacs, mares, bassins, etc.). — Si l'on se sert, pour le puisage superficiel, de flacons ordinaires ou de flacons de Frendenreich et si l'eau est accessible à la main, on débarrasse le flacon du papier, on le débouche, on tient le bouchon au bout des doigts, et on a bien soin de ne pas le faire toucher aux objets environnants (vêtements, sol, etc.); on plonge le flacon dans la masse liquide, à quelques centimètres de la surface. Si l'eau est courante, le goulot doit être dirigé en sens inverse du courant. Le flacon rempli est immédiatement bouché. Cette opération doit être faite très rapidement pour éviter la souillure par les germes de l'air.

S'il s'agit de remplir des tubes effilés, on flambe la partie effilée, on brise la pointe sous l'eau avec une pince flambée. L'eau pénètre avec force dans le tube partiellement vide d'air et le remplit plus ou moins. On n'a plus alors qu'à sceller à la lampe. On se servira avec avantage d'une lampe à alcool munie d'un chalumeau avec insufflateur.

Puisage profond (puits, citernes, etc.). — On a fort souvent à prélever des échantillons d'eau de puits ou de citernes, non munis de pompes. On a quelquefois à étudier les différentes couches d'eau d'un fleuve profond, d'un lac, etc. On se sert, dans ce cas, de flacons ordinaires ou d'appareils spéciaux basés presque tous sur le même principe que nous allons décrire.

Puisage à l'aide de flacons ordinaires. — Si l'on emploie des flacons, on n'a qu'à les lester à l'aide d'un poids ou d'une grosse pierre, on les fait descendre dans le puits ou dans la citerne avec une ficelle. Le bouchon muni d'une petite ficelle est enlevé seulement à la profondeur voulue.

Appareil de Miquel. — L'appareil de M. Miquel (fig. 38) se compose « d'un petit matras d'essayeur d'environ 50 centimètres cubes de capacité, à pointe effilée recourbée en col de cygne, maintenu verticalement dans une armature métallique. Le système lesté d'un poids de plomb de 2 à 3 kilogrammes est suspendu à une cordelette résistante, graduée en mètres et fractions de mètre au moyen d'anneaux et de nœuds. Le long de cette cordelette glisse dans les anneaux espacés d'un mètre un fil de cuivre terminé par une bague embrassant le col fragile recourbé du matras.

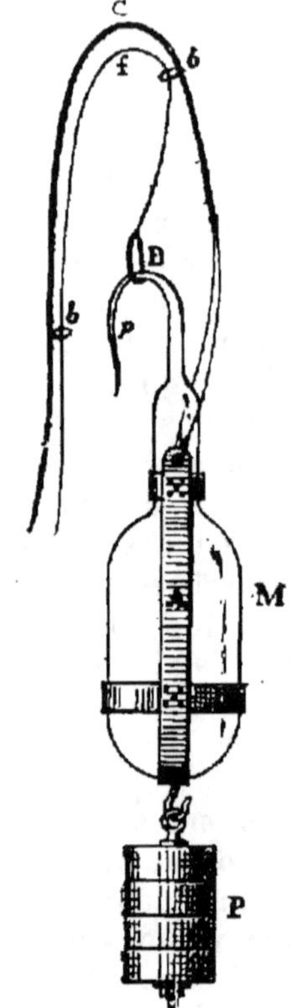

Fig. 38. — Appareil pour prélever les eaux à diverses profondeurs.

« L'instrument descendu à la profondeur voulue, par un mouvement brusque et sec, on relève la bague qui tranche la pointe capillaire du vase scellé et l'eau, se précipite dans le matras stérilisé où un vide partiel ou complet a été produit. »

Appareil de M. Gabriel Roux. — M. Roux a fait construire un appareil plongeur différent du précédent par quelques particularités.

L'armature métallique (fig. 39) est remplacée par une botte ovoïde en étain, à deux valves se vissant l'une sur l'autre ; la valve inférieure porte un anneau auquel on fixe le poids. La valve supérieure est ouverte et laisse passer le col d'un ballon de forme spéciale. Cet instrument s'emploie de la même manière que le précédent.

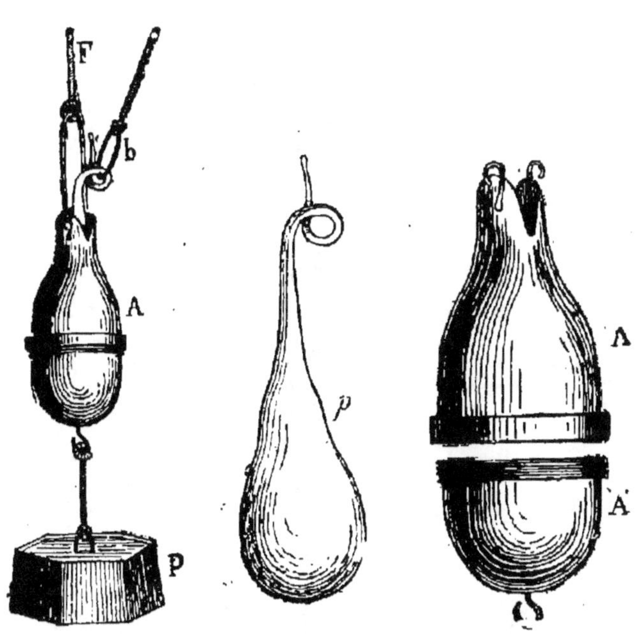

Fig. 3. — Appareil pour prélever les eaux à diverses profondeurs.

A, A', valves coniques se versant l'une à l'autre ; P, poids fixé à la valve inférieure ; p, ballon en verre à col contourné en hélice ; F, cordelette de descente ; b, cordelette maintenant la bague destinée à briser le col du ballon.

Appareil de M. Coreil. — Nous avons fait construire (1), pour le prélèvement de l'eau dans les puits, le petit appareil dont le dessin ci-contre (fig. 40) fait comprendre la façon de l'utiliser. Il se compose de 4 lames de zinc réunies par la base et libres par la partie supérieure ; un anneau mobile, en caoutchouc, maintient le tube de verre en serrant les lames métalliques.

(1) Coreil, *Annales d'hygiène publique et médicale*, n° de juin 1893.

11.

Cet appareil très simple et peu coûteux peut être fait par tout ouvrier ferblantier et permet l'usage des tubes effilés dont nous avons parlé plus haut.

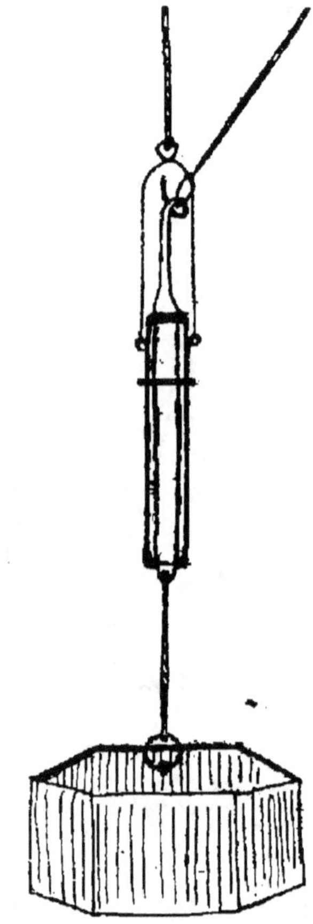

Fig. 40. — Appareil de M. Coreil.

Appareil de M. J. Ogier. — M. J. Ogier, le directeur du Laboratoire de Toxicologie de Paris, se sert de l'appareil suivant : un flacon carré (fig. 41) de 500 centimètres cubes ou d'un litre est maintenu verticalement dans une armature métallique C et lesté par une lame de plomb placée à la partie inférieure. Ce flacon porte un bouchon de liège percé d'un trou dans lequel pénètre

un tube A terminé par une ampoule. Le tout est suspendu par
une corde le long de laquelle peut glisser un poids en métal **M**,
que l'on laisse tomber quand le flacon est arrivé à la profondeur
voulue. Le poids, par sa chute, brise l'ampoule, et l'eau, pénétrant dans le flacon, le remplit.

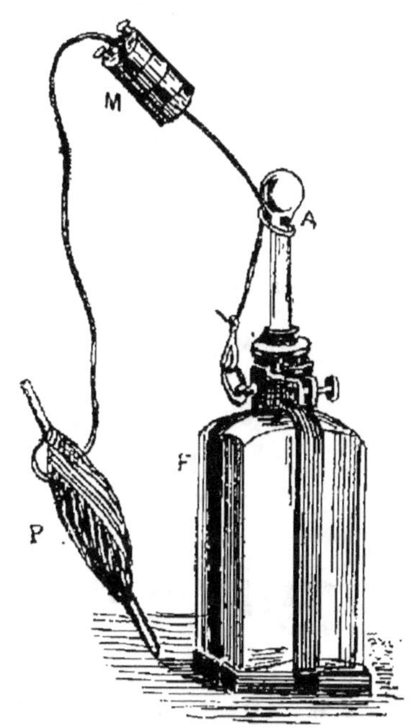

Fig. 41. — Appareil de M. J. Ogier
pour recueillir l'eau pour l'analyse bactériologique.

Prélèvement des eaux aux fontaines ou aux robinets. — Si l'on
se sert de flacons, il suffit de les remplir après avoir ouvert le
robinet et laissé couler l'eau pendant cinq à dix minutes.

Si l'on se sert de tubes effilés, on laisse s'écouler l'eau pendant dix minutes dans un cristallisoir préalablement stérilisé,
et l'on remplit le tube en observant les précautions indiquées.

Prélèvement de l'eau de pluie. — On emploie l'*udomètre* de
Miquel (fig. 42), ainsi décrit par son inventeur : « Sur une tige de
fer horizontal, solidement vissée à un poteau de bois vertical
planté en terre, on fixe, à une hauteur de 2 mètres, un entonnoir en cuivre nickelé ou argenté, soigneusement flambé sur

le lieu même de l'expérience. Au-dessous de cet entonnoir, on dispose un creuset en platine porté au rouge au préalable. »

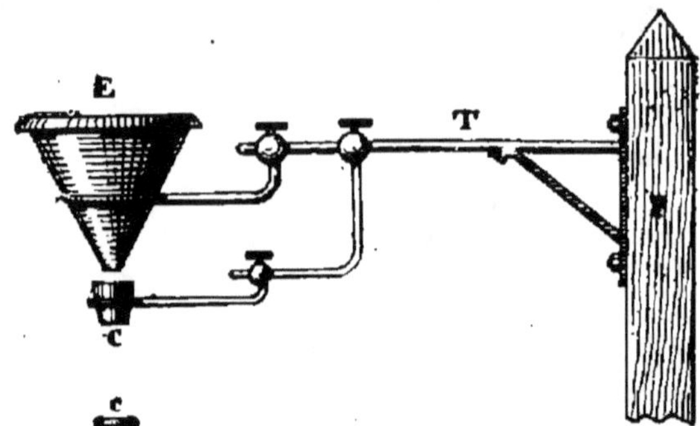

Fig. 42. — Appareil pour récolter les eaux de pluie.

On trouvera des détails précis sur l'emploi de cet instrument dans l'ouvrage de M. Miquel (1).

CHAPITRE IV

TRANSPORT DES EAUX

M. Miquel et d'autres expérimentateurs après lui ont démontré que, lorsqu'on abandonnait les eaux potables à elles-mêmes, à la température ordinaire, le nombre des bactéries augmentait en peu de temps d'une manière considérable.

Citons, parmi les nombreuses expériences de M. Miquel, celles qui nous ont paru le plus typiques.

Un échantillon d'eau de la Dhuis a donné à l'auteur (2) :

(1) Miquel, *Manuel pratique d'analyse bactériologique des eaux*, p. 7.

(2) Miquel, *Manuel pratique d'analyse bactériologie des eaux*, p. 13.

	Température	Bactéries par centimètre cube
A midi précis. . .	16°,6	57
A 1 heure 30 . . .	19°,5	143
A 3 heures. . . .	20°,9	456

En trois heures, le chiffre des bactéries s'est donc accru de près de 400.

Un échantillon d'eau de la Vanne a fourni à M. Miquel les résultats suivants :

	Température	Bactéries par centimètre cube
Immédiatement. . .	15°	48
2 heures après . . .	20°,6	125
1 jour — . . .	21°	38,000
2 jours — . . .	20°,5	125,000
3 jours — . . .	22°,3	590,000

Un autre échantillon d'eau de la Vanne, dans lequel M. Miquel avait fait un dosage immédiatement, est placé dans une étuve à une température à 30°. Il fournit les résultats suivants :

Analyse immédiate,
   le 30 décembre 1886 =   71 bactéries par c. c.
Analyse effectuée,
   le 31 décembre 1886 =   71,000   »
Analyse effectuée,
   le 3 janvier 1887   = 1,070,000   »

La température, l'immobilité de l'eau et d'autres causes inconnues entrent certainement en jeu pour favoriser le développement des bactéries.

M. Miquel a pu établir, par d'autres expériences, qu'une température comprise entre 0 et 4° est celle qui convenait le mieux pour conserver à l'eau les qualités, au point de vue bactériologique, qu'elle possédait au moment du prélèvement.

La température de 0° semble, d'après M. Miquel, se comporter vis-à-vis des bactéries comme une anesthésique, puisque le chiffre des microbes que renferment ces eaux ne croit pas sensiblement durant des périodes de longue durée. Mais cette température, obtenue facilement à l'aide de la glace fondante, n'empêche pas certains microbes de diminuer, d'autres d'augmenter, de telle sorte qu'il se produit, comme le dit M. Miquel, une sorte d'équilibre dans le chiffre des décès et des naissances

pouvant donner l'illusion d'une invariabilité des germes particuliers à chaque espèce.

Karlinski (1) a également établi que, dans l'eau de source
ensemencée de bactéries pathogènes (bacille typhique, choléra,
charbon), le nombre de ces bactéries diminuait jusqu'à disparaître complètement au bout d'un certain temps, tandis que
les microbes vulgaires de l'eau se multipliaient plus active-
ment que dans une eau ordinaire.

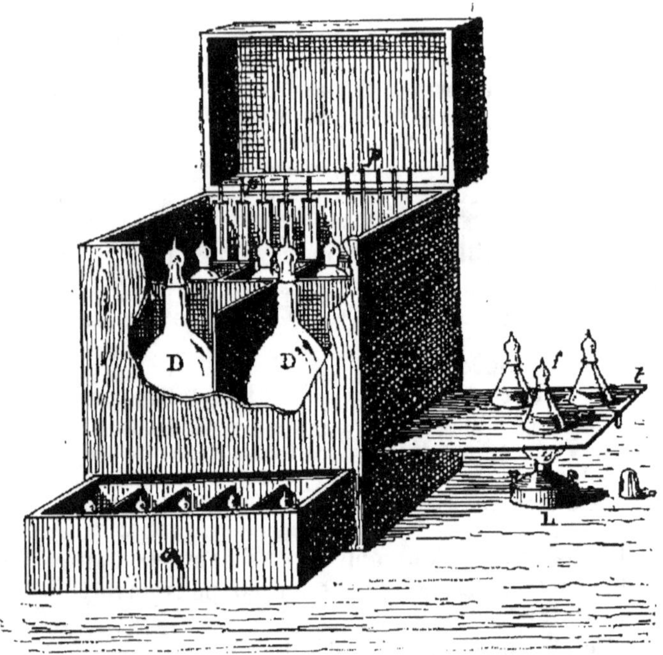

Fig. 43. — Nécessaire pour l'analyse bactériologique des eaux.

Comment se mettre en garde contre les phénomènes que nous
venons d'observer ?

Le moyen le plus simple sera d'ensemencer les eaux sur les
lieux où l'on aura fait le puisage. Mais il n'est pas toujours
possible d'effectuer cette opération sur place, et on conservera
alors les échantillons à la température indiquée par Miquel
jusqu'au moment de l'ensemencement. On se servira à cet

(1) J. Karlinski, *Ueber das Verhalten einiger pathogener Bacterien
in Trinkwasser* (*Arch. hygiène*, IX, 1889).

effet de boîtes de divers modèles dont nous donnerons la description.

Nécessaire de M. Miquel pour l'ensemencement sur place. — M. Miquel a fait construire par la maison Alvergniat, pour procéder aux ensemencements sur les lieux du prélèvement, une boîte (fig. 43) qui contient des flacons avec gélatine, des ballons de diverses grandeurs, des pipettes, des tubes à essais,

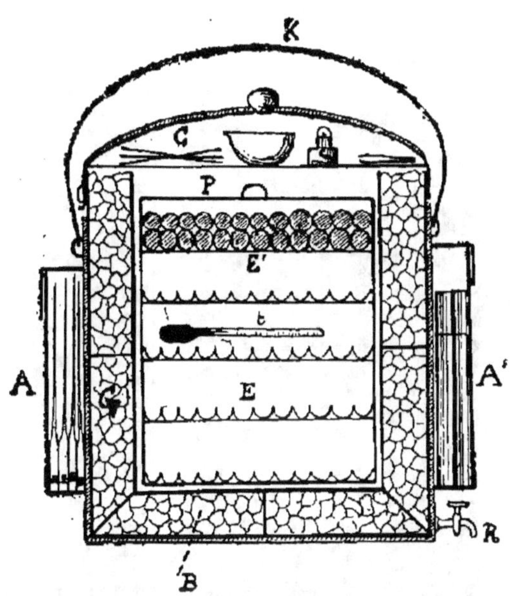

Fig. 44. — Nécessaire bactériologique du Dr G. Roux.

B, Boîte à double paroi ; G, fragments de glace ; R, robinet d'écoulement de l'eau de fusion ; C, couvercle de la boîte renfermant divers instruments (capsule, trépied, lampe, pinces) ; P, panier intérieur mobile ; E, supports horizontaux étagés, pour les tubes de gélatine ; E', supports cylindriques pour les tubes pipettes ; t, thermomètre ; A, cylindre annexe pour les pipettes graduées ; A', cylindre annexe pour les tubes renfermant une quantité déterminée d'eau stérilisée ; K, anse de la boîte-nécessaire.

une lampe, à alcool, etc., en un mot tout ce qui est nécessaire pour pratiquer l'ensemencement sur les lieux de l'expérience.

Nécessaire de M. G. Roux. — M. G. Roux, de Lyon, se sert d'une boîte spéciale qu'il utilise, suivant les cas, soit pour l'ensemencement sur place, soit pour transporter les échantillons au laboratoire.

La boîte de M. G. Roux (fig. 44) a 35 centimètres environ

dans toutes les dimensions; elle est en zinc et à doubles parois, dans l'intervalle desquelles on peut placer des fragments de glace. Dans le grand espace vide central s'engage un panier en fil de laiton divisé par des cloisons transversales également en laiton et à six étages superposés.

Les quatre étages inférieurs sont destinés à recevoir des tubes à essais contenant de la gélatine. Dans les deux autres étages M. G. Roux place les tubes-pipettes dont il fait usage. Un thermomètre, une lampe à alcool, peuvent être placés dans ce nécessaire.

Fig. 45. — Boîte de M. Rietsch.

Boîte de M. Rietsch. — Nous nous servons pour prélever les échantillons et les transporter au laboratoire de la boîte que M. Rietsch (fig. 45) a fait construire et qu'il décrit ainsi qu'il suit (1) :

(1) Voir Rietsch, *Recherches bactériologiques sur les eaux de Marseille* (*Marseille médical*).

« Cette boîte rectangulaire et en zinc est divisée, par un diaphragme percé de petits trous, en deux compartiments très inégaux. L'inférieur, beaucoup plus bas, est destiné à recevoir l'eau provenant de la fusion de la glace, et communique en dehors par un orifice latéral fermé par un tube de caoutchouc et par une tige de verre ; on peut donc, par cet orifice, déverser à volonté l'eau provenant de la fusion de la glace. Le compartiment supérieur, de beaucoup le plus grand de la boîte, est divisé en trois par deux cloisons verticales en zinc ; celles-ci séparent deux parallélipipèdes rectangles, destinés à être remplis de glace au départ pour une excursion, d'un compartiment médian dans lequel s'engage à frottement doux une boîte en zinc destinée à recevoir les tubes de verre. Cette boîte, ayant son couvercle spécial, possède aussi vers son tiers inférieur un diaphragme percé de trous circulaires d'un diamètre un peu plus fort que celui des tubes en verre. Sur le fond de cette boîte, et correspondant aux trous du diaphragme, sont soudés de petits cylindres creux, en zinc, dans lesquels s'engage l'extrémité inférieure des tubes de verre.

« Pour éviter la rupture des tubes, j'ai versé sur le fond de la boîte inférieure du collodion élastique ; par évaporation de l'alcool et de l'éther de cette solution, il reste une couche adhésive et élastique de fulmicoton, très propre à amortir les chocs.

« La boîte extérieure possède un couvercle spécial que j'ai fait recouvrir, ainsi que la boîte elle-même, de quatre couches alternatives de papier et de drap, afin de retarder la fusion de la glace. Une courroie fixée à la boîte de zinc par des brides en laiton permet de porter le tout en sautoir. »

Glacières pour les longs voyages. — Quand il s'agira de faire accomplir de longs parcours aux échantillons prélevés, on se servira avec avantage de la boîte-glacière de M. Miquel (fig. 46).

Le flacon d'eau est introduit à frottement doux dans une boîte métallique de forme cylindrique. Cette première boîte est placée dans une seconde, plus large de quelques centimètres dans toutes les dimensions. L'espace vide est rempli de sciure de bois. Cette deuxième boîte est bien fermée, entourée de glace concassée en gros morceaux et placée dans une troisième boîte. Celle-ci est enfoncée dans de la sciure de bois, dans une caisse en bois, munie d'un couvercle à charnières et d'une poignée.

Quand on ne pourra pas procéder à l'analyse dès l'arrivée au laboratoire, on placera les échantillons dans une étuve-glacière

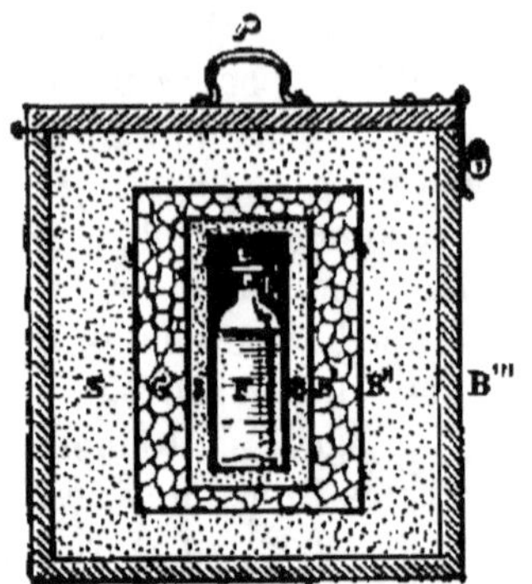

Fig. 46. — Glacière pour les longs voyages.

ou dans tout autre appareil permettant de les maintenir à une température comprise en 0 et 4°.

CHAPITRE V

MILIEUX DE CULTURE

Article Ier. — Milieux liquides.

Milieux naturels. — Les liquides naturels que l'on peut employer pour la culture des bactéries sont : les urines, le sérum du sang, le lait, l'humeur aqueuse de l'œil, etc. On conçoit que certaines espèces bactériennes, trouvant dans ces milieux des conditions se rapprochant de la réalité, s'y développent très volontiers; mais ces milieux de culture sont peu employés en analyse bactériologique des eaux.

Milieux artificiels. — Les plus anciennes formules ont été données par Pasteur qui a le premier démontré que les bactéries pouvaient se développer dans des liquides artificiels de composition chimique déterminée.

Solution Pasteur.

	gr.
Eau distillée.	100,00
Sucre candi	10,00
Cendres de levure de bière	0,075

Cette solution, excellente pour la culture des *levures* et des *muscédinées*, est peu favorable au développement des bactéries. La formule suivante, également employée par Pasteur, permet de cultiver certaines bactéries :

Eau.	100 parties
Sucre candi.	10 —
Carbonate d'ammoniaque	1 —
Cendres de levure de bière	1 —

Liquide de Raulin.

	gr.
Eau	1500,00
Sucre candi	70,00
Acide tartrique	4,00
Nitrate d'ammoniaque	4,00
Phosphate d'ammoniaque	0,60
Carbonate de potasse.	0,60
Carbonate de magnésie	0,40
Sulfate d'ammoniaque	0,25
Sulfate de fer	0,07
Sulfate de zinc	0,07
Sulfate de potasse	0,07

Ce liquide est très favorable à la culture des muscédinées et en particulier de l'*aspergillus niger*.

Infusions végétales. — Dans certains cas assez rares, on peut utiliser les infusions végétales (navets, choux, foin, etc.).

Bouillon à l'extrait de viande. — On le prépare en faisant dissoudre dans un litre d'eau 50 grammes d'extrait de viande de

Liebig, en neutralisant avec une solution de soude ou de bicarbonate de soude et stérilisant à l'autoclave à 110°.

Bouillon de bœuf. — C'est celui dont on fait le plus grand usage. On le prépare de la façon suivante : on hache 1 kilogramme de viande de bœuf débarrassée de sa graisse et de ses aponévroses, et on la fait macérer pendant vingt-quatre heures dans deux litres d'eau et dans un endroit frais. On filtre, puis l'on soumet la viande à l'action d'une presse à main. On mélange le liquide obtenu par pression avec le premier liquide. On filtre de nouveau ; on porte le bouillon à l'ébullition ; on lui ajoute 8 à 10 grammes de sel marin ; on neutralise avec une solution saturée de bicarbonate de soude ; on le stérilise à 110° et on le filtre jusqu'à ce qu'il soit parfaitement clair. On stérilise de nouveau après filtration.

On se sert également de bouillons préparés avec la chair musculaire de veau, de poulet, de lapin, de poisson, etc.

Bouillon de peptone. — M. Miquel donne la formule suivante :

	gr.
Peptone.	20,00
Sel marin	5,00
Cendres de bois.	0,10
Eau ordinaire.	1000,00

On fait dissoudre la peptone et le sel dans l'eau placée sur le feu, on ajoute les cendres et on fait bouillir pendant quelques instants. On neutralise le bouillon qui est légèrement alcalin avec une solution d'acide tartrique.

M. Miquel voudrait que l'on adoptât la formule précédente pour la confection du bouillon de culture à employer dans l'analyse quantitative des eaux ; on pourrait de cette façon comparer aisément les essais des différents expérimentateurs.

Bouillon de peptone et d'extrait de viande. — Nous nous servons fréquemment d'un bouillon préparé d'après la formule suivante :

	gr.
Extrait de viande de Liebig	20,00
Peptone sèche de Chassaing	10,00
Sel marin	5,00
Eau ordinaire.	1000,00

On neutralise ce bouillon avec du bicarbonate de soude et on le stérilise selon les procédés ordinaires.

Article II. — Milieux solides.

Milieux naturels. — Les milieux solides naturels usités en bactériologie sont : les pommes de terre, les noix de coco, les fœtus de certains animaux, les blancs d'œuf durcis, etc.

Nous renvoyons le lecteur qui voudra connaître la manière d'apprêter ces corps solides aux traités de bactériologie, et particulièrement à celui de M. le professeur Macé.

Pommes de terre. — Mentionnons toutefois le mode de préparation des pommes de terre d'un usage si courant.

On choisit une variété de pommes de terre à tubercules sains. On les lave à l'eau pour enlever la terre qui peut les salir; on les pèle, on les coupe, soit en tranches que l'on placera dans des godets Nicati et Rietsch, soit en prismes que l'on introduira dans des tubes de gros diamètre, et portant à leur partie inférieure un étranglement. On lave les morceaux de pomme de terre à l'eau distillée, on les introduit dans le récipient qui leur est destiné.

On stérilise les tubes ou les godets à l'autoclave à 120° pendant vingt à vingt-cinq minutes.

Milieux artificiels. — C'est aux milieux solides artificiels, parmi lesquels se trouvent les gelées à base de gélatine, que l'on a le plus souvent recours en analyse bactériologique des eaux.

Milieux nutritifs à la gélatine. — La gélatine que l'on emploie pour leur préparation doit être choisie parmi les produits de première qualité. En hiver, la dose à ajouter au bouillon de viande ou de peptone est de 6 grammes de gélatine pour 100; en été, cette dose doit être portée à 10 ou 12 grammes.

Pour préparer la gélatine nutritive, on met à macérer, avec un peu d'eau froide, jusqu'à ce qu'elle soit bien ramollie, la quantité de gélatine nécessaire. On la verse dans le volume désiré du bouillon de viande ou de peptone que l'on a porté à l'ébullition. On neutralise avec une solution de soude ou de bicarbonate de soude. On filtre à l'aide d'entonnoirs spéciaux empêchant la solidification de la gélatine et on stérilise à 100° (fig. 47). Il est très difficile d'obtenir, dans certains cas, des bouillons d'une limpidité parfaite; on peut alors les clarifier au blanc d'œuf.

La gélatine nutritive ainsi préparée fond à une température de 22 à 24° suivant la proportion de gélatine que l'on aura employée.

Bouillon nutritif à la gélose. — En été, quand la température est relativement élevée, ou lorsqu'on veut cultiver certaines bactéries à 37°, on ne peut songer à se servir de bouillons à la gélatine. On prépare alors un bouillon à l'*agar-agar* ou *gélose*. Ce bouillon ne fond qu'à 60° ou 70°.

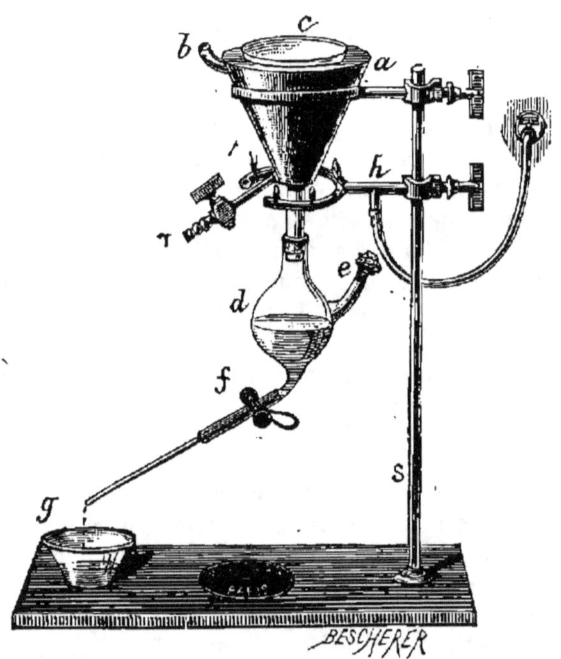

Fig. 47. — Appareil à filtration à chaud.

M. Macé conseille de préparer ainsi qu'il suit la gelée nutritive à l'agar-agar ou gélose :

« Dix grammes du produit commercial, coupé en petits morceaux, sont mis à macérer dans un demi-litre d'eau acidulée d'acide chlorhydrique à 6 pour 100 ; on laisse en contact vingt-quatre heures, en remuant à plusieurs reprises. Après plusieurs lavages à grande eau pour faire disparaître toute trace d'acide, on met l'algue déjà gonflée dans 400 ou 500 grammes d'eau additionnée de 5 pour 100 d'ammoniaque ; on la retire après un jour et on la lave comme précédemment. Pendant les fortes chaleurs de l'été, il est bon de réduire d'un bon tiers le temps de ces deux macérations successives.

« On fait bouillir à feu nu 450 grammes d'eau distillée, et, lorsqu'elle est en pleine ébullition, on y jette l'algue, qui se dissout immédiatement ou en peu de temps. Le liquide est essayé au papier de tournesol et neutralisé avec la solution saturée de bicarbonate de soude. On filtre à chaud, sur un entonnoir bain-marie ou, de préférence, dans le stérilisateur à vapeur à 100° ou l'autoclave à 110°. Le liquide très limpide se prend, par refroidissement, en une belle gelée, opalescente lorsqu'elle est en masse, mais très transparente en plaques ou dans des tubes à réactifs.

« On rend la gelée nutritive en lui ajoutant, avant de la filtrer, une solution de peptones dans les proportions de 1 à 2 grammes de peptones sèches pour 100 grammes de gelée. On fait dissoudre 10 à 15 grammes de peptones sèches dans 50 grammes d'eau, on neutralise et on filtre. Le mélange avec la gelée se fait parfaitement à chaud. C'est ce mélange que nous désignerons sous le nom de *gélose*. »

C'est ainsi que nous préparons nous-même notre bouillon nutritif à la gélose, et nous en obtenons d'excellents résultats. En été, nous nous servons aussi avec succès d'un bouillon obtenu en mélangeant parties égales de gélatine nutritive et de gélose.

D'autres gelées végétales, et entre autres celles de lichen et de coings, ont été employées dans les laboratoires de bactériologie. Les deux formules précédentes sont suffisantes pour la préparation des milieux nutritifs solides à mettre en œuvre dans l'analyse microbiologique des eaux.

Les milieux nutritifs ainsi préparés, liquides ou solides, doivent être stérilisés, soit à 100°, soit à l'autoclave à des températures supérieures. Deux heures de chauffage à 100° et demi-heure de chauffage à 120° à l'autoclave suffisent la plupart du temps pour avoir des bouillons stériles.

Après stérilisation, on remplit avec ces bouillons des ballons et des tubes à essai bouchés avec un tampon de coton et parfaitement flambés.

Nous conservons les tubes et les ballons dans des boîtes en ferblanc et nous n'employons les bouillons de culture qu'apres avoir constaté leur stérilité complète pendant dix à quinze jours.

CHAPITRE VI

ANALYSE QUANTITATIVE

L'analyse quantitative a pour but la numération des bactéries aérobies que renferment les eaux. La numération des bactéries se fait par la méthode des ensemencements et des cultures. Ces ensemencements et ces cultures se pratiquent dans un *milieu liquide* ou dans un *milieu solide*.

Essai préliminaire. — La plupart des auteurs conseillent de procéder à un dosage sommaire préalable des bactéries, avant de faire le dosage définitif.

Le but de ce dosage sommaire est de déterminer le titre de la dilution à laquelle on doit soumettre l'eau à analyser. On ne sait jamais, par avance, quelle est la teneur, même approximative, d'une eau en bactéries. Certaines eaux sont très pauvres en micro-organismes, d'autres sont très peuplées Si l'on ensemençait une eau riche en microbes directement dans le bouillon nutritif, on risquerait d'obtenir des résultats absolument défectueux. Le nombre des organismes serait trop grand pour pouvoir être compté, et la liquéfaction rapide de la gélatine, si l'on s'était servi de ce milieu nutritif, empêcherait toute numération.

Voici comment M. Miquel conseille (1) de procéder à ce dosage préalable des bactéries : « L'eau parvenue au laboratoire est distribuée par gouttes à l'état naturel dans quatre à cinq conserves de bouillon stérilisé ; puis diluée au 1/100, au 1/1000, au 1/10.000

(1) Miquel, *Manuel d'analyse bactériologique des eaux*, p. 74.

et au 1/100.000, si on le juge utile. Une goutte de ces diverses dilutions est introduite dans des séries de douze petits vases de bouillon. Ces conserves sont exposées pendant vingt-quatre heures entre 30° et 35°. Au bout de vingt-quatre heures, un simple coup d'œil montre à quelle puissance l'eau reçue doit être diluée.

« En effet, si, par exemple, deux vases des douze qui ont reçu une goutte d'eau au 1/1000 se sont altérés, on peut être certain que l'eau renferme au moins 4 bactéries $\times$ 4 par gramme d'eau au 1/1000, par la raison qu'en moyenne, au bout de vingt-quatre heures, le quart des bactéries à éclore dans le bouillon manifestent leur présence par un trouble ou des dépôts spéciaux parfaitement discernables. Donc, 1 gramme de l'eau considérée offrira au minimum 16,000 bactéries. »

On peut faire ce dosage préliminaire en milieu solide et ensemencer en gélatine l'eau diluée au 1/100 ou au 1/1000 dans des godets ou dans des flacons spéciaux que l'on expose pendant quarante-huit heures à 20°.

Dans la pratique, on se dispense fort souvent de cet examen préliminaire des eaux qui retarde de vingt-quatre ou de quarante-huit heures le dosage définitif. Nous croyons presque inutile de recommander de placer l'eau dans la glace pendant le temps nécessaire au dosage préliminaire.

Dilution. — On fait généralement des ensemencements avec de l'eau diluée à divers titres.

La dilution se fait dans des matras ordinaires ou spéciaux (fig. 48) (ceux-ci sont préférables). Ainsi, si l'on veut diluer au 1/100, on met dans un matras contenant 99 centimètres cubes d'eau stérilisée, 1 centimètre cube de l'eau naturelle ; on agite pour mélanger les deux liquides, et, si on veut une nouvelle dilution plus faible, on prend un nouveau volume déterminé de cette première dilution que l'on ajoute à un volume convenable d'eau stérilisée.

Les pipettes dont on se sert sont graduées par centimètres cubes et par 1/2 ou 1/10 de centimètre cube. Certains expérimentateurs emploient des pipettes faites avec un tube en verre assez épais et effilé et gradué de telle sorte qu'un nombre déterminé de gouttes équivale à un ou plusieurs centimètres cubes d'eau. La partie de la pipette non effilée renferme un petit tampon de coton.

Pour stériliser ces instruments, on les met dans des tubes à essai bouchés avec un tampon de coton (fig. 49) ou bien on les enveloppe, avant de les flamber, dans du papier à filtrer.

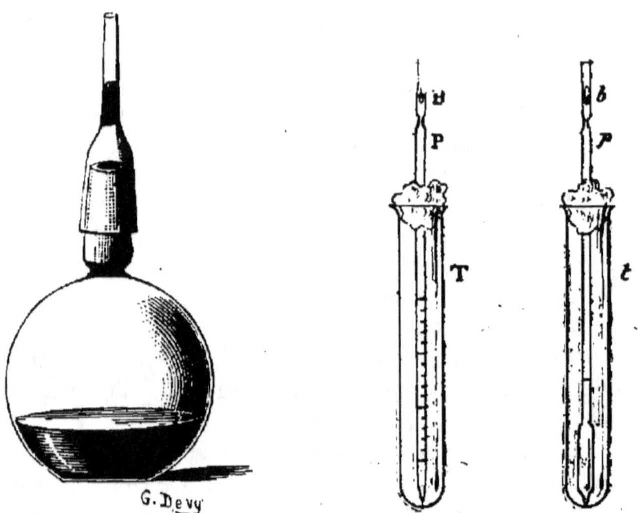

Fig. 48. — Matras Pasteur.   Fig. 49. — Pipettes jaugées et stérilisées.

Les tubes à essai, employés en cultures sont des tubes ordinaires lavés à l'eau distillée, séchés, bouchés avec un tampon de ouate et stérilisés au four de Pasteur munis de ce coton. Les ballons ou matras se préparent de la même façon.

Article Ier. — Méthodes de culture dans les liquides.

C'est le plus souvent dans des milieux solides que l'on cultive les bactéries des eaux. Toutefois, les méthodes de culture dans les liquides sont également employées. C'est de l'une de ces dernières que M. Miquel s'est servi, quand il a fait ses premières analyses bactériologiques d'eaux. Après M. Miquel, Chauveau et Arloing, Fol et Dunant ont fait des cultures en milieux liquides. Nous décrirons succinctement la méthode de M. Miquel.

Méthode de M. Miquel. — M. Miquel a donné à sa méthode le nom de *méthode de fractionnement dans le bouillon*. Le principe de cette méthode est basé sur ce fait qu'une goutte de l'eau diluée à un titre donné, ensemencée dans un milieu nutritif, ne renferme que 0 ou 1 seule bactérie capable de se développer. Le développement des bactéries dans un milieu liquide se manifeste sous la forme d'un trouble ou d'un précipité.

L'eau diluée au titre voulu est répartie dans trente-six conserves de bouillon nutritif. Une goutte est distribuée dans chacune des dix-huit de ces conserves; tandis que les dix-huit autres en reçoivent chacune 2 gouttes.

Une expérience de contrôle est pratiquée en même temps avec de l'eau diluée au même titre ou à un titre plus élevé.

Les conserves sont placées à l'étuve à 30 à 35°, pendant au moins quinze jours. Au bout de ce temps, on compte les conserves dans lesquelles il s'est produit une altération quelconque. On note le nombre obtenu et l'on calcule la teneur de l'eau en bactéries. Pour être dans de bonnes conditions, il faut que le tiers environ des conserves demeure stérile.

Cette méthode exige de la part de l'opérateur une très grande habitude et, comme le dit M. Miquel lui-même, beaucoup de patience. Il faut, en outre, un matériel considérable puisque, nous l'avons vu, il faut pour une seule analyse d'eau soixante-douze ballons ou conserves, sans compter les vases à diluer, les pipettes, etc.

Quoi qu'il en soit, cette méthode de fractionnement dans les liquides donne des résultats au moins aussi rigoureux que les autres méthodes de cultures, bien qu'elle ait été délaissée et remplacée par la méthode plus élégante, plus rapide, plus commode, des cultures sur milieux solides.

Article II. — Méthodes de culture sur les solides.

Méthode de Koch. Cultures sur plaques. — On répartit, avec une pipette stérilisée, un volume déterminé, 1 centimètre cube par exemple, de l'eau à analyser dans dix tubes à essai renfermant 10 centimètres cubes environ de gélatine nutritive préalablement liquéfiée en plaçant les tubes dans un bain-marie de 35 à 40°. On mélange l'eau avec la gélatine en agitant légèrement et en roulant le tube entre les doigts, en ayant la précaution de ne pas faire toucher la bourre de coton par la gélatine et de ne pas produire de bulles d'air par l'agitation. On verse alors le contenu sur une plaque de verre stérilisée et posée ho-

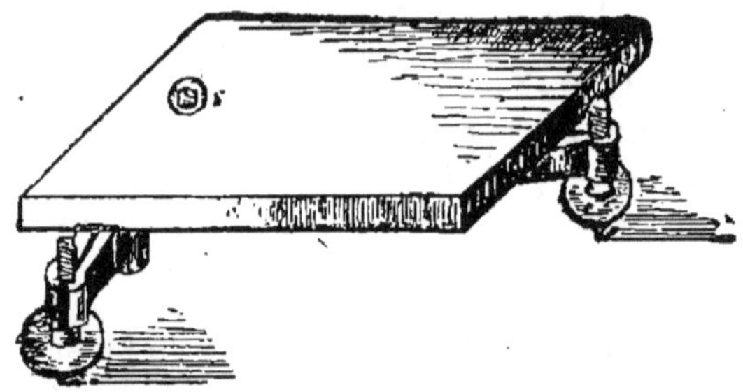

Fig. 50. — Planchette à vis calantes.

rizontalement sur un cristallisoir rempli d'eau très froide et placé sur une planchette à vis calantes (fig. 50). Quand la géla-tine de toutes les plaques est solidifiée, on les place sur une sorte d'étagère (fig. 51) que l'on met dans un cristallisoir à cou-

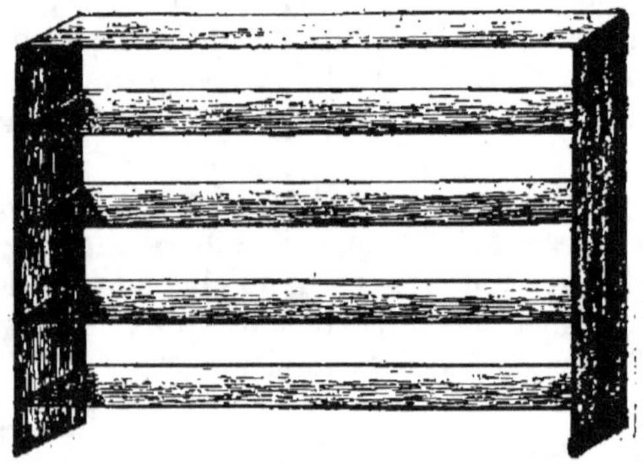

Fig. 51. — Étagère à plaques.

vercle stérilisé, et renfermant une petite quantité d'eau dans le fond de manière à former une chambre humide. Le tout est placé à l'étuve à 20° ou laissé simplement dans le laboratoire, à condition que la température n'y dépasse pas 22 à 23°.

Au bout d'un laps de temps qui varie de vingt-quatre à qua-rante-huit heures, les colonies apparaissent sous forme de petits points. Ces colonies (fig. 52) grossissent et prennent des carac-

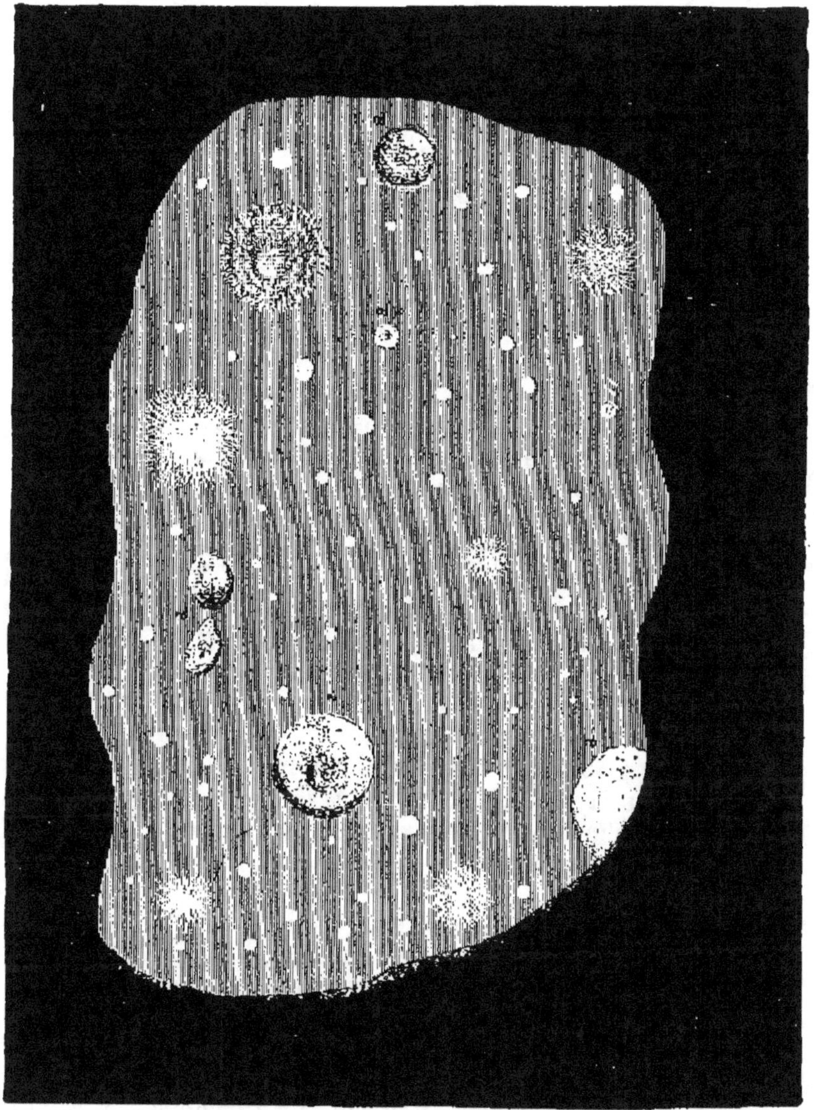

Fig. 52. — Aspect d'une culture sur plaques.

tères particuliers. On les compte au bout de trois, quatre ou cinq jours, et même davantage. On se sert pour cela de la loupe ou du microscope avec un très faible grossissement. Nous nous servons le plus souvent du microscope et de l'objectif O, oculaire 1 de Vérick.

L'explication de la formation des colonies est extrèmement simple : chacune des bactéries aérobies de l'eau, naturelle ou convenablement diluée, a été entourée par la gélatine nutritive où, se trouvant dans de bonnes conditions de développement, elle s'y est multipliée au point de former des agglomérations, des colonies telles qu'on peut les apercevoir à l'œil nu ou à un très faible grossissement.

Telle est, dans ses grandes lignes, la méthode de culture sur plaques de Koch.

Malgré les immenses avantages que présente celte méthode de culture sur les méthodes en milieux liquides, nous lui trouvons quelques inconvénients : 1° les plaques ne sont jamais suffisamment à l'abri de la contamination par les germes de l'air; 2° il reste forcément dans le tube un certain volume de gélatine et d'eau, volume dans lequel se sont formées un certain nombre de colonies dont on n'a pas tenu compte.

Méthodes de M. Girard et de M. Miquel. — C'est pour éviter les inconvénients des plaques de Koch que M. Girard se sert pour faire ses cultures de flacons coniques munis d'un bouchon à deux trous.

M. Miquel utilise des flacons coniques à capuchon rodé et tubulé de 3 à 12 centimètres de diamètre à la base. Ces flacons mettent la culture bien à l'abri de la pollution par l'air, mais ils ont l'inconvénient de ne pas pouvoir être facilement examinés au microscope.

Méthode d'Esmarch. — Esmarch a imaginé la méthode dite des *plaques roulées* qui consiste à introduire l'eau diluée ou non dans un tube à essai stérilisé, contenant la gélatine, et à tourner ce tube dans un vase d'eau froide jusqu'à refroidissement, de telle sorte que le milieu solide se répande tout autour du tube et forme une couche mince et uniforme.

On évite ainsi la contamination par l'air. On compte les colonies à la manière ordinaire.

Nous trouvons qu'avec cette méthode il ne doit pas toujours tère facile d'apercevoir les caractères des différentes colonies,

ce qui n'a pas une bien grande importance en *analyse quantitative*.

Méthode de G. Roux. — La méthode de M. G. Roux, de Lyon,
se rapproche de celle d'Esmarck. M. Roux utilise des tubes à
essai de gros diamètre et reproduit, par la photographie, à l'aide
d'un papier sensible, les colonies au fur et à mesure de leur
formation. On trouvera les détails du procédé de M. Roux dans
son intéressant *Précis d'analyse bactériologique des eaux* (1).

Méthode de Rietsch. — Nous nous servons de la méthode que
notre maître, M. le professeur Rietsch, de Marseille, a appliquée
à ses recherches sur les eaux de Marseille (2) et que nous lui
avons empruntée pour nos recherches sur les eaux de Toulon (3).

On emploie dans cette méthode les tubes effilés dont il a été
question (voir page 185) qui sont transportés au laboratoire avec
la boîte de M. Rietsch.

Pour faire les ensemencements, « on flambe la partie effilée
du tube, on la brise avec des pinces flambées et on fait écouler
l'eau dans un godet de verre stérilisé sur lequel on replace aussitôt le convercle.

« On agite l'eau naturelle ou étendue au titre voulu dans le
godet en imprimant des mouvements en sens divers à ce dernier.
On puise ensuite l'eau à ensemencer dans ce godet avec une
pipette graduée qui a été stérilisée, après avoir été munie d'un
bouchon de coton à ses deux extrémités. On flambe l'extrémité
inférieure, on retire le bouchon correspondant avec des pinces
flambées, mais on laisse en place le bouchon supérieur. Puis à
plusieurs reprises, on aspire et refoule l'eau contenue dans le
godet, afin de bien agiter et mêler toute la masse liquide, pour
remplir finalement la pipette jusqu'au trait correspondant à 2
centimètres cubes. »

Nous nous servons, comme M. Rietsch de pipettes de 2 centimètres cubes divisées par demi-centimètres cubes, et dont la graduation part de l'orifice inférieur de la pipette. On aspire avec
cette pipette 2 centimètres cubes de l'eau que l'on répartit d'une

----

(1) Roux, *Précis d'analyse bactériologique des eaux*, p. 168.
(2) M. Rietsch, *Recherches bactériologiques sur les eaux d'alimentation de la ville de Marseille* (*Marseille médical*, 1890).
(3) F. Coreil, *Recherches sur les eaux de Toulon* (*Annales d'hygiène
publique et de médecine légale*, n° de juin 1893).

façon à peu près égale dans quatre godets Nicati et Rietsch. On compte après trois, quatre ou cinq jours, sous la loupe ou sous le microscope à un faible grossissement ; on additionne toutes les colonies fournies par les 2 centimètres cubes de l'eau diluée ou non et on fait la moyenne.

Les godets Nicati et Rietsch (fig. 53) sont ceux que l'on emploie au laboratoire de bactériologie de l'École de médecine de Marseille, et que ces auteurs décrivaient ainsi en 1884 et 1885 : « Ce sont des vases cylindriques de 3 à 5 centimètres de diamètre, à fond plat, à rebords peu élevés (à peu près 1 à 2 centimètres pour permettre l'examen à la loupe ou au microscope) ; d'autres vases de même forme, mais un peu plus larges et à

Fig. 53. — Godets Nicati et Rietsch.

rebords un peu plus bas, leur servent de couvercles. Ces deux godets s'emboîtent l'un dans l'autre comme les deux parties d'une boîte à pilules. Ces doubles vases sont stérilisés à l'étuve ou par flambage. On ne soulève le couvercle que pour couler la gélatine et on le replace aussitôt. »

Le fond du godet inférieur porte, à l'extérieur, des traits parallèles servant de repères dans la numération.

Ces godets ont été imités par Petri (1) et la plupart des auteurs allemands les désignent sous le nom de *godets* ou *boîtes de Petri*. Un grand nombre d'auteurs français en font autant ; ce qui est vraiment regrettable. Dans tout ce qui touche aux choses scientifiques, il ne doit point être question de patriotisme ; mais nous ne pouvons nous empêcher de nous demander d'où vient l'obstination que mettent certains savants français à désigner, sous un nom allemand, des objets dont l'invention est due à des Français. Quoi qu'on puisse dire, MM. Nicati et

(1) Petri, *Centralblatt für bacteriologie*, I, 9 février 1887.

Rietsch employaient déjà, en 1884, les boîtes de verre dans leurs recherches sur le choléra, tandis que M. Petri ne les a utilisées que quelques années plus tard.

Ces godets sont d'un grand usage en bactériologie ; beaucoup de laboratoires les emploient sous des formes plus grandes. Nous ne croyons guère avoir besoin de faire ressortir leurs avantages sur les plaques de Koch. La surface offerte par ces boîtes de verre est suffisamment large, et l'on peut, sans ôter le couvercle, procéder à l'examen sous le microscope, ce qui a son importance lorsqu'on a affaire à des colonies liquéfiantes ou lorsqu'on recommence une ou plusieurs fois cet examen à quelques jours d'intervalle.

Ces godets sont enveloppés dans du papier à filtrer et stérilisés par la chaleur sèche. On en prépare ainsi un certain nombre. On les conserve dans des boîtes d'où on ne les retire qu'au moment du besoin.

L'ensemencement se fait de la manière indiquée par M. Rietsch : on introduit dans chaque godet un demi-centimètre cube d'eau diluée ou non ; on ajoute de la gélatine, fondue au préalable au bain-marie, en quantité suffisante pour former une mince couche sur le fond du godet ; on mélange par agitation et on fait solidifier rapidement la gélatine en plaçant lés godets sur une surface froide. On introduit ainsi dans chaque godet toutes les bactéries contenues dans le demi-centimètre cube d'eau. Aucune portion de l'eau ensemencée ne peut rester dans le tube à gélatine, comme cela a lieu avec les plaques de Koch.

La plupart du temps, nous ne faisons pas de dosage préliminaire. Nous ensemençons d'abord 2 centimètres cubes de l'eau à examiner dans quatre godets ; puis 2 centimètres cubes de l'eau au 1/100, enfin 1 seul centimètre cube de la même eau dans quatre godets.

Article III. — Résultats fournis par l'analyse quantitative

Nombre de bactéries contenues dans quelques eaux
(par centimètre cube).

Eaux courantes.

Seine. Usine d'Ivry, année normale, moyenne (M. Miquel).		27,340
— — d'Austerlitz — — —		31,060
— — Chaillot — — —		77,525

Seine. Usine Saint-Denis année normale moyenne (M. Miquel).   200,000
Marne. A Saint-Maur   —   —   —   28,650
Canal de l'Ourcq   —   —   —   36,190
Loire, près du puits d'essai de Lefort (M. Miquel) . . .   9,530
Vistule. Varsovie, octobre 1889 (Budjwid)   2,160
    —   —   —   —   21,120
    —   —   décembre 1889   —   135
Sprée. Moyenne de 4 analyses, 1883 (R. Koch). . . .   102,050
Rhin. Près de Cologne (Mœrs)   20,680
Rhône. Amont de Lyon, 1890, moyenne (G. Roux) . . .   75
Saône.   —   —   —   —   586
    —   En aval de Lyon, pont de la Mulatière, moyenne
(G. Roux)   4,280
Canal de Marseille. A Longchamp, 1890 (Rietsch) . de 20 à 15,275

Eaux de source.

1892. Source des Colliers. Dun-sur-Auron (Cher)
         (G. Pouchet)   250
    —   —   de la Chéverie. La Ferté-sous-Jouarre
         (Seine-et-Marne) (G. Pouchet).   33
    —   —   du Bon Dieu. Raon-l'Etape (Vosges)
         (G. Pouchet)   7,500
    —   —   de Poisieu. Chozean (Isère) (G. Pou-
         chet)   92
    —   —   du Ragas. Toulon (Var) (F. Coreil). de 18 à 369
    —   —   de Saint-Antoine. Toulon (Var) (F.
         Coreil) . . . . de 13 à 432
1893. Source de la Foux. La Valette (Var) (F.
         Coreil)   40
    —   —   de Roman. La Valette (Var) (F. Coreil).   7
    —   —   du quartier des Hautes. Bandol
         (Var) (F. Coreil)   16
1894. Source de Fontaine-l'Evêque (Var) (M. Rietsch). de 19 à 22

Eaux de puits.

1892. Puits de la place au blé à Bellême (Orne) G. Pouchet).   11,250
    —   —   de Lésignan (Aude) (G. Pouchet)   2,830
    —   —   n° 3, à Dun-sur-Auron (Cher) (G. Pouchet) . .   2,225
    —   —   n° 1   —   —   — . .   14,950
    —   —   de Châtillon-sur-Indre (Indre)   — . .   53,200
1893. Puits de la rue de l'Enclos, La Valette (Var) (F. Coreil).   900
    —   —   de Toulon (Var). 25 analyses effectuées en 1892-
         1893-1894 (F. Coreil) . . . . . . de 120 à 112,000

L'expérience montre que les eaux potables, ou considérées
comme telles, renferment une quantité excessivement variable

de bactéries. Un centimètre cube peut en contenir de 8 à 10 jusqu'à plusieurs centaines de mille. M. Miquel (1), se basant sur les nombreux résultats analytiques qu'il a obtenus, a classé les eaux ainsi qu'il suit :

	Nombre de bactéries par centimètre cube.
Eau excessivement pure . .	0 à 10
Eau très pure	10 à 100
Eau pure	100 à 1,000
Eau médiocre	1,000 à 10,000
Eau impure	10,000 à 100,000
Eau très impure	100,000 à 1,000,000

En appliquant cette échelle aux eaux de Paris, dont les richesses moyennes en bactéries sont, d'après **M. Miquel**, les suivantes :

	Nombre de bactéries par centimètre cube.
Vanne	800
Dhuis	1890
Seine à Ivry	32,500
Marne à Saint-Maur	36,300

les eaux de la Vanne seraient seules considérées comme pures. L'eau de la Dhuis serait médiocre et les eaux de la Seine et de la Marne seraient mauvaises.

Mais la teneur d'une eau en bactéries varie avec l'époque, la température, etc., de telle sorte que la même eau peut être pure, médiocre, et même mauvaise suivant la saison.

On voit donc qu'il ne faut pas attacher une trop grande importance à la classification de M. Miquel. Toutefois, en nous plaçant au point de vue *purement quantitatif*, on devra toujours préférer les eaux renfermant le moins possible de bactéries.

Quelques analystes pensent que le nombre de microbes n'a aucune importance et qu'il suffit qu'une eau ne contienne pas de bactéries pathogènes pour qu'elle puisse être considérée comme potable.

Tel n'est point notre avis: Nous pensons que la numération des bactéries a une assez grande importance pour les raisons suivantes :

(1) Miquel, *Manuel d'analyse bactériologique des eaux.*

1° Les propriétés des bactéries de l'eau ne sont pas encore suffisamment connues, et il se peut fort bien, comme nous l'avons dit précédemment, que telle bactérie regardée comme indifférente ne soit pas inoffensive.

2° Pourrons-nous toujours retrouver dans une eau tel microbe pathogène, le bacille typhoïdique par exemple, s'il s'en trouve seulement quelques-uns à côté de plusieurs milliers de bactéries indifférentes ?

3° N'est-ce pas à l'analyse quantitative que l'on a recours quand il s'agit de savoir si un filtre fonctionne bien; si une canalisation est absolument étanche; si tel procédé de purification donne de bons résultats?

Pour ces diverses raisons, l'*analyse quantitative*, sans avoir l'importance de l'*analyse qualitative*, présentera toujours un réel intérêt, et, quoi que puissent en penser certains maîtres en bactériologie, on devra toujours la pratiquer, lorsque la chose sera possible.

CHAPITRE VII

ANALYSE QUALITATIVE

L'analyse qualitative a pour objet la recherche des différentes bactéries de l'eau et principalement des bactéries *pathogènes*. L'importance de cette analyse est, sans conteste, beaucoup plus grande que celle de l'analyse quantitative; mais les difficultés à vaincre sont également plus nombreuses. Ces difficultés proviennent tant du manque absolu d'une méthode générale d'analyse, que du grand nombre d'espèces de bactéries connues et du nombre plus grand encore de celles qui ne le sont que d'une manière imparfaite.

Le rôle du bactériologue, quand on lui demande une analyse d'eau, devrait être de fixer toutes les espèces bactériennes qui se trouvent dans cette eau. Dans l'état actuel de nos connaissances, on ne peut guère rechercher toutes les bactéries d'une eau et les isoler. Les méthodes permettant la solution d'un problème si difficile sont à peine ébauchées. **M.** Miquel a posé les principes de l'une de ces méthodes dans son ouvrage; nous y renvoyons le lecteur.

Le rôle de l'analyste est beaucoup plus modeste et consiste pour le moment à mettre en évidence les quelques espèces pathogènes parfaitement connues.

Est-ce à dire que l'*analyse qualitative* doive se borner à rechercher les bactéries capables de causer des maladies! Elle peut davantage. En mettant en évidence certaines bactéries qui se trouvent dans les déjections de l'homme et des animaux, l'analyse qualitative pourra nous fixer sur la contamination de cette eau par des déjections et nous mettre en garde contre l'absorption d'une boisson souillée par des matières dont la nocuité n'est douteuse pour personne.

En analyse biologique qualitative, on emploie : 1° la méthode des ensemencements et des cultures ; 2° l'action des agents physiques et des réactifs chimiques ; 3° l'examen microscopique des bactéries ; 4° l'inoculation de ces bactéries à des animaux.

Comme on le voit, l'analyse qualitative exige de la part des expérimentateurs des connaissances que seules peuvent posséder les personnes familiarisées avec la micrographie, la chimie et la médecine.

Le cadre de ce volume ne nous permet pas de nous étendre sur cette partie de l'analyse bactériologique des eaux comme nous le désirerions. Nous donnerons, aussi brièvement que possible, les méthodes utilisées pour l'isolement des bactéries pathogènes, et nous exposerons sous le titre : *Description de quelques espèces bactériennes* les principaux caractères des bactéries trouvées dans les eaux. Voici cependant les principes généraux que nous suivons pour mettre en évidence une bactérie quelconque.

Article Ier. — Principes généraux.

Les colonies qui se sont formées dans les godets Nicati et Rietsch, dont nous nous sommes servi en analyse quantitative, sont examinées soigneusement à l'œil nu ou à la loupe. On note l'aspect des colonies, leur couleur, leur forme, leur dimension, leur action sur la gélatine, etc.

Pour isoler la bactérie qui a formé cette colonie et pour en obtenir des cultures pures, on prélève, à l'aide d'une tige de platine montée sur verre (fig. 54) et flambée, une petite portion de la colonie, et on l'ensemence dans un tube contenant du bouillon, de la gélatine, un milieu nutritif quelconque. Quand

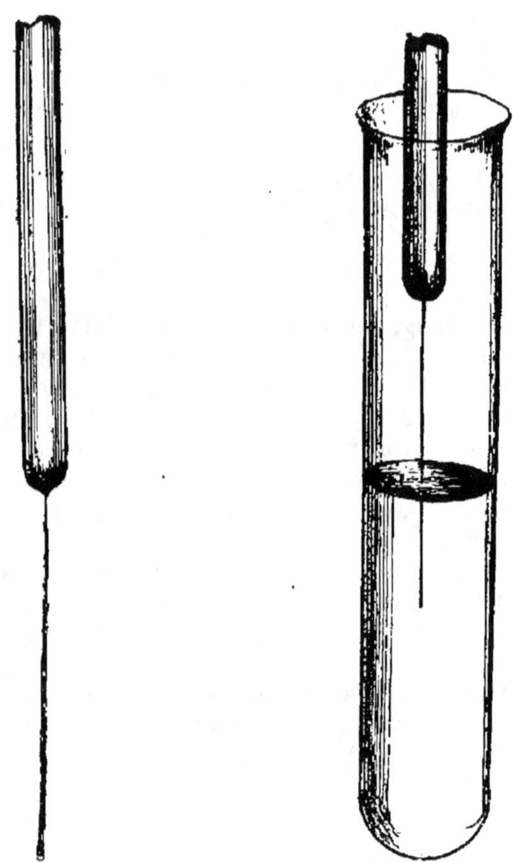

Fig. 54. — Aiguille en fil de platine.　　　Fig. 55. — Inoculation en piqûre.

cette bactérie s'est suffisamment développée, on l'examine au microscope, après coloration ou non, et l'on s'assure de sa pureté. Quand on est certain d'avoir affaire à une seule espèce, on essaye l'action de la chaleur, les différents réactifs, et l'on fait des cultures dans des milieux nutritifs de composition déterminée. On inocule enfin une ou plusieurs gouttes d'un bouillon de culture à des animaux, souris, cobayes, lapins, etc.

L'ensemencement en piqûre dans un milieu solide (fig. 55) se fait normalement.

L'ensemencement en *strie* (fig. 56) s'opère dans des tubes placés obliquement pendant le refroidissement de la gélatine ou de la gélose, de telle sorte que celle-ci offre une grande surface.

L'inoculation aux animaux se pratique, suivant les cas, dans les veines, sous la peau, etc. (1).

Il nous est impossible d'entrer dans les détails minutieux que demande la technique bactériologique ; mais nous devons faire remarquer que toutes ces opérations, de culture, d'ensemencement, etc., doivent être faites rapidement et en se mettant à l'abri de la contamination par les milieux environnants.

Article II. — Recherche du bacille typhoïdique.

MM. Chantemesse et Widal ont les premiers utilisé, comme moyen de recherche du bacille typhoïdique, la résistance que présente cette bactérie vis-à-vis de l'acide phénique. Ces auteurs ensemencent les déjections ou l'eau à examiner dans des tubes de gélatine préalablement additionnés de quantités variables d'acide phénique. Aux doses employées, cet acide arrête le développement de la plupart des bactéries, tandis que le bacille d'Eberth continue à végéter.

Fig. 56.
Inoculation en strie.

M. Rodet, de Lyon, a employé l'action de la chaleur. Ayant déterminé la température la plus élevée, 45° à 45°,5, à laquelle ne pouvait vivre le *bacillus typhosus*, M. Rodet expose pendant un temps déterminé, à 44°,50 à 45° au maximum, les tubes de

(1) Voir Macé, *Traité de bactériologie.*

bouillon ensemencés. Lorsque, au bout de quarante-huit heures, aucun tube ne s'est troublé, on peut être certain de l'absence du bacille typhoïdique. Lorsque, au contraire, il se produit un trouble dans un ou plusieurs tubes, on a des chances d'avoir affaire au *bacille d'Eberth* ou au *bacterium coli commune*.

Le procédé du docteur Vincent tient des deux procédés que nous venons de décrire.

M. Vincent prépare un certain nombre de conserves (tubes ou ballons) renfermant chacune : 1° 10 centimètres cubes d'un bouillon nutritif (bouillon de bœuf ou bouillon de peptone); 2· 5 gouttes d'acide phénique à 5 pour 100. On ajoute à six de ces tubes de 5 à 15 gouttes de l'eau à analyser; on place ces tubes à l'étuve à 42° centigrades. Quand l'eau ne contient pas le bacille d'Eberth, il ne se produit de trouble dans aucun tube; si, au contraire, l'eau est souillée par cette bactérie, les tubes louchissent au bout de douze à vingt-quatre heures. Le bacille typhoïdique n'est malheureusement pas le seul qui résiste à l'action de la température de 42° et de l'acide phénique. Le *bacillus subtilis*, le *bacterium coli commune*, et plusieurs bacilles que l'on a désignés sous le nom de *pseudo-typhiques* possèdent également cette propriété.

Le procédé de Vincent donne d'excellents résultats, car il permet l'élimination du plus grand nombre de bactéries. Il suffit, quand on a employé ce procédé, d'isoler les bactéries qui ont résisté à l'action des agents mis en œuvre et de mettre en évidence tous les caractères du bacille d'Eberth, caractères que nous énumérerons plus loin.

Nous tenons à citer parmi les nombreux procédés en usage pour les recherches du bacille typhoïdique celui que M. Péré a employé dans ses recherches sur les eaux d'Alger (1).

Voici comment M. le docteur G. Roux décrit le procédé de M. Péré : « Dans un récipient jaugé de 1 litre, stérilisé (matras ou ballon), on introduit 100 centimètres cubes de bouillon de bœuf normal. neutre et stérile, 50 centimètres cubes d'une solution de peptone pure à 10 pour 100, également neutre et stérilisée, et 600 à 700 centimètres cubes de l'eau à analyser. On ajoute alors 20 centimètres cubes, exactement mesurés, d'une solution d'acide phénique pur à 5 pour 100, et on emplit jusqu'au trait de jauge avec l'eau suspecte. Le liquide ob-

____

(1) Péré, *Annales de l'Institut Pasteur*, 25 février 1891.

tenu, liquide A, contient donc, par litre, 1 gramme d'acide et 830 centimètres cubes d'eau suspecte.

« On le répartit en dix vases stérilisés, fioles, ballons ou matras, munis de leurs bouchons de ouate, et on le porte à la température moyenne de 34°. Il ne faut pas dépasser 36°; on risquerait, par l'application un peu soutenue d'une température plus élevée, d'atteindre trop vivement les microbes que l'on recherche et de stériliser le terrain. La température de 32° à 36° est très convenable.

« Un trouble se produit dans le cas d'une eau polluée par les espèces susdites, non pas à heure fixe, mais d'autant plus vite que la pollution est plus forte et que la température s'est maintenue plus élevée dans les limites assignées. On pourra déjà observer ce trouble vers la douzième heure, généralement entre la quinzième et la vingtième heure, mais seulement vers la trentième heure si la pollution est réduite à des traces : circonstance qui ne se présentera que rarement, sans doute, mais que l'on peut réaliser par l'expérience.

« Dès que le trouble est bien évident, on ensemence le liquide A à l'aide d'un fil de platine flambé et recourbé en boucle, d'une part, dans un tube de bouillon normal qui pourrait déjà donner une culture pure de l'un des organismes que l'on recherche, et, d'autre part, sur un nouveau liquide stérilisé, renfermant, comme le premier, 1 gramme d'acide phénique, 5 grammes de peptone et 100 centimètres cubes de bouillon normal par litre, et réparti dans des tubes à essai.

« On ensemence deux de ces tubes et on les expose pendant six heures à la température moyenne de 34°. A ce moment, que leur contenu soit trouble ou limpide, on l'ensemence par le même moyen que précédemment dans deux autres tubes où les organismes subissent leur troisième passage en liquide phéniqué dans les mêmes conditions de température. On attend, cette fois, que le trouble se produise ; l'ensemencement de ce dernier liquide sur bouillon normal donne, après quelques heures d'étuve, une culture pure du *bacterium coli commune*, du bacille d'Eberth, ou un mélange des deux espèces, comme on peut le vérifier par culture sur plaques de gélatine. »

On trouvera dans des ouvrages spéciaux la description des procédés de Parietti, de Loir, d'Uffelman, de Stahl.

Quel que soit le procédé employé, des expérimentateurs sont arrivés à mettre en évidence le bacille d'Eberth. D'autres, au contraire, n'ont jamais pu isoler cette bactérie de certaines eaux ayant, presque à coup sûr, été la cause de la propagation de la donienthérie.

Depuis que Cassedebat et d'autres auteurs ont découvert des bacilles *pseudo-typhiques* (Cassedebat), *eberthiformes* (G. Roux), se rapprochant beaucoup, pour la plupart, des caractères du bacille d'Eberth, on a eu l'explication de la fréquence avec laquelle on avait trouvé le bacille typhique dans certaines eaux. Avait-on eu affaire au véritable bacille typhique ou au bacterium coli, qui s'en rapproche par tant de caractères, ou bien aux pseudo-typhiques? Nous serions tenté de croire que l'on a découvert fort souvent l'une de ces dernières bactéries, à la place du véritable bacille d'Eberth!

M. Grimbert expose (1), dans un travail qu'il a publié, des expériences desquelles il résulte que, quand on ensemence de l'eau stérilisée avec une culture de bacille typhique et une culture de bacille du colon, il ne reste au bout de deux jours que ce dernier. L'auteur termine sa note en disant : « Nous n'accepterons qu'avec la plus grande réserve les rapports dans lesquels on signalera la présence du bacille d'Eberth, à côté du bacterium coli dans la même eau, *quelle que soit la notoriété de l'expert.* »

Il y a pas mal d'années déjà que notre maître, M. le professeur Rietsch, nous conseillait de nous méfier des auteurs qui trouvaient partout et si facilement le microbe de la dothienthérie. Pour notre part, nous avons toujours considéré la recherche du bacille typhoïdique d'une difficulté telle que, dans nos recherches sur les eaux de Toulon, nous avons cru devoir nous borner à rechercher le bacterium coli commune.

Article III. — Recherche de la bactéridie charbonneuse.

La bactéridie charbonneuse (*bacillus anthracis*, Davaine) a été trouvée dans l'eau de certaines prairies par Poincaré (2). M. Miquel ne l'a jamais trouvée dans aucune des eaux servies à la population parisienne, pas plus, d'ailleurs, que dans les eaux

(1) Grimbert, mémoire présenté à Société de pharmacie de Paris.
(2) Poincaré, *Sur la production du charbon par les pâturages* (*Comptes rendus de l'Académie des sciences*, 1880, XCI, p. 179).

d'égouts et dans celles de la Bièvre qui reçoivent les déchets
de peaux soumises au tannage et dont quelques-unes peuvent
être charbonneuses.

M. Miquel conseille le procédé suivant pour rechercher cette
bactérie dans les eaux : « L'eau est portée à 65° pendant deux
heures pour détruire la majeure partie des microphytes vulgaires ou autres qui ne résistent pas à ce degré de chaleur;
puis le liquide est incorporé à de la gélatine dont on fait de
nombreuses plaques. De préférence, on soumet à l'observation
les colonies grisâtres formées de filaments enchevêtrés comme
une poignée de cheveux, et encore les colonies qui fournissent
des prolongements mycéliformes. On effectue ensuite des cultures dans du bouillon où l'espèce se développe en donnant
un dépôt floconneux qui se réfugie au fond du vase. Dans la
gélatine, le *bacillus anthracis* donne une culture en forme de
cyprès renversé qui liquéfie lentement le substratum. Enfin
les bouillons inoculés à des souris les tuent en moins de vingt-
quatre heures, et les cobayes succombent avant la fin du
deuxième jour.

Les caractères de cette bactérie que nous décrirons plus loin
permettront toujours de l'isoler des eaux dans lesquelles elle
se trouvera.

Article IV. — Recherche du spirille du choléra.

Koch a démontré, en 1884, la présence du koma-bacillus
dans l'eau d'un tank (étang) de l'Inde. La même année,
MM. Nicati et Rietsch sont parvenus à isoler de l'eau du vieux
port, à Marseille, le bacille-virgule. M. Stassano a trouvé,
durant l'épidémie de 1884, le spirille du choléra dans l'eau de
deux ruisseaux stagnants.

A part ces trois observations, la présence du bacille du
choléra a été très rarement constatée dans les eaux ayant propagé le choléra d'une manière certaine. Cela tient, sans aucun
doute, au peu de résistance qu'offre le spirille du choléra vis-à-
vis des saprophytes.

Pour mettre en évidence cette bactérie, l'eau est répartie
dans des godets Nicati et Rietsch. Les colonies suspectes sont
ensemencées en gélatine nutritive, comme nous l'avons indiqué
dans nos principes généraux d'analyse qualitative. La liquéfac-

tion de la gélatine se fait d'une manière particulière au spirille de Koch. Nous en parlerons à la description de cette bactérie.

Koch a conseillé (1) un procédé analogue, quant au principe, à celui employé par M. Péré pour la recherche du bacille typhoïdique.

Koch remplit presque complètement avec de l'eau suspecte un ballon stérilisé de 100 à 200 centimètres cubes. Il fait dissoudre 1 à 2 grammes de peptones sèches et la même quantité de sel marin. On mélange, on bouche avec de la ouate et on met à l'étuve à 37 ou 38°. Après quinze à vingt quatre heures, il se forme à la surface de l'eau, transformée en bouillon de culture, une mince pellicule qui renferme le spirille du choléra. On ensemence alors à la manière ordinaire, en gélatine, en godets, etc., et l'on obtient ainsi, quelquefois du premier coup, le bacille-virgule.

Article V. — Recherche des bactéries anaérobies.

Les différents procédés de recherche que nous venons d'indiquer ne sont applicables, nous l'avons dit, qu'aux microbes *aérobies*, c'est-à-dire à ceux qui peuvent vivre en présence de l'air.

La recherche des bactéries *anaérobies* offre cependant un très grand intérêt, parce que certaines eaux tiennent en suspension de ces bactéries dont quelques-unes sont essentiellement pathogènes, le vibrion septique et le bacille du tétanos par exemple. M. Gabriel Roux, de Lyon, a rencontré ces deux bactéries en très grande abondance dans les vases des galeries de filtration de Lyon. M. Miquel en a fréquemment constaté la présence dans les eaux de la Seine et de la Marne.

La mise en évidence des bactéries anaérobies est très difficile. Il s'agit, en effet, de mettre les bouillons de culture, ensemencés avec l'eau, complètement à l'abri de l'air, et c'est là une nouvelle difficulté qui vient encore s'ajouter à celles que nous avons rencontrées dans la culture des microbes aérobies.

Bacille du tétanos de Nicolaier. — M. Miquel obtient des bouil-

---

(1) Koch, *Semaine médicale*, mai 1893.

lons, absolument privés d'air, en les recouvrant avant la stérilisation avec un mélange de vaseline et de paraffine :

1° { Paraffine 2
{ Vaseline 98

2° { Vaseline 90
{ Cire blanche. 8
{ Paraffine 2

Le dernier mélange sert pour les températures élevées.

M. Miquel conseille pour la culture des
germes anaérobies les flacons de Frendenreich
munis d'une couche de bouillon de 2 centimètres de hauteur, sur laquelle on verse une
couche de même épaisseur de vaseline paraf-
finée.

On peut également se servir de petits tubes
à essai préparés de la même manière.

Voici comment M. Miquel se sert de ces vases :

« Les vases contenant le terrain nutritif
sont placés à l'étuve, chauffée vers 45°, jusqu'à ce que la couche isolante blanche ait
fondu et repris l'apparence d'un liquide parfaitement limpide. Alors, au moyen d'une
pipette flambée graduée, très effilée, on porte
le liquide à analyser dans la couche nutritive
en imprimant à l'effilure un mouvement circulaire lent pendant l'écoulement de l'eau à
analyser, de façon à la répartir aussi également que possible dans la gélatine. Quand on
opère avec des bouillons, cette précaution est
superflue. »

Quand il s'agit de rechercher des espèces
anaérobies, il faut ensemencer un volume 100
fois plus élevé que celui que l'on prend pour
les aérobies.

M. Miquel recherche le bacille du tétanos en
maintenant l'eau à la température de 70° pendant une heure, puis en ensemençant cette eau
dans de la gélose peptonisée additionnée de 2
pour 100 de sucre.

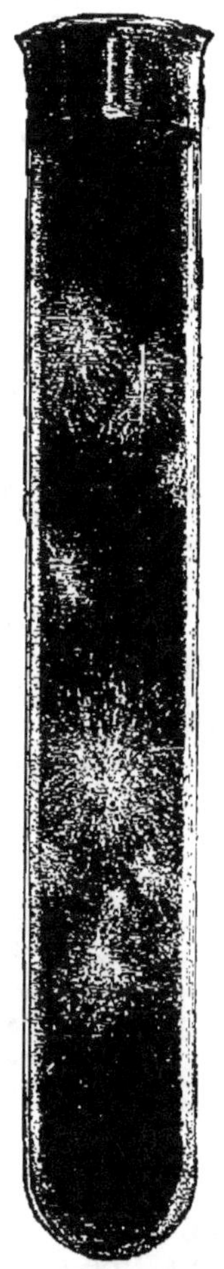

Fig. 57. — Culture
du bacille du té-
tanos sur gélatine
glucosée, après ré-
partition dans le
milieu de la ma-
tière d'ensemen-
cement, d'après
Fraenkel et Pfeif-
fer.

13.

On étudie attentivement les colonies blanches, et particulièrement celles qui prennent une forme arborescente (fig. 57).
On prélève, quand on le croit opportun, un fragment de la
colonie suspecte, et l'on regarde au microscope si elle donne
des bacilles à grosse spore terminale lui donnant l'aspect d'une
courte épingle. Si l'on veut ensemencer des parcelles de ces
colonies suspectes, on doit toujours le faire dans des milieux
de culture privés d'air.

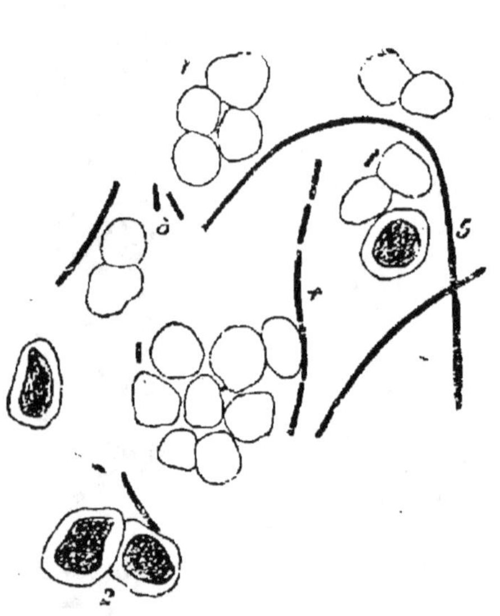

Fig. 58. — Sang de cobaye avec
des éléments de vibrions septiques
en courts articles ou en longs filaments (5) (d'après Koch).

Fig. 59. — Culture dans la gélose,
d'après Laborius.

Si l'on a des doutes sur la bactérie isolée, l'inoculation aux
animaux du bouillon de culture résoudra rapidement la question. Une goutte du bouillon renfermant du bacille du tétanos,
inoculée aux souris, les tue en deux ou trois jours.

Vibrion septique. — La recherche du vibrion septique peut
se faire par le procédé général de culture des anaérobies indiqué par M. Roux, de l'Institut Pasteur (1). On doit se souvenir

(1) L. Roux, *Annales de l'Institut Pasteur*, 1 et II, p. 49, 1887 et
1888.

que l'on ne trouvera pas dans les cultures artificielles les longs filaments dont on constate la présence dans le sang des animaux inoculés (fig. 58).

Le vibrion septique se développant surtout à 37°, on devra employer la gélose comme milieu nutritif. Les colonies apparaîtront d'abord sous la forme de petites taches moyennes blan-

Fig. 60. — Bacillus septicus. Colonie isolée dans la gélose, 80/1, d'après Liborius.

châtres (fig. 59) qui, examinées à un grossissement de 80 à 100 diamètres, ont une partie centrale (fig. 60) d'où partent des arborisations qui viennent se perdre dans la gelée (Macé).

Article VI. — Résultats fournis par l'analyse bactériologique.

En résumé, on devra déclarer *mauvaise* :

1° *Toute eau qui renfermera des germes pathogènes ;*

2° *Toute eau dans laquelle on trouvera des microbes provenant des matières fécales (bacterium coli commune, par exemple), ou des microbes de la putréfaction ;*

3° *Toute eau qui contiendra un trop grand nombre de microbes, quelle qu'en soit l'espèce.*

CHAPITRE VIII

DESCRIPTION DE QUELQUES ESPÈCES BACTÉRIENNES

On a essayé de classer les bactéries et de les diviser en *pathogènes* et *non pathogènes* ; mais il n'est pas toujours facile d'établir le *pathogénisme* d'une bactérie. Ce serait cependant la meilleure des classifications, si elle pouvait être bien sérieusement établie.

Nous nous en tiendrons à la classification générale proposée par M. Macé et adoptée par la plupart des bactériologues. Nous décrirons néanmoins séparément les bactéries parfaitement reconnues comme pathogènes.

M. Macé divise les bactéries en trois familles :

1° *Famille des Coccacées.* — Éléments normalement sphériques.

Genres : *Micrococcus,*
        Sarcina.

2° *Famille des bactériacées* — Éléments ou bâtonnets plus ou moins longs, parfois en très courts cylindres ou en filaments.

Genres : *Bacillus,*
        Spirillum,
        Leptothrix,
        Cladothrix,
        Actinomyces.

3° *Famille des beggiatoacées.* — Éléments en bâtonnets ou en filaments où l'on distingue une partie basilaire, souvent fixée, et un sommet libre.

Genres : *Beggiatoa,*
        Crenothrix.

Article Ier. — Famille des Coccacées.

GENRES MICROCOCCUS. — NON PATHOGÈNES.

Espèces chromogènes.

Micrococcus agilis (Ali-Cohen), d'après G. Roux.

Description. — Coccus de 1 µ (1) de diamètre, mouvements spontanés très vifs ; possède des flagellas extrêmement fins, dépassant en longueur de quatre à cinq fois le diamètre. — Facile à cultiver à la température de la chambre ; ne se développe pas à la température du corps ; se développe lentement ; liquéfie lentement.

Micrococcus cinnabareus (Flügge).

Description. — Coccus ovoïdes relativement gros et mesurant 0,9 µ de largeur ; réunis quelquefois en diplocoques, parfois en trétrades ou en petits amas.

Sur plaques. — Colonies peu caractéristiques, rondes et ayant la forme de petits boutons rouge terne. Ne liquéfie la gélatine qu'après un temps très long.

Produit dans le bouillon un trouble et un dépôt rouge brique et visqueux.

Micrococcus cremoïdes (Zimmermann).

Description. — Coccus en grappes d'environ 0,8 µ de diamètre ; immobiles.

Sur plaques. — Les colonies enfermées dans la gélatine sont de petits points granuleux de couleur jaunâtre ou brun grisâtre ; liquéfie la gélatine ; se développe assez rapidement.

Micrococcus aurantiacus (Schrœter).

Description. — Cellules elliptiques de 1, 5 µ de grand diamètre, isolées ou réunies par deux ou quatre.

Sur plaques. — Colonies rondes ou elliptiques, à bords nets, à surface lisse et brillante de couleur jaune orangé ; ne liquéfie pas la gélatine.

(1) Le µ égale 1 millième de millimètre.

Micrococcus flavus liquefaciens (Flügge).

Description. — Coccus assez gros, fréquemment réunis en diplocoques et en amas, immobiles.

Sur plaques. — Colonies jaunâtres liquéfiant rapidement la gélatine et laissant après liquéfaction un sédiment jaune épais.

Sur pommes de terre. — Développement épais ; jaune brillant.

Micrococcus flavus desidens (Flügge).

Description. — Petits coccus disposés en diplocoques ou en courtes chaînettes.

Sur plaques. — Colonies arrondies, à bords sinueux d'une couleur jaune brunâtre. En piqûre dans la gélatine, produit à la surface une membrane jaune et dans le canal une masse blanchâtre. Liquéfie lentement la gélatine.

Sur pommes de terre. — Il se forme une pellicule jaune brunâtre.

Micrococcus luteus (Adametz).

Description. — Coccus de 1,2 μ à 1 μ de diamètre, très mobiles, souvent réunies en diplocoques ou en chaînettes d'une dizaine d'éléments.

Sur plaques. — Colonies arrondies, jaunes, liquéfiant lentement la gélatine.

Sur pommes de terre. — Se développe assez rapidement ; culture d'un jaune sale devenant brunâtre.

Micrococcus prodigiosus (Ehrenberg).

Description. — Cellules ovales ou elliptiques de 0,5 μ à 1 μ du plus grand diamètre ; prend quelquefois la forme de petits bâtonnets courts à extrémités arrondies.

Sur plaques. — Colonies arrondies de couleur rouge. Liquéfie rapidement la gélatine et la colore en rose.

Sur pommes de terre ; sur blanc d'œuf ; sur noix de coco. — Culture d'abord rosée, puis rouge avec reflets métalliques.

Micrococcus roseus (Flügge).

Description. — Gros coccus mesurant 1,4 μ de diamètre, réunis par deux ou en tétrades, quelquefois en petites chaînettes de trois éléments.

Sur plaques. — Colonies en forme de boutons de couleur rose, mamelonnées au centre. La gélatine se ramollit superficiellement et prend une teinte rouge. La gélatine est souvent très lentement liquéfiée. La culture développe une faible odeur de matière fécale.

Micrococcus versicolor (Flügge).

Description. — Coccus gros, de 1,3 μ à 1,5 μ, souvent associés en diplocoques.

Sur plaques. — Colonies jaune-verdâtres à reflets nacrés, de forme quadrangulaire irrégulière. Ne liquéfie pas la gélatine.

GENRE MICROCOCCUS.

Espèces ne produisant pas de matière colorante.

NON PATHOGÈNES.

Micrococcus aquatilis (Meade Bolton).

Description. — Petits coccus de 0,5 μ de diamètre souvent en diplocoques.

Sur plaques. — Colonies rondes, blanc mat, très peu bombées. Les colonies superficielles sont circulaires. Les colonies profondes ont un contour rugueux et dentelé et une teinte jaune clair. Ne liquéfie pas la gélatine.

Micrococcus candicans (Flügge).

Description. — Gros coccus de 1 à 2 μ de diamètre disposés en amas irréguliers et immobiles.

Sur plaques. — Les colonies profondes forment de petits disques jaunâtres. Les colonies superficielles sont blanc de lait. Ne liquéfie pas la gélatine.

Micrococcus candidus (Cohn).

Description. — Petits coccus de 0,5 à 0 7 μ de diamètre, formant de petits amas.

Sur plaques. — Petites taches blanc de neige, arrondies, puis irrégulières. Ne liquéfie pas la gélatine.

Micrococcus concentricus (Zimmermann).

Description. — Coccus de 0,9 μ de diamètre disposés en amas irréguliers. Immobiles.

Sur plaques. — Les colonies apparaissent sous la forme de petits points gris bleu. Les colonies de surface s'élargissent et donnent des disques arrondis qui grandissent et prennent des contours irréguliers. Les colonies profondes sont gris-jaunâtres et présentent plusieurs cercles concentriques. Ne liquéfie pas la gélatine.

Sur pommes de terre. — Culture mince et grisâtre.

Micrococcus fervidosus (Adametz).

Description. — Coccus de 0,6 µ de diamètre réunis en diplocoques ou en petits amas.

Sur plaques. — Colonies profondes ressemblent à des petits points blancs; se développent lentement et sont, au bout de cinq à six jours, transparentes avec bords dentelés. Ne liquéfie pas la gélatine.

Micrococcus rosettaceus (Adametz).

Description. — Coccus globuleux ou elliptiques de 0,7 à 1 µ de diamètre.

Sur plaques. — Les colonies profondes ont la forme de petits disques granuleux, jaunâtres ou brun-grisâtres. Les colonies superficielles ont l'aspect d'une gouttelette gris-jaunâtre, brillante et à bords irréguliers. Ne liquéfie pas la gélatine.

Micrococcus ureæ (Van Tieghem).

Description. — Coccus de 1 à 1,5 µ de diamètre; souvent réunis en diplocoques ou en chaînettes.

Sur plaques. — Colonies petites d'un blanc nacré, en forme de disques. Les colonies anciennes ressemblent à des gouttes de stéarine. Ne liquéfie pas.

Micrococcus viticulosus (Flügge).

Description. — Coccus légèrement ovales, mesurant 1,2 µ de long sur 1 µ de large; souvent réunis en gros amas.

Sur plaques. — Les colonies profondes forment des fines branches chevelues. Les colonies superficielles sont minces, opaques, blanchâtres, et s'étendent rapidement. Ne liquéfie pas la gélatine.

Sur pommes de terre. — Formation, en peu de temps, d'une pellicule blanche et sèche.

Genre Micrococcus. — Pathogènes.

Micrococcus du clou de Biskra (Duclaux).

Description. — Coccus de 0,5 μ à 1 μ de diamètre, souvent en diplocoques ; mobiles.

Culture en gélatine. — Liquéfie assez rapidement; laisse à la surface des flocons jaune orangé.

Sur gélose. — Taches saillantes blanc mat devenant, au bout de cinq à six jours, jaune orangé brillant.

Sur pommes de terre. — Croit très vite ; culture colorée.

Micrococcus cereus albus (Passet).

Description. — Coccus de diamètre irrégulier variant de 0,6 μ à 1,2 μ. Isolés ou disposés par groupe.

Sur plaques. — Colonies rondes, à bords lisses ; légèrement granuleuses; formant de petites taches blanches. Ne liquéfie pas la gélatine.

Sur gélose. — Colonies rondes d'un blanc mat ressemblant à des gouttes de bougie.

Sur pommes de terre. — Forme une couche grisâtre plus épaisse au milieu qu'aux bords.

M. Macé a rencontré cette bactérie dans une eau de puits.

Micrococcus pyogenes aureus (Rosenbach).

Description. — Coccus sphériques (fig. 61) mesurant 0,9 μ à 1,2 μ de diamètre; isolés, en diplocoques ou en courtes chaînes. Immobiles.

  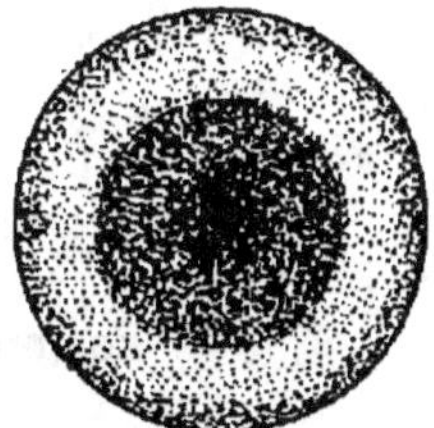

Fig. 61   1   Fig. 62   2

Fig. 61. — Micrococcus pyogenes aureus (forme de Staphylococcus d'après Rosenbach).

Fig. 62. — Micrococcus pyogenes aureus, cultures sur plaques : 1. colonie de 48 heures ; 2. colonie de 5 jours.

Sur plaques. — Colonies rondes grisâtres, jaune clair à la lumière transmise, et d'un beau jaune d'or sur fond noir (fig. 62). Liquéfie la gélatine ; se développe rapidement.

Fig. 63. — Culture de micrococcus pyogenes aureus sur gélatine.

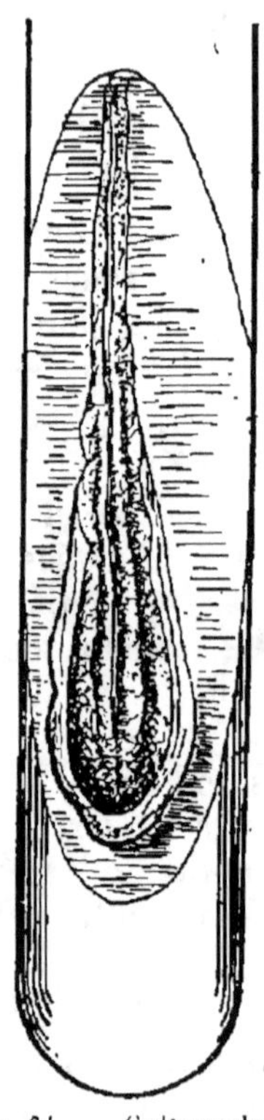

Fig. 64. — Culture du micrococcus pyogenes aureus sur gélose.

En piqûre en gélatine. — Se développe plus rapidement et a l'aspect ci-contre (fig. 63).

Sur gélose. — En strie, il se forme de petites colonies d'abord blanches, puis jaunes (fig. 64).

Sur pommes de terre. — Ce microcoque donne une couche épaisse jaune d'or ou jaune orange.

GENRE SARCINA.

Sarcina alba (Adametz).

Description. — Éléments arrondis de 0,88 µ de diamètre ; immobiles.

Sur plaques. — Les colonies incluses dans la gelée ont la forme de petites sphères grisâtres. Les colonies superficielles forment de petits boutons blanc-grisâtres. Liquéfie très lentement la gélatine.

Sarcina aurantiaca (Koch).

Description. — Coccus immobiles atteignant jusqu'à 2 µ de diamètre.

Sur plaques. — Colonies en forme de petits disques jaune orangé, à bords aigus. Liquéfie très lentement la gélatine.

Sarcina lutea (Schrœter).

Description.— Coccus ayant plus d'un µ de diamètre ; immobiles et disposés en paquets.

Sur plaques. — Petites colonies discoïdes jaunes se développant lentement. Liquéfie très lentement la gélatine.

Sur gélose et sur pommes de terre. — Produit une masse jaune clair à reflets verdâtres.

Sarcina rosea (Schrœter).

Description. — Cellules sphériques atteignant jusqu'à 2 µ de diamètre réunies en petits paquets cubiques pouvant mesurer 8 µ de côté.

Sur plaques. — Colonies d'abord incolores ou légèrement jaunâtres. Deviennent rosées et liquéfient la gélatine.

Sur pommes de terre. — Les cultures deviennent d'un beau rouge.

Article II. — Famille des Bactériacées

GENRE BACILLUS. — NON PATHOGÈNES.

CHROMOGÈNES.

Bacillus aerophilus (Liborius).

Description. — Bâtonnets grêles, isolés ou réunis en filaments.

Sur plaques. — Colonies ovalaires, jaune-verdâtres. Liquéfie la gélatine.

Sur pommes de terre. — Couche jaunâtre d'aspect cireux.

Bacillus aurantiacus (G. et P. Frankland).

Description. — Bâtonnets courts, de dimension très variable, disposés quelquefois par couples, souvent en longs filaments.

Sur plaques. — Colonies rondes jaune orangé clair. Ne liquéfie pas la gélatine.

Bacillus chlorinus (Macé).

Description. — Gros bâtonnets mesurant 2 µ de longueur sur 1 µ de largeur; mobiles.

Sur plaques. — Petites colonies rondes, jaune-verdâtres. Liquéfie rapidement la gélatine.

Sur gélose. — En strie, large culture épaisse, jaune verdâtre. Le bouillon ensemencé avec cette bactérie devient vert.

Bacillus cœruleus (Smith).

Description. — Bâtonnets de 2 à 2, 5 µ de long sur 0,5 µ de large souvent réunis en longues chaînes.

Sur plaques. — Colonies circulaires liquéfiant la gélatine autour d'elles et dont la portion superficielle se colore en bleu.

Sur pommes de terre. — Il se produit une couche d'un bleu devenant de plus en plus sombre avec le temps.

En piqûre dans la gélatine. — Au bout de vingt-quatre heures, production d'un point bleu à l'endroit de la piqûre.

Sur gélose. — Epaisse culture, brillante et colorée en bleu noirâtre.

Bacillus flavus (Macé).

Description. — Bâtonnets de 1,8 à 2 µ de longueur sur 0,5 µ de largeur; immobiles.

Sur plaques. — Disques jaune-brun à reflets verdâtres.

En piqûre dans la gélatine. — Liquéfie; le liquide devient clair et se recouvre d'une pellicule jaune d'or.

Sur pommes de terre. — Forme une couche épaisse jaune d'or.

Bacillus fluorescens liquefaciens (Flügge).

Description. — Courts bâtonnets de 1,5 µ de longeur et 0,4 µ de largeur, souvent réunis par deux; mobiles.

Sur plaques. — Petites colonies circulaires grises, liquéfiant la gélatine et la colorant en vert clair.

En piqûre. — La gélatine est rapidement liquéfiée et le liquide se colore en vert.

Le bouillon se colore en vert. Le liquide est dichroïque, jaune par transmission et d'un beau vert clair par réflexion.

Bacillus fluorescens putridus (Flügge).

Description. — Bâtonnets de 2 μ à 2,2 μ de longueur et de 0,15 μ de largeur ; souvent réunis par deux ; mobiles.

Sur plaques. — Colonies jaunâtres transparentes ; s'étalent à la surface de la gélatine et prennent une forme ressemblant un peu aux colonies du bacille typhoïdique. La gelée ambiante se teint en vert.

Sur gélose. — Couche muqueuse grisâtre. La gélose est colorée en vert.

Sur pommes de terre. — Ressemble au début aux cultures de bacillus typhosus.

Toutes ces cultures dégagent une odeur d'urine putréfiée.

Le bouillon ensemencé avec cette bactérie présente une fluorescence verdâtre moins prononcée que celle du précédent.

Bacillus lactis vinosus (Adametz).

Description. — Courts bâtonnets ressemblant à des coccus de 0,4 à 0,7 μ de long.

Sur plaques. — Ne liquéfie pas. Donne sur plaques de gélatine glycérinée des colonies caractéristiques et qu'il suffit d'avoir vu une fois pour toujours les reconnaître.

Ensemencé dans du lait, le rend visqueux au bout de deux ou trois jours.

Bacillus luteus (Flügge).

Description. — Bâtonnets de 2,8 μ en moyenne de longueur et de 1,5 μ de large. Immobiles ; isolés ou réunis par deux.

Sur plaques. — Colonies en forme de disques assez gros, jaune d'or, ne liquéfiant pas la gélatine. Ensemencé en strie, il produit une culture large, plissée, d'un beau jaune d'or.

Sur gélose. — Développement plus abondant, surtout à 30°.

Bacillus lividus (Plagge et Proskauer) (1).

Description. — Bâtonnets fins de grandeur moyenne ; immobiles.

____

(1) D'après M. Gabriel Roux.

Sur plaques. — Colonies ressemblant au début à une goutte d'encre, liquéfiant lentement la gélatine en formant un entonnoir au fond duquel s'accumule un sédiment violet bleu.

Bacille rouge de Kiel (Breunig).

Description. — Bâtonnets de 3 à 5 μ de longueur sur 0,7 à 0,8 μ de largeur; immobiles.

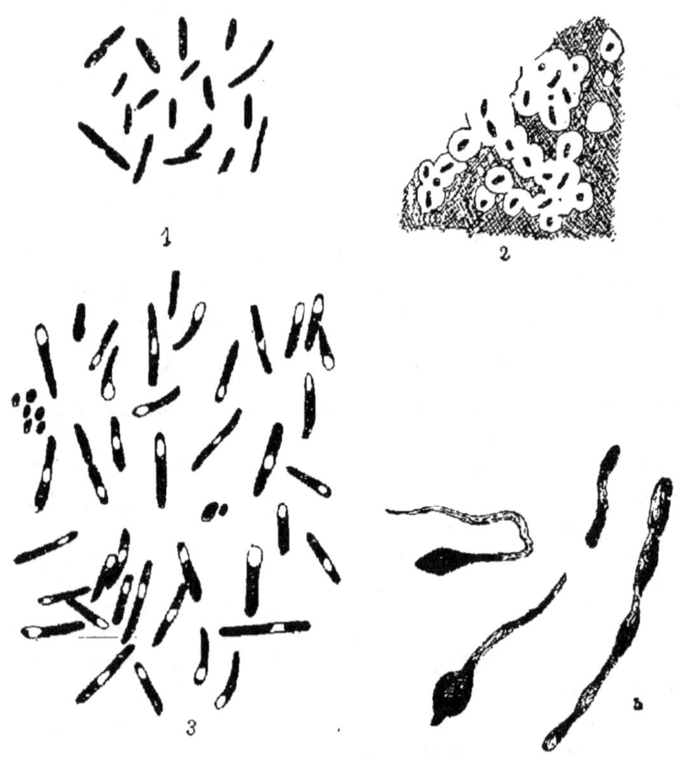

Fig. 65. — Bacille du lait bleu.
1. Bâtonnets libres dans le lait. — 2. Bâtonnets avec auréole gélifiée. — 3. Bâtonnets sporifères. — 4. Forme d'involution 650/1 (d'après Nuelsen).

Sur plaques. — Colonies blanchâtres dans la profondeur. Les colonies superficielles sont colorées en rouge sang. Liquéfie la gélatine.

Sur gélose. — Les cultures prennent à la longue un reflet métallique.

Bacillus syncyanus (Ehrenberg); *Bacille du lait bleu.*

Description. — Bacilles à extrémités arrondies de 1,3 à 4 μ de long sur 0,5 à 0,8 μ de large (fig. 65).

Sur plaques. — Après quarante-huit heures, petites colonies blanchâtres, arrondies, granuleuses, colorant la gélatine en gris bleu. Ne liquéfie pas.

En piqûre dans gélatine. — Il se forme dans le canal même une culture blanchâtre, à la surface un petit disque blanc; la gelée se colore en bleu verdâtre qui brunit avec l'âge.

Bacillus violaceus (Macé).

Description. — Bâtonnets courts à extrémités arrondies mesurant de 2 à 3 μ de longueur sur 0,4 à 0,5 μ de large; immobiles.

Sur plaques. — Colonies se développant rapidement; petites taches hyalines à bords sinueux et à surface ondulée. Liquéfie assez rapidement. Il se forme sur le liquide une peau épaisse, visqueuse, se colorant souvent en violet au bout d'un temps assez long. Demeure quelquefois incolore.

Sur gélose. — Petites taches blanches qui deviennent rapidement d'un beau violet noir.

Sur pommes de terre. — Culture muqueuse, peu épaisse, brunissant rapidement. Les parties en contact avec la pomme de terre deviennent seules violettes.

GENRE BACILLUS. — NON CHROMOGÈNES. — NON PATHOGÈNES.

Bacillus aquatilis (Frankland).

Description. — Bâtonnets de 2,5 μ de long, formant souvent des filaments très longs.

Sur plaques. — Colonies rondes, lisses, liquéfiant la gélatine; examinées à un faible grossissement, les colonies ont le centre brun jaune.

Bacillus filiformis (Tils).

Description. — Gros bacilles de 4 μ de longueur sur 1 μ de largeur; presque toujours réunis et formant des filaments d'une dizaine d'articles.

Sur plaques. — Colonies profondes, blanchâtres à bords irréguliers et à grains fins. Colonies superficielles ressemblant à des dépôts blanchâtres, aplatis, dont le centre est jaunâtre. Liquéfie la gélatine.

Bacillus guttatus (Zimmermann).

Description. — Courts bâtonnets arrondis aux extrémités de 1 à 1,3 μ de longueur et de 0,93 μ d'épaisseur; souvent isolés ou réunis par deux; très mobiles.

Sur plaques. — Colonies circulaires à contour net et granuleux; gris brun. Liquéfie la gélatine.

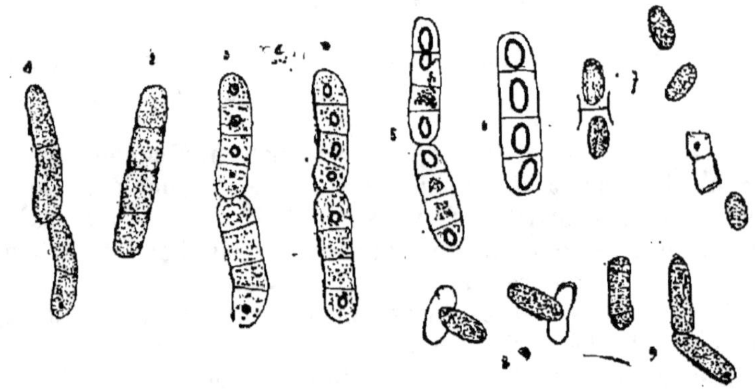

Fig. 66. — Bacillus megatherium.
1. Cellules végétatives mobiles; 2, 3, 4, 5, 6. Division en articles et formation des spores; 7. Spores libres; 8, 9. Germination des spores 600/1 (d'après de Bary).

Bacillus implexus (Zimmermann).

Description. — Gros bâtonnets de 1,15 μ d'épaisseur et de 2,5 μ de longueur à extrémités arrondies.

Sur plaques. — Au bout de vingt-quatre à trente-six heures, colonies circulaires blanches sous forme de points. Au bout de trois jours la colonie s'enfonce de tous les côtés et apparaît sous la forme d'une masse de fils blancs très fins et entrelacés. Liquéfie la gélatine.

Bacillus megatherium (de Bary).

Description. — Bâtonnets à extrémités arrondies (fig. 66) mesurant de 8 à 9 μ de long sur 2,5 μ de large.

Sur plaques. — Colonies arrondies liquifiant lentement la gélatine.

Sur pommes de terre. — Développement très rapide; cultures d'un blanc jaunâtre, caséeuses.

Bacillus mesentericus vulgatus (Flügge).

Description. — Bâtonnets épais, courts, dont la largeur varie avec les milieux de culture. Dans les milieux solides, ils ont en moyenne 1, 2 μ; dans les liquides, ils ont jusqu'à 3 μ et 4 μ de longueur. Ils sont très souvent réunis en chaînes plus ou moins longues.

Sur plaques. — Au bout de vingt-quatre heures, petites colonies jaunâtres dont la partie centrale, plus sombre, est entourée d'une zone claire où commence la liquéfaction de la gélatine. Au bout de quarante-huit heures les colonies ont l'aspect représenté par la figure 67.

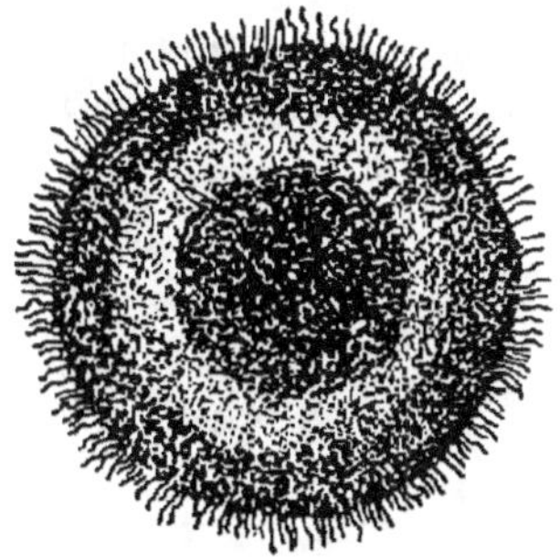

Fig. 67. — Jeune colonie de bacillus mesentericus vulgatus sur plaque de gélatine 158/1.

Sur gélose. — Il se produit une pellicule grise très adhérente à la gelée.

Sur pommes de terre. — Pellicule grisâtre envahissant rapidement toute la surface du milieu.

Bacillus mesentericus fuscus (Flügge).

Description. — Bacilles courts à mouvements très vifs.

Sur plaques. — Colonies rondes blanches, devenant un peu sombres, à surface granuleuse, et liquéfiant rapidement la gélatine.

Bacillus radicosus.

Description. — Bâtonnets courts mesurant de 2 μ de long sur 1 μ de large, souvent réunis en chaînettes. Peu mobiles.

Sur plaques. — Colonies semblables à de petits nuages blancs formés par l'enchevêtrement de filaments très fins et tordus. Liquéfie rapidement la gélatine.

Sur gélose. — Culture blanche qui s'épaissit et se plisse.

Sur pommes de terre. — Culture très abondante, muqueuse et grisâtre.

Bacillus subtilis (Ehrenberg).

Description. — Bâtonnets isolés ou en chaînes plus ou moins larges (fig. 68), mesurant 4 à 5 μ de long sur 0,7 à 0,8 μ de large, possédant de longs cils aux extrémités.

Sur plaques. — Colonies rondes jaunâtres s'étalant en taches à bords sinueux transparents. Liquéfie la gélatine.

Sur gélose. — Couche blanche laiteuse.

Sur pommes de terre. — Développement très rapide; couche épaisse crêmeuse d'un blanc un peu jaunâtre.

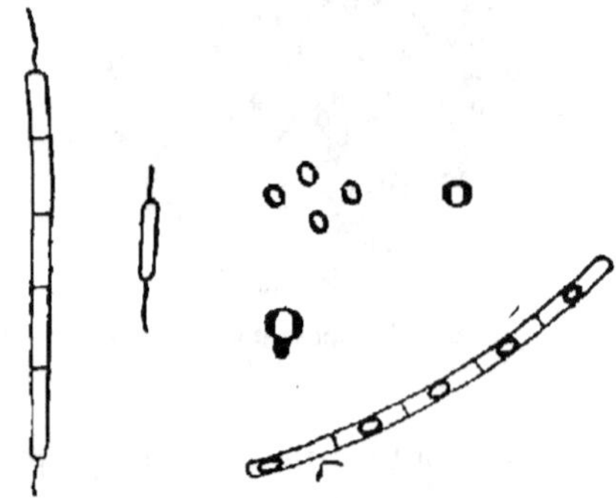

Fig. 68. — *Bacillus subtilis*. Bâtonnets isolés avec cils. — Chaîne de bâtonnes spores dans un filament, spores libres, spores germant : 1200/1.

Bacillus termo (Dujardin).

Description. — Bâtonnets de 2 à 3 h de long sur 0,6 à 1,8 μ de large; souvent réunis par deux ou en chaînettes; très mobiles.

Sur plaques. — Au bout de huit heures, petites colonies blanchâtres qui, après deux jours, sont caractéristiques. En trois ou quatre jours, les colonies prennent l'aspect représenté par la figure 69.

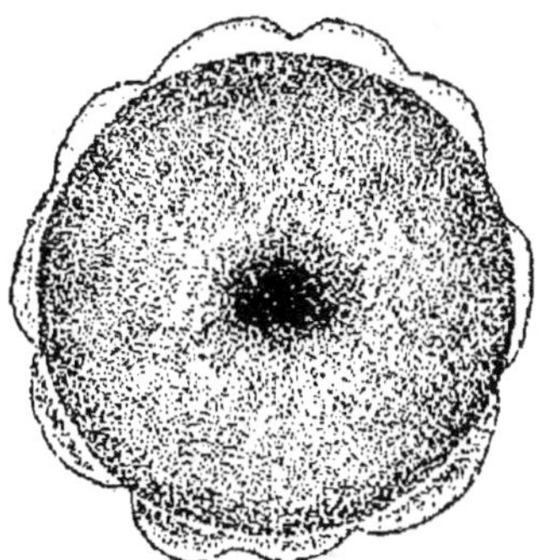

Fig. 69. — Culture du bacillus termo sur plaques de gélatine, 50/1 d'après une photographie.

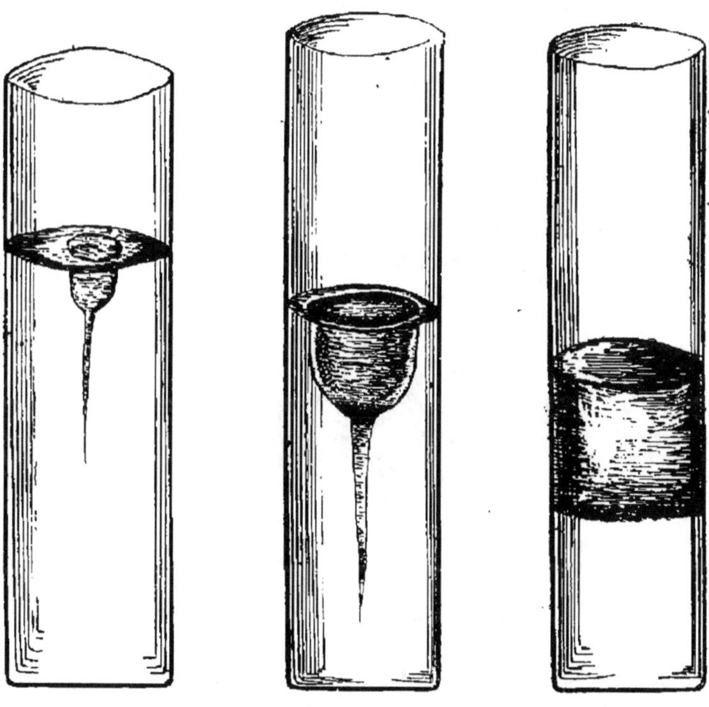

Fig. 70. — Culture de bacillus termo dans la gélatine, âgée de 12 heures.
Fig. 71. — Culture de bacillus termo dans la gélatine, âgée de deux jours.
Fig. 72. — Culture de bacillus termo dans la gélatine, culture plus âgée.

En piqûre dans gélatine. — En douze heures, formation d'une petite cupule de liquéfaction (fig. 70) qui s'agrandit (fig. 71) et finit par prendre l'aspect du dessin (fig. 72).

Bacillus ureæ (Miquel).

Description. — Minces bâtonnets de moins de 1 µ de largeur, souvent réunis en longs filaments.

Sur plaques. — Colonies en forme de disques opalescents. Ne liquéfie pas la gélatine.

En piqûre dans gélatine. — Se développe surtout à la surface où il se forme une couche blanche à bords sinueux. Les cultures dégagent une odeur de propylamine.

Ensemencé dans un bouillon contenant de l'urée, la transforme rapidement en carbonate d'ammoniaque.

BACTÉRIES. — PATHOGÈNES.

Bacillus anthracis (Davaine).

Bactéridie charbonneuse.

Description. — Bâtonnets longs de 5 à 6 µ, large de 1 à 1,5 µ ; isolés ou réunis par deux ou plusieurs (fig. 73). Dans les cul-

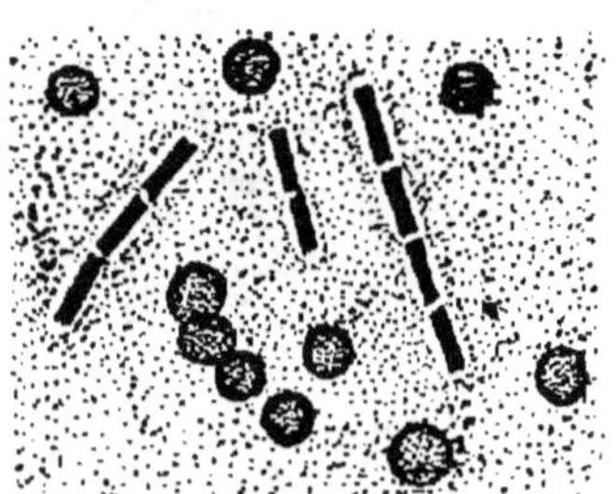

Fig. 73. — Sang de cobaye mort de charbon.

tures, on rencontre souvent de très longs filaments dans l'intérieur desquels il se produit très rapidement des spores (fig. 74). Immobiles.

Sur plaques. — Au bout de vingt-quatre heures, il se forme des petits points blancs qui, examinés à un grossissement de

60 diamètres, prennent un aspect granuleux, de couleur jaune
pâle et à bord sinueux. Après trente-six heures, les colonies
ressemblent à une petite masse de fil pelotonné dans laquelle

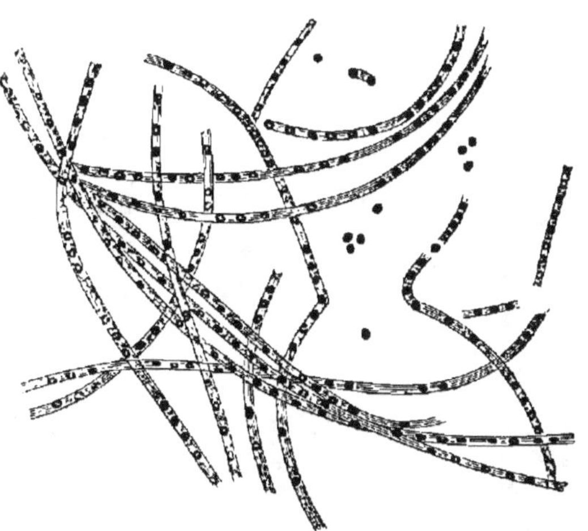

Fig. 74. — Formation des spores chez le bacillus anthracis, 650/1.

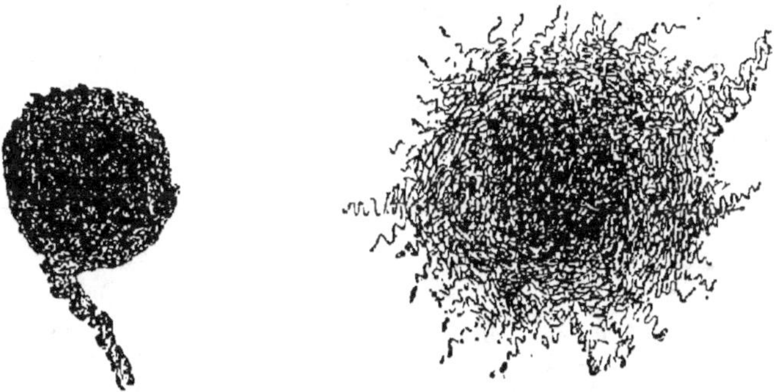

Fig. 75   Fig. 76

Fig. 75. — Colonie de bacillus anthracis développée sur plaques de gélatine après
37 heures, 60/1 d'après une photographie.

Fig. 76. — Colonie de bacillus anthracis développée sur plaque de gélatine après
trois jours, 60/1 d'après une photographie.

on distingue des filaments (fig. 75). Après trois jours, les colonies ressemblent à des flocons cotonneux (fig. 76). La liquéfaction de la gélatine se produit dès que les colonies atteignent
3 à 4 millimètres de diamètre.

14.

En piqûre dans gélatine. — Après trente-six heures, il se forme le long du canal une mince bande blanchâtre d'où partent à angle droit de petits filaments (fig. 77). Ces filaments finissent par envahir toute la gélatine et forment à la surface une colonie blanchâtre (fig. 78). Au bout d'une dizaine de jours, la gélatine se liquéfie d'abord à la surface, puis plus profondément (fig. 79).

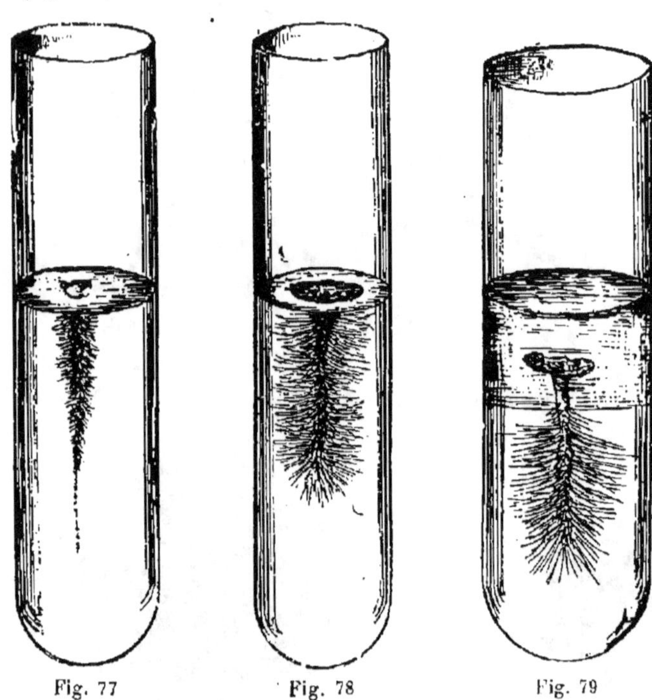

Fig. 77   Fig. 78   Fig. 79

Fig. 77. — Très jeune culture sur gélatine du bacillus anthracis.
Fig. 78. — Culture de bacillus anthracis plus âgée.
Fig. 79. — Culture âgée de bacillus anthracis sur gélatine. La gélatine est en partie liquéfiée.

Bacillus coli communis (Escherich).

Description. — Bâtonnets courts de 2 à 3 μ de longueur et ressemblant parfois à des coccus ; mobiles.

Sur plaques. — Colonies s'étalant en forme de brioche et ayant l'aspect d'une montagne de glace. Le centre est un peu foncé ; les bords ont des reflets irisés. Ne liquéfie pas la gélatine.

Bacillus typhosus (Eberth-Gaffky).

Description. — Bâtonnets mesurant de 2 à 3 μ de longueur sur 0,6 à 0,7 μ de largeur (fig. 80); très mobiles, à extrémités arrondies. Selon les milieux ressemblent à des coccus. Possèdent des cils. Ont parfois des spores (fig. 81).

Fig. 80   Fig. 81

Fig. 80. — Bacille typhique dans les cultures.
Fig. 81. — Bacille typhique d'une culture sur pomme de terre,
d'après Chantemesse et Widal.

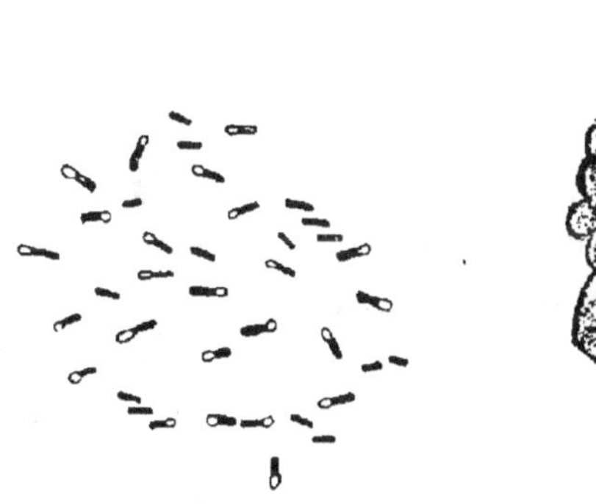
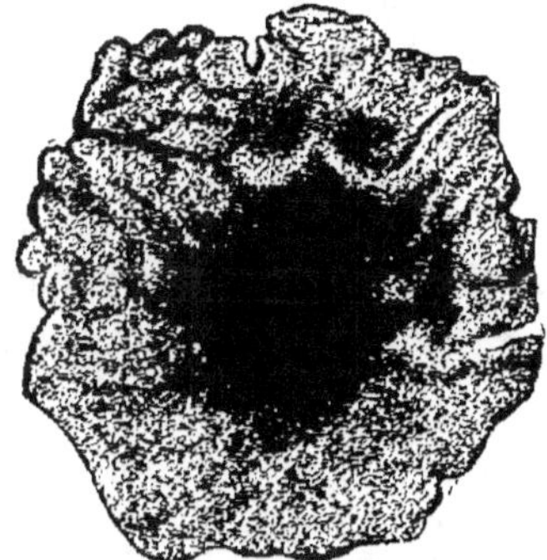

Fig. 82   Fig. 83

Fig. 82. — Bacille typhique avec spores, d'après Chantemesse et Widal.
Fig. 83. — Aspect d'une colonie de bacille typhique obtenue du sang de la rate
d'un typhique en culture sur plaques après 5 jours, d'après une photographie 60/1.

Sur plaques. — Colonies semblables à celles du bacillus coli communis (fig. 82). Ne liquéfie pas la gélatine.

Sur pommes de terre. — Forme des filaments (fig. 83).

Bacillus coli communis et bacillus typhosus.

Caractères différentiels

	bacillus typhosus	bacillus coli
Sur pommes de terre	trace humide très peu apparente	trace épaisse et jaunâtre
Bouillon lactosé avec carbonate de chaux	rien	fait fermenter avec dégagement d'acide carbonique
Solution de peptone	rien	production d'*indol*(1)

Bacillus hydrophilus fuscus (Sanarelli).

Description. — Bâtonnets de longueur très variable; très mobiles.

Sur plaques. — Au bout de vingt-quatre heures, petites colonies circulaires granuleuses. Le centre devient rapidement plus sombre et la liquéfaction de la gélatine se produit à ce moment-là.

Sur pommes de terre. — Culture épaisse, jaune-bistre, à bords sinueux.

Bacillus murisepticus (Koch).

Bacille de la septicémie des souris.

Description. — Petits bâtonnets mesurant de 0,8 μ à 1 μ de longueur sur 0,1 à 0,2 μ de large. Immobiles et souvent réunis par deux ressemblant à de fines aiguilles cristallines.

Sur plaques. — Se développe surtout dans la profondeur sous forme de petites colonies floconneuses blanchâtres. Ne liquéfie pas la gélatine.

Fig. 84. — Bacille de la septicémie des souris. Culture sur gélatine.

(1) Cette réaction se pratique en ajoutant aux tubes de culture une dizaine de gouttes de solution de nitrate de potasse à 0 gr. 50 par litre, puis quelques gouttes d'acide sulfurique. Le bouillon se colore en rose ou en rouge, s'il se produit de l'*indol*.

En piqûre dans gélatine. — Au bout de deux jours, on aperçoit de nombreux filaments qui partent de la piqûre et s'irradient dans la masse environnante. La piqûre s'entoure au bout d'un certain temps d'un nuage blanc qui envahit la plus grande partie du tube (fig. 84).

Bacillus pyocyaneus (Gessard).

Bacille du pus bleu.

Description. — Bâtonnets courts mesurant de 1 μ à 1,5 μ de longueur sur 0,6 μ de large. Très mobiles.

Sur plaques. — Au bout de vingt-quatre heures à 20°, petites colonies jaunâtres, granuleuses, à apparence radiée. La gélatine prend une teinte verdâtre. Liquéfie rapidement.

Sur gélose. — Couche muqueuse, grisâtre, prenant, au bout de quelques jours, des reflets nacrés.

Sur pommes de terre. — Couche muqueuse brunâtre, à reflets nacrés au bout de quelques jours. Lorsqu'on enlève une portion de cette couche muqueuse, la pomme de terre prend une teinte verte.

Bacillus mirabilis (Hauser).

Proteus mirabilis.

Description. — Bâtonnets de 0,6 μ de largeur et de longueur variable.

Sur plaques. — Tâches d'un blanc brunâtre, arrondies, à bords sinueux d'où se détachent des prolongements isolés et mobiles. Liquéfie la gélatine.

Anaérobie facultatif.

Bacillus vulgaris (Hauser).

Proteus vulgaris.

Description. — Bâtonnets mesurant jusqu'à 4 μ de long sur 0,6 μ de large; très mobiles.

Sur plaques. — Colonies caractéristiques jaune brun (fig. 85), granuleuses, d'où partent des prolongements en forme de chapelets. Ces prolongements s'isolent parfois de la colonie-mère qui prend alors l'aspect indiqué par le dessin ci-contre. Liquéfie très rapidement la gélatine.

Sur gélose. — Couche muqueuse gris blanchâtre et s'étendant sur toute la surface libre.

Sur pommes de terre. — Couche muqueuse d'aspect terne.

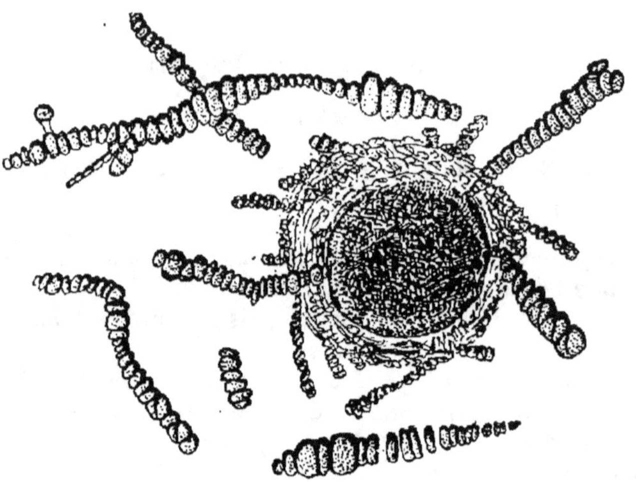

Fig. 85. — Colonie de bacillus (proteus) vulgaires, sur plaques de gélatine.

Bacillus septicus (Pasteur).

Vibrion septique.

Description. — Bacilles de 3 μ de long sur 1 μ de large en moyenne; souvent réunis en chaînes; mobiles.

Anaérobie. — Ne peut, par conséquent, être cultivée qu'à l'abri de l'air, comme nous l'avons indiqué page 224. Les figures 86 et 87 montrent des cultures de *bacillus septicus* dans la gélose et dans la gélatine glucosée.

Bacillus tetani (Nicolaïer).

Bacille du tétanos.

Description. — Bâtonnets d'une longueur variant entre 3 à 5 μ. L'une des extrémités se renfle et prend la forme dite en *épingle* ou en *baguette de tambour*.

Anaérobie. — Ne peut être cultivé qu'à l'abri de l'air.

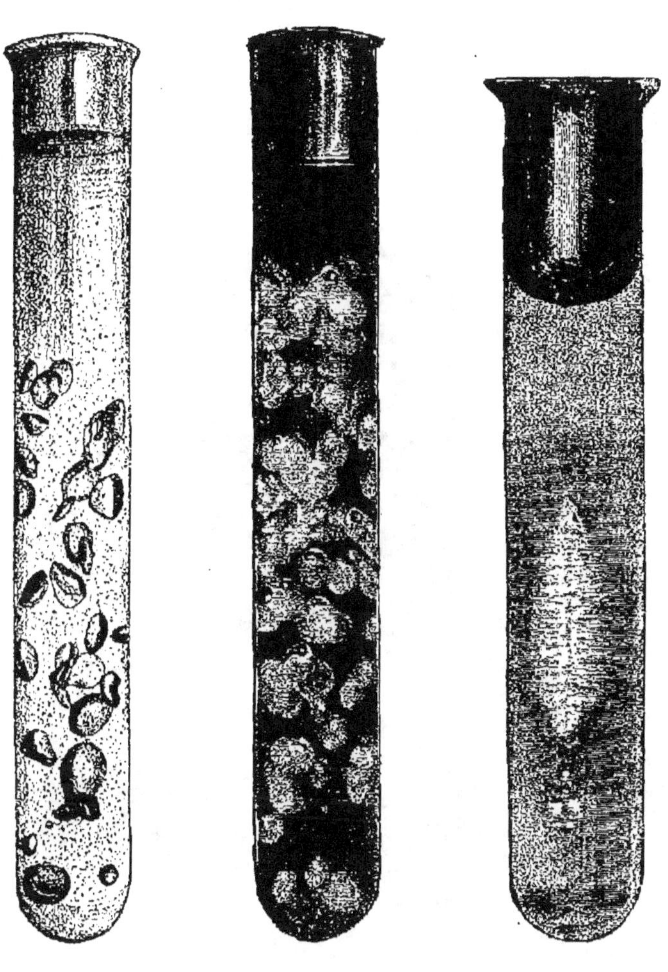

Fig. 86   Fig. 87   Fig. 88

Fig. 86. — Culture du vibrion septique dans la gélose, après 24 heures à 37°,
d'après Fraenkel et Pfeiffer.

Fig. 87. — Culture de vibrion septique dans la gélatine glucosée.

Fig. 88. — Culture du bacille du tétanos sur gélatine glucosée inoculée en piqûre
profonde, âgée de six jours, d'après Fraenkeld et Pfeiffer.

La figure 87 montre des cultures du bacille du tétanos en gélatine glucosée.

Spirillum choleræ (Koch).

Koma-bacillus.

Bacille-virgule du choléra.

Description. — Bâtonnets courts de 1,5 µ à 3 µ de longueur sur 0,4 à 0,6 µ de large. La courbure est très variable (fig. 89). Très mobiles.

Fig. 89. — Spirilles du choléra, de cultures dans le bouillon, 1000/1.

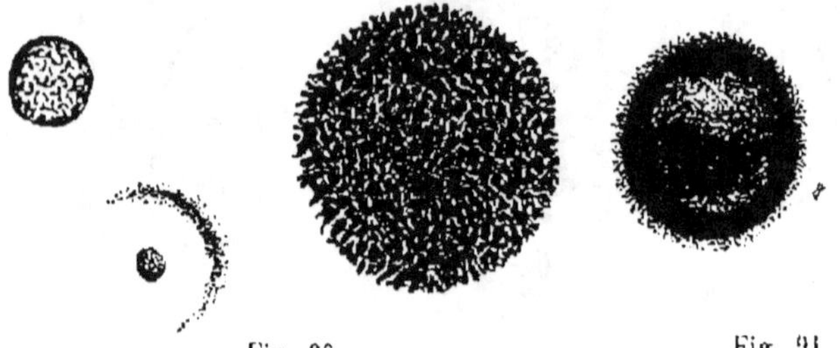

Fig. 90   Fig. 91

Fig. 90. — Colonies de spirille du choléra, en culture sur plaques. A gauche, colonie après 48 heures, 90/1 ; en bas. colonie au 3ᵐᵉ jour, située au fond d'une excavation de la gelée 10/1 ; à droite, partie centrale d'une colonie au 4ᵉ jour, 100/0, d'après Van Ermengen.

Fig. 91. — Colonie du spirille de Finckler et Prior sur plaques de gélatine, après 24 heures. A droite, se trouve une colonie du spirille du choléra du même âge, beaucoup plus petite, 40/1 d'après Van Ermengen.

Sur plaques. — Colonies caractéristiques (fig. 90) différant de celles du spirille de *Finckler et Prior* qui pourraient être confondues avec le spirille du choléra (fig. 91). Liquéfie rapidement.

En piqûre dans gélatine. — Au bout de vingt heures à 20°, il se forme une petite dépression à la surface, au point d'inocula-

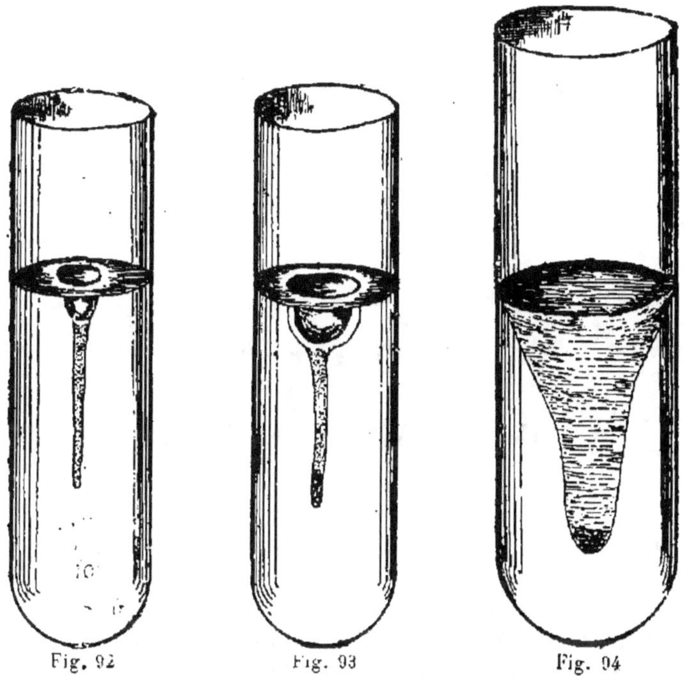

Fig. 92   Fig. 93   Fig. 94

Fig. 92. — Culture du spirillum choleræ, après 24 heures.
Fig. 93. — Culture du spirillum choleræ, après deux jours.
Fig. 94. — Culture du spirillum Finckleri âgée de deux jours.

tion. La gelée prend l'aspect des figures 92 et 93. Les cultures de *Spirillum Finckleri* en diffèrent (fig. 94).

Sur gélose. — Il se forme à 37°, au bout de quelques jours, une couche blanchâtre et épaisse.

Sur pommes de terre. — Production d'une mince couche brunâtre.

CINQUIÈME PARTIE

AMÉLIORATION DES EAUX

CHAPITRE Ier

AMÉLIORATION DES EAUX

Il existe de nombreux moyens d'améliorer les eaux impures ou seulement suspectes ; mais on ne doit y avoir recours qu'en cas de nécessité absolue.

Il est aisé de comprendre qu'il vaut mieux fournir à une ville, à une agglomération quelconque, de l'eau naturellement saine, que d'être obligé de purifier cette eau. Car s'il est vrai que les procédés existant permettent d'améliorer les eaux les plus impures, il n'est pas absolument certain que ces procédés puissent les débarrasser de tous les principes nuisibles qu'elles peuvent contenir.

Les méthodes en usage pour améliorer les eaux sont *mécaniques, physiques et chimiques.*

Avant de décrire ces différentes méthodes, nous croyons indispensable de définir les termes *épuration* ou *purification* d'une eau.

Posons en principe qu'une eau potable peut être impure, soit parce qu'elle contient un excès de matières minérales ou organiques en solution ou en suspension, soit parce qu'elle renferme des microbes pathogènes ou des ptomaïnes, toxines, sécrétées par eux.

Qu'entend-on par *épuration* ou *purification* d'une eau? Autrefois épurer une eau voulait dire la clarifier, lui donner un aspect plus engageant, lorsqu'elle n'était pas limpide, ou la débarrasser de certains sels calcaires ou magnésiens qu'elle contenait en excès.

En un mot, l'*épuration* d'une eau consistait à lui donner, quand elle ne les avait pas, quelques-uns des caractères exigés par l'annuaire des eaux de France : limpidité, aération, diminution de la quantité de sels en dissolution, etc.

Depuis que des études bactériologiques ont démontré que les eaux de boisson pouvaient être le moyen le plus ordinaire du transport de certains germes pathogènes, cette définition n'a plus été suffisante.

M. Gabriel Pouchet a magistralement résumé (1) ce que l'on doit entendre par purification ou épuration en disant : « Épurer une eau de boisson, c'est la séparer de tout ce qui est organisme vivant et n'y laisser que le moins possible de matières organiques, de façon à ce que le liquide constitue un mauvais milieu de culture. La proportion des sels minéraux et des gaz dissous ne tient plus qu'une faible place dans les préoccupations de l'hygiéniste, et l'on peut dire aujourd'hui qu'en France, à de très rares exceptions près, il n'existe pas d'eaux qui, privées d'organismes vivants et de matières organiques, ne constitueraient, au besoin, des eaux acceptables pour l'alimentation. »

Nous devons ajouter, en nous reportant à ce que nous avons dit plus haut au sujet des impuretés de l'eau, que purifier une eau doit encore signifier la priver de tous les produits toxiques (ptomaïnes, toxines, etc.) qu'elle peut renfermer.

---

(1) M. Gabriel Pouchet, *Épuration et stérilisation des eaux de boisson* (*Annales d'hygiène publique et de médecine légale*, avril 1891).

CHAPITRE II

PROCÉDÉS MÉCANIQUES

Les procédés mécaniques en usage pour améliorer les eaux sont : 1° l'agitation ; 2° la décantation ; 3° la filtration.

Article Ier. — Agitation

L'*agitation* consiste à faire tomber de l'eau d'une certaine hauteur sur des moellons ou des branchages. C'est plutôt une aération de l'eau qu'une purification véritable que l'on obtient. Il résulte cependant de certaines expériences de M. Belgrand que l'agitation ainsi pratiquée débarrasse les eaux incrustantes d'une partie du carbonate de chaux qu'elles tiennent en excès. M. Belgrand a fait une application de cette opération à la dérivation de la Dhuïs qui dessert Paris.

Article II. — Décantation

La *décantation*, ou *clarification de l'eau par le repos*, a pour effet de la priver de la plus grande partie des matières en suspension.

La décantation diminue le nombre des bactéries contenues dans l'eau ; c'est ce qui résulte des expériences de MM. Fol et Dunant. Ces savants ont montré, en opérant sur les eaux du lac de Genève, qu'une eau, très chargée de microbes (150.000 par centimètre cube), en perd 94 pour 100 après huit jours de repos.

Les matières en suspension dans l'eau se déposent par ordre de grosseur et de densité. Le dépôt se fait très lentement de telle sorte que, si l'on voulait que la décantation soit réellement efficace, il faudrait plusieurs jours et quelquefois plusieurs semaines. Ce temps très long nécessaire à cette opération est un sérieux inconvénient. Il oblige à construire des bassins d'une très grande surface et, par suite, d'un prix très élevé, s'il s'agit de fournir l'eau à une ville. A cause de leur grande surface, les bassins ne peuvent être recouverts et sont ainsi exposés à recevoir toutes les poussières soulevées par le vent. De là peut résulter une contamination de l'eau.

Arago disait, avec beaucoup de raison, que « le repos ne pouvait être adopté comme méthode de clarification de l'eau destinée à l'alimentation des villes et qu'on devait le considérer plutôt comme un moyen de la débarrasser de ce qu'elle renfermait de plus lourd et de plus grossier. »

La ville de Marseille nous fournit un exemple de ces bassins à décantation. Marseille est alimentée en eau de la Durance par un canal sur le parcours duquel se trouvent deux réservoirs à décantation. Le premier de ces réservoirs est situé à 12 kilomètres de la Durance; c'est celui de Saint-Christophe, près de Cadenet. Sa superficie est de 18 hectares. L'autre, appelé *bassin de Réaltor*, est beaucoup plus grand que le précédent puisqu'il a 67 hectares de surface; ce réservoir se trouve à 71 kilomètres de la Durance et à 14 kilomètres environ du territoire de Marseille.

La *décantation* est usitée en petit dans la plupart des ménages, en Camargue, à Arles et dans quelques villes situées sur le bord du Rhône, où l'on soumet au repos, dans des jarres en grès, l'eau plus ou moins trouble du fleuve. On boit cette eau après quelques jours de repos.

La *décantation* ne peut être recommandée que lorsqu'il s'agit de débarrasser une eau boueuse de ses impuretés les plus grossières avant de la soumettre à la filtration.

Article III. — Agitation et décantation réunies

L'*agitation* et la décantation sont les deux moyens naturels qui permettent aux fleuves, aux rivières et aux ruisseaux de s'assainir spontanément. Un fait avéré c'est qu'un fleuve, une rivière, un cours d'eau qui a traversé une ville voit ses eaux contaminées s'épurer ou du moins devenir moins impures, au fur et à mesure qu'il s'éloigne de cette ville.

Nous avons donné quelques exemples de cet assainissement spontané des fleuves et des rivières en traitant des eaux fournies par ces cours d'eau.

Article IV. – Filtration

La filtration de l'eau consiste à la faire passer à travers des corps poreux qui retiennent les impuretés insolubles de l'eau. La matière poreuse porte le nom de *filtre*.

Les matières employées pour le filtrage des eaux sont très nombreuses Le sable, la terre, les pierres poreuses, la porcelaine dégourdie, les éponges, la laine, le feutre, le charbon, le coke, etc.. ont été tour à tour préconisés pour la filtration des eaux.

Parmi ces matières, il en est qui n'ont qu'une action purement mécanique ; d'autres ont en outre des propriétés chimiques dont il y aura lieu de tenir compte.

Lorsqu'il s'agit de fournir de l'eau à toute une ville, les méthodes de filtration employées portent le nom de *filtration centrale*. Quand on filtre l'eau pour des habitations collectives ou pour des particuliers, on désigne cette opération sous le terme *filtration locale* ou *domestique*.

§ 1er. — Filtration centrale

Galeries filtrantes. — Les *galeries filtrantes* ont pour but de clarifier les eaux troubles de certains cours d'eau. Elles sont construites sur les rives et à peu de distance de ces cours d'eau. L'eau est collectée après avoir traversé une couche plus ou moins épaisse de gravier située au-dessous du niveau des eaux. Les dessins ci-contre montrent, d'après M. l'ingénieur Bechmann, les sections des galeries de Toulouse (fig. 95), Angers (fig. 96) et Lyon (fig. 97).

En 1825, Aubuisson a construit à Toulouse les premières galeries filtrantes qui fournirent une eau d'une qualité bien supérieure à celle des eaux souvent boueuses de la Garonne. Lyon, Nîmes, Angers, Nevers, Blois, etc, en France ; Nottingham et Perthen, Angleterre ; Dresde et Magdebourg, en Allemagne ; Gênes, en Italie, etc., imitèrent l'exemple de Toulouse et utilisèrent des galeries dont le principe reposait sur celles de cette ville.

On a reconnu depuis longtemps que les filtres de cette nature avaient plusieurs défauts qui, d'après M. le professeur Andouard de Nantes, sont les suivants :

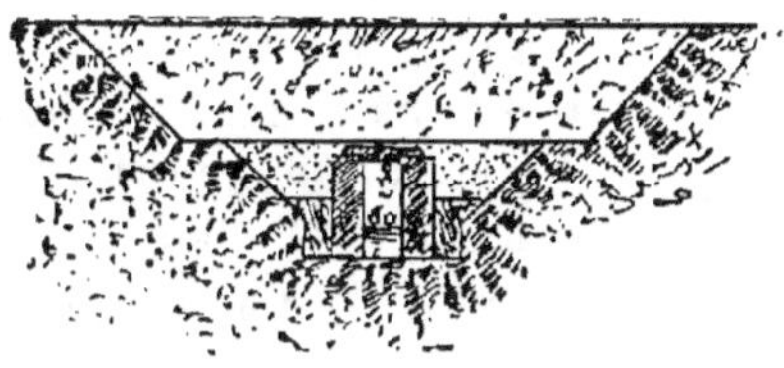

Fig. 95. — Galerie filtrante de Toulouse.

1° Leur plan inférieur, étant seul perméable, est bientôt le siège de fissures plus ou moins étendues qui livrent directement passage à l'eau du fleuve, sans l'épurer; 2° ils s'encrassent assez promptement et, comme on ne peut les nettoyer sans nuire à leur solidité, on est conduit à les abandonner et à les

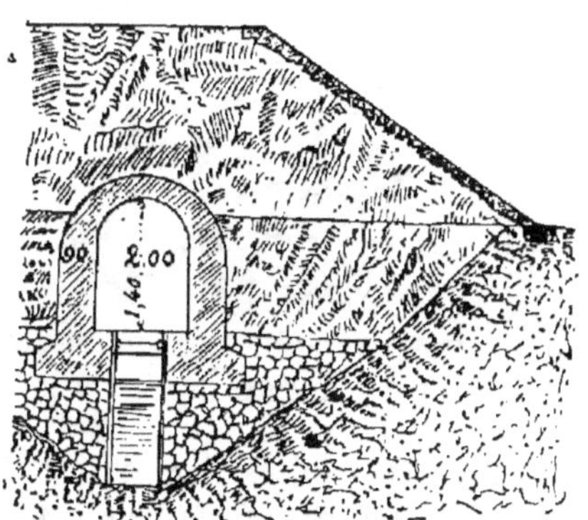

Fig. 96. — Galerie filtrante d'Angers.

remplacer par des galeries nouvelles; 3° le plus souvent, Belgrand l'a démontré, ils ne donnent pas l'eau du fleuve, mais celle d'une nappe souterraine, dont le niveau est différent et dont la richesse, en sels minéraux et en matières organiques, est plus élevée que celle des eaux courantes.

Le deuxième de ces inconvénients est celui qui a donné le plus de mécomptes. Les galeries de Lyon, Toulouse, Angers, n'ont plus fourni, au bout d'un certain temps, la quantité d'eau sur laquelle on comptait et l'on a dû les prolonger à très grands frais.

M. l'ingénieur Bechmann (1), après avoir exposé que l'on a récemment préféré construire des puits de captation spéciaux, au lieu de galeries, dit que « le système des galeries captantes peut rendre de bons services dans des cas spécialement favorables, mais n'est pas susceptible d'applications aussi générales qu'on pourrait le croire au premier abord. Les principales conditions du succès sont le choix du terrain qui doit être perméa-

Fig. 97. — Galerie filtrante de Lyon.

ble, plutôt graveleux que de sable fin, mais point vaseux, puis l'abondante alimentation et la grande épaisseur de la nappe. »

Puits filtrants de Lefort. — C'est précisément pour éviter les inconvénients des galeries filtrantes dans le voisinage des fleuves et rivières, que M. l'ingénieur en chef Lefort a proposé la construction de puits filtrants, dits *puits Lefort*, dont les essais faits à Beaulieu près de Nantes ont donné d'excellents résultats.

Les premières expériences ont été faites, en 1890, sur un puits construit, suivant les indications de M. Lefort, à la grève de l'île de Beaulieu, sur la Loire. Le puits a été établi en un point

(1) Bechmann, *loc. cit.*

où se trouve, sur une hauteur de 1 mètre environ, du sable jaune très pur et d'un grain convenable à l'opération projetée, reposant sur une couche de sable vert de moins de 1 mètre, superposée elle-même à une épaisse couche de vase compacte.

L'appareil filtrant de M. Lefort se compose d'un puits cylindrique en maçonnerie, de 2 mètres de diamètre intérieur, parfaitement étanche de toutes parts et dont les parois latérales sont percées de huit rangs de six barbacanes chacun, espacés de 50 centimètres entre eux. Le fond du puits est à 2 m. 47 en contre-bas de l'étiage. Sa profondeur est de 7 m. 44.

Chaque barbacane est un cube creux, en ciment, dont la cavité, en forme de tronc de pyramide rectangulaire, est remplie de menus fragments de sable granité maintenus par deux toiles de laiton encastrées dans la barbacane. Un tube cylindrique, de 10 centimètres de diamètre, fait suite au tronc de pyramide et sert d'orifice d'écoulement dans le puits; il est fermé par un bouchon métallique à vis. Les barbacanes sont logées dans l'épaisseur de la maçonnerie (fig. 97); elles peuvent être facilement retirées, lorsqu'il est nécessaire soit de les nettoyer, soit de les remplacer. Autour du puits a été amoncelée une couche *tronc-conique* de sable (fig. 98) dont la plate-forme supérieure a 10 mètres de rayon; la base a 15 mètres de rayon, le puits non compris. Cette masse de sable est protégée contre l'action du courant par un perré de pierres sèches recouvert par des enrochements. Enfin, un escalier intérieur permet de descendre au fond du puits.

M. le professeur Andouard de Nantes, à qui nous devons tous les renseignements relatifs au puits Lefort, a analysé l'eau fournie par cet appareil filtrant et il résulte de ses analyses que c'est bien l'eau de la Loire qui pénètre dans le puits et non pas celle d'une nappe souterraine, ainsi qu'il arrive dans certaines galeries filtrantes. Sous le rapport des éléments minéraux et des substances organiques dissous, elle est irréprochable : légère, aérée, agréable au goût, elle a tous les caractères des eaux potables du meilleur aloi.

L'analyse bactériologique qui a été confiée à MM. Chantemesse, Vaillard et Miquel, a montré que le puits filtrant avait pour effet de diminuer considérablement le nombre de microbes. Dans une expérience, il y a eu 130 fois moins de bactéries que dans l'eau du fleuve et, dans une autre, 182 fois moins, malgré les conditions relativement défectueuses du puits au point de vue de l'infection microbienne. En effet, les sables dont il était constitué n'avaient subi aucune purification avant leur mise en place et, d'autre part, le puits était resté ouvert depuis sa construction. L'escalier central qu'on y a installé est en bois et il a été fréquemment parcouru par des hommes dont les pieds et les mains ont certainement contribué à le souiller. Comme le dit M. Andouard, lorsque le puits sera fermé, lorsque les poussières atmosphériques et les détritus humains n'y pourront plus entrer, il est vraisemblable que l'eau récélera encore moins de micro-organismes qu'aujourd'hui.

M. le professeur Andouard résume de la façon suivante les avantages du puits filtrant de M. Lefort :

1° Il donne l'eau du fleuve lui-même et non celle de nappes souterraines qui lui seraient inférieures en qualité ;

2° Cette eau est merveilleusement limpide, agréable à boire et très peu chargée de microorganismes ;

3° Il débite plus d'eau filtrée que tous ses congénères ;

4° Il s'engorgera vraisemblablement beaucoup moins vite que les puits et les galeries analogues antérieurement aménagés ;

5° Il est facile de le nettoyer à l'intérieur et à l'extérieur, de vérifier la qualité de l'eau fournie par chaque barbacane et d'obturer les ouvertures qui laisseraient couler de l'eau mal purifiée, cela sans interrompre la distribution de l'eau dans la ville, puisque chaque puits peut être isolé des autres, en cas de besoin ;

6° En admettant qu'il vienne à s'engorger, il peut être aisément régénéré par le remplacement de tout ou partie du massif de sable qui le constitue ;

7° Il fonctionne avec une pression faible et variable à volonté et il permet de puiser l'eau dans les couches les plus favorables, grâce à ses barbacanes multiples, que l'on ouvre ou que l'on ferme suivant la hauteur du fleuve ;

8° Son installation est moins onéreuse que celle des galeries filtrantes, bien moins encore que l'adduction de sources éloignées, qui, du reste, font ici défaut, dans un rayon abordable.

M. le professeur Gabriel Pouchet, dans un rapport où il s'agissait de répondre à une lettre de M. le maire de Cherbourg, proposant d'adopter les puits filtrants de Lefort pour épurer les eaux de cette ville, disait que le puits filtrant installé à Nantes se trouvait dans des conditions tout à fait exceptionnelles qui permettaient de réaliser l'*optimum* du fonctionnement

Fig. 98. — Puits filtrant Lefort.

de ce système. Situé en effet au milieu d'un fleuve rapide comme la Loire à Nantes, ce puits est dans des conditions presque impossibles à réaliser ailleurs. Le courant du fleuve s'exerçant parallèlement à la plus grande surface du filtre de sable, tend à entraîner les dépôts qui viendraient s'appliquer à cette surface et détermineraient, à la longue, le colmatage du filtre ; le mouvement perpétuel des eaux du fleuve avec ses alternatives de flot et de jusant, de crue et d'étiage, de submersion et de contact avec l'air des parois d'une grande partie du filtre, en produit le nettoyage soit par lavage, soit par oxydation ; la surface du filtre est sans cesse agitée, nettoyée, renouvelée, ce qui est à peu près irréalisable pour toute autre installation.

En résumé, le puits filtrant de M. Lefort présente, comme tous les systèmes de filtration en général, le grave inconvénient du non-renouvellement de la matière filtrante. Comme tous ces systèmes, il n'enlève pas toutes les bactéries d'une eau, mais il en diminue seulement le nombre. On obtient donc une clarification, une amélioration de l'eau, mais non sa purification complète.

Pour ces raisons, le puits de M. Lefort ne peut être employé que dans des cas spéciaux dont Nantes offre le meilleur des exemples.

Filtres à sable. — Les filtres à sable, permettant de filtrer de grandes masses d'eau, ont été d'abord employés en Angleterre, puis en France, en Allemagne, aux États-Unis et dans la plupart des pays civilisés.

D'une manière générale, l'eau est soumise, avant d'arriver dans les filtres, à la décantation dans des bassins spéciaux ; de là, elle est dirigée sur les bassins filtrants où elle traverse des couches d'épaisseurs diverses de sable, de cailloux et de moellons. L'eau traversant les pores d'une couche assez épaisse de sable se débarrasse mécaniquement des matières en suspension. La proportion des matières organiques diminue également et cette diminution est due à une action chimique attribuée à l'air emprisonné dans les pores du sable. Les eaux incrustantes abandonnent par filtration, à travers le sable, une certaine quantité de chaux ; elles dissolvent par contre une petite proportion de sels empruntés aux sables.

Théorie de la filtration. — De nombreux ingénieurs et hygiénistes se sont occupés de cette question. Darcy a d'abord dit que « la vitesse de l'eau à travers un sable donné est proportionnelle à la perte de charge par mètre de parcours »; ce qui revient à dire plus simplement que le volume d'eau qui passe à travers une couche de sable donné est proportionnel à la charge ou pression et en raison inverse de l'épaisseur de la couche traversée. On peut donc augmenter le débit d'un filtre en augmentant la pression ou charge ou en diminuant l'épaisseur du sable. Mais, comme le fait justement remarquer M. l'ingénieur Bechmann (1), *ce qu'on gagne en vitesse, on le perd en efficacité*, il convient donc de se livrer dans chaque cas à une série de tâtonnements pour déterminer les conditions les plus convenables et obtenir une purification complète sans dépasser les limites pratiques pour les dimensions des ouvrages et la durée des opérations.

Cette loi de Darcy n'est pas aussi simple qu'elle le paraît et plusieurs facteurs de différents ordres viennent la modifier. C'est ainsi que M. Clavenad assimile la filtration à un simple phénomène de capillarité tandis que, de son côté, M. Prothière a constaté que la température influe considérablement sur la vitesse d'écoulement de l'eau dans les filtres. Il doit certainement exister des relations mathématiques pour un même sable entre la pression, la température et la vitesse du passage de l'eau. Pratiquement la vitesse d'écoulement de l'eau dans les filtres ne doit pas dépasser 100 millimètres à l'heure et l'épaisseur de la couche de sable ne doit pas être inférieure à 50 centimètres.

On a cru pendant longtemps que l'action filtrante du sable était due à la ténuité des pores de la substance employée. M. le docteur Koch de Berlin a dernièrement établi que la filtration proprement dite n'a pas lieu dans le sable, mais qu'elle est produite par la couche de limon qui se forme à sa surface. Cette couche de limon serait, d'après Koch, le véritable filtre destiné à retenir les impuretés en suspension dans l'eau.

Description de quelques filtres. — La figure 99 représente un des filtres de la compagnie Lambeth de Londres. Il se compose 1° de conduites de drainage reposant sur le fond du réservoir et construites en briques ou en pierres posées à sec ; 2° d'une

(1) Bechmann, *loc. cit.*

couche de moellons; 3° d'une couche de cailloux; 4° d'une couche de gravier; 5° d'une couche de sable fin.

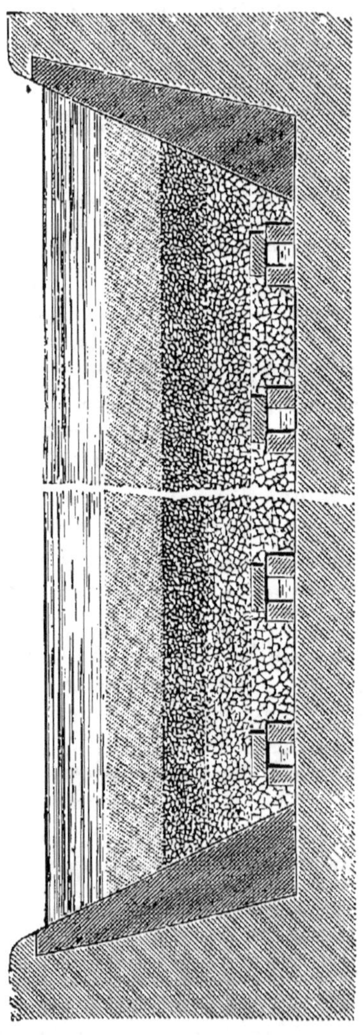

Fig. 99. — Puits de la Compagnie Lambeth, filtration de haut en bas.

Le filtre de Dunkerque est disposé de manière à ce que l'on puisse opérer, à un moment donné, le renversement du sens de l'écoulement des eaux. Ce changement du sens de l'écoulement

a pour effet de déboucher les pores obstruées du sable quand
le filtre fournit assez d'eau.

La couche de sable, qui est à la surface des filtres, peut varier de 50 centimètres à 2 mètres. Les couches successives de
gravier, de cailloux et de moellons empêchent l'entraînement
du sable par l'eau et maintiennent un volume permanent d'eau
dans le bassin filtrant, de manière à éviter les productions de
courants.

Nettoyage des filtres. — Le débit a une tendance à diminuer
au fur et à mesure de son fonctionnement. On conçoit aisément
que le sable, en retenant les matières en suspension dans l'eau,
est de moins en moins perméable et finit même par ne plus
laisser passer l'eau.

On doit procéder alors à un nettoyage du filtre. Ce nettoyage
se fait, soit en enlevant la couche supérieure du sablé, soit en
le remplaçant complètement par du sable neuf.

Le nettoyage nécessite l'arrêt du fonctionnement du filtre. Il
faut donc, quand il s'agit de fournir de l'eau à une agglomération, construire deux ou plusieurs bassins filtrants de telle sorte
que, pendant le nettoyage de l'un d'eux, la distribution d'eau ne
soit pas interrompue.

**Moyens employés pour s'assurer du bon fonctionnement des
filtres.** — Autrefois, on s'assurait de la qualité de l'eau filtrée
à l'aide de l'analyse chimique, qui, comme on l'a vu, ne peut
donner des indications que sur les substances solubles de l'eau.
Il suffisait donc qu'une eau soumise à la filtration ne renfermât
ni nitrites, ni ammoniaque pour qu'elle fût reconnue bonne.

Plus tard, pour juger du fonctionnement des filtres de sable,
on comparait le degré de transparence de l'eau avant et après
la filtration. On se servait pour cela de longs tubes ou cylindres,
en verre ou en métal, désignés sous le nom d'*explorateurs d'eau*,
qui permettaient de voir l'eau sous une certaine épaisseur.

L'analyse chimique seule est incapable de nous renseigner
sérieusement sur le bon fonctionnement d'un filtre; celui-ci ne
retenant que les matières en suspension. D'un autre côté, les
explorateurs d'eau ne font que nous avertir de l'insuffisance de
limpidité d'une eau. Or, nous avons vu qu'une eau, même très
limpide, pouvait renfermer des bactéries pathogènes.

L'examen bactériologique peut seul trancher la question et
c'est à lui que l'on devra s'adresser toutes les fois que l'on

voudra être fixé sur le bon fonctionnement d'un appareil filtrant.
L'analyse bactériologique quantitative sera la plupart du temps
suffisante. On comptera les bactéries avant et après le passage
de l'eau dans le filtre et l'on devra toujours constater, si le
filtre fonctionne bien, une très grande diminution du nombre
des bactéries.

Avantages de la filtration en grand. — Les avantages que l'on
peut retirer d'une filtration en grand bien ordonnée devront
être pris en sérieuse considération, quand il s'agira de purifier
les eaux de fleuves ou de rivières souillées par les déjections et
par les eaux d'égouts des villes qui se trouvent sur leur parcours. Les filtres ne donnent jamais de l'eau bactériologiquement pure, mais le nombre des microbes est réduit dans une
proportion telle que les dangers provenant de la consommation
d'une eau souillée filtrée sont considérablement amoindris s'ils
ne sont complètement écartés. Cette diminution du nombre des
microbes peut être mise en relief à l'aide du tableau suivant qui
résume les dosages bactériologiques effectués à Altona par
M. Weisser et publiés par M. le docteur Koch de Berlin.

Teneur en germes de l'eau des conduites d'eau d'Altona.

<table>
<tr><th rowspan="2">Février</th><th colspan="10">FILTRES</th><th rowspan="2">R. F.</th><th rowspan="2">E.</th><th rowspan="2">OBSERVATIONS</th></tr>
<tr><th>1</th><th>2</th><th>3</th><th>4</th><th>5</th><th>6</th><th>7</th><th>8</th><th>9</th><th>10</th></tr>
<tr><td>1</td><td></td><td></td><td></td><td></td><td></td><td></td><td></td><td>832</td><td></td><td></td><td>154</td><td>28,520</td><td rowspan="26">N. F. — Nettoyage du filtre.

R. F. — Réservoir d'eau filtrée.

E. — Eau d'Elbe avant la filtration.</td></tr>
<tr><td>2</td><td colspan="5">88</td><td>212</td><td></td><td>550</td><td colspan="2">908</td><td>142</td><td>35,340</td></tr>
<tr><td>3</td><td colspan="5">106</td><td>374</td><td></td><td>N. F.</td><td>76</td><td>636</td><td>110</td><td>40,920</td></tr>
<tr><td>4</td><td colspan="5">123</td><td>276</td><td></td><td>208</td><td>96</td><td>530</td><td>146</td><td>31,360</td></tr>
<tr><td>5</td><td colspan="5">176</td><td>206</td><td></td><td>544</td><td>84</td><td>362</td><td>105</td><td>33,480</td></tr>
<tr><td>6</td><td colspan="5">418</td><td>306</td><td></td><td>401</td><td>82</td><td>334</td><td>68</td><td>39,680</td></tr>
<tr><td>7</td><td colspan="5">234</td><td>204</td><td></td><td>446</td><td>94</td><td>N. F.</td><td>94</td><td>41,660</td></tr>
<tr><td>8</td><td>50</td><td>22</td><td>40</td><td>24</td><td>28</td><td>136</td><td>146</td><td>368</td><td>84</td><td>152</td><td>130</td><td>25,560</td></tr>
<tr><td>9</td><td>48</td><td>28</td><td>N. F.</td><td>32</td><td>54</td><td>194</td><td>152</td><td>182</td><td>64</td><td>122</td><td>72</td><td>44,140</td></tr>
<tr><td>10</td><td>108</td><td>50</td><td>88</td><td>20</td><td>28</td><td>120</td><td>98</td><td>110</td><td>58</td><td>112</td><td>126</td><td>42,160</td></tr>
<tr><td>11</td><td>68</td><td>60</td><td>76</td><td>78</td><td>36</td><td>140</td><td>N. F.</td><td>126</td><td>76</td><td>204</td><td>152</td><td>34,100</td></tr>
<tr><td>12</td><td>72</td><td>58</td><td>240</td><td>60</td><td>38</td><td>110</td><td>288</td><td>80</td><td>70</td><td>282</td><td>82</td><td>26,040</td></tr>
<tr><td>13</td><td>34</td><td>30</td><td>560</td><td>48</td><td>28</td><td>82</td><td>214</td><td>186</td><td>86</td><td>374</td><td>104</td><td>24,800</td></tr>
<tr><td>14</td><td>40</td><td>46</td><td>354</td><td>24</td><td>18</td><td>52</td><td>164</td><td>142</td><td>46</td><td>364</td><td>142</td><td>34,080</td></tr>
<tr><td>15</td><td>26</td><td>28</td><td>76</td><td>14</td><td>18</td><td>44</td><td>74</td><td>48</td><td>26</td><td>72</td><td>49</td><td>40,360</td></tr>
<tr><td>16</td><td>38</td><td>26</td><td>84</td><td>24</td><td>22</td><td>52</td><td>76</td><td>60</td><td>N. F.</td><td>120</td><td>78</td><td>25,420</td></tr>
<tr><td>17</td><td>20</td><td>36</td><td>156</td><td>N. F.</td><td>22</td><td>48</td><td>82</td><td>86</td><td>324</td><td>130</td><td>95</td><td>26,400</td></tr>
<tr><td>18</td><td>26</td><td>18</td><td>102</td><td>54</td><td>32</td><td>54</td><td>112</td><td>72</td><td>82</td><td>126</td><td>91</td><td>26,440</td></tr>
<tr><td>19</td><td>24</td><td>20</td><td>88</td><td>78</td><td>28</td><td>44</td><td>98</td><td>82</td><td>64</td><td>102</td><td>70</td><td>24,800</td></tr>
<tr><td>20</td><td>26</td><td>22</td><td>70</td><td>104</td><td>24</td><td>36</td><td>96</td><td>88</td><td>34</td><td>78</td><td>46</td><td>19,840</td></tr>
<tr><td>21</td><td>20</td><td>14</td><td>80</td><td>68</td><td>N. F.</td><td>34</td><td>96</td><td>44</td><td>30</td><td>152</td><td>50</td><td>34,720</td></tr>
<tr><td>22</td><td>34</td><td>N. F.</td><td>46</td><td>62</td><td>158</td><td>34</td><td>68</td><td>36</td><td>64</td><td>»</td><td>42</td><td>18,250</td></tr>
<tr><td>23</td><td>46</td><td>246</td><td>52</td><td>66</td><td>138</td><td>46</td><td>56</td><td>54</td><td>72</td><td>174</td><td>68</td><td>14,560</td></tr>
<tr><td>24</td><td>22</td><td>42</td><td>32</td><td>36</td><td>72</td><td>22</td><td>72</td><td>76</td><td>34</td><td>44</td><td>54</td><td>11,080</td></tr>
<tr><td>25</td><td>18</td><td>36</td><td>80</td><td>28</td><td>48</td><td>16</td><td>48</td><td>42</td><td>36</td><td>38</td><td>48</td><td>12,360</td></tr>
<tr><td>26</td><td>14</td><td>20</td><td>24</td><td>21</td><td>34</td><td>12</td><td>40</td><td>36</td><td>28</td><td>34</td><td>32</td><td>9,370</td></tr>
</table>

Le travail de M. le docteur Koch (1) nous démontre que, si la ville d'Altona a été préservée du choléra, en 1892, c'est grâce à ce fait que l'eau d'Elbe est soumise à la filtration avant

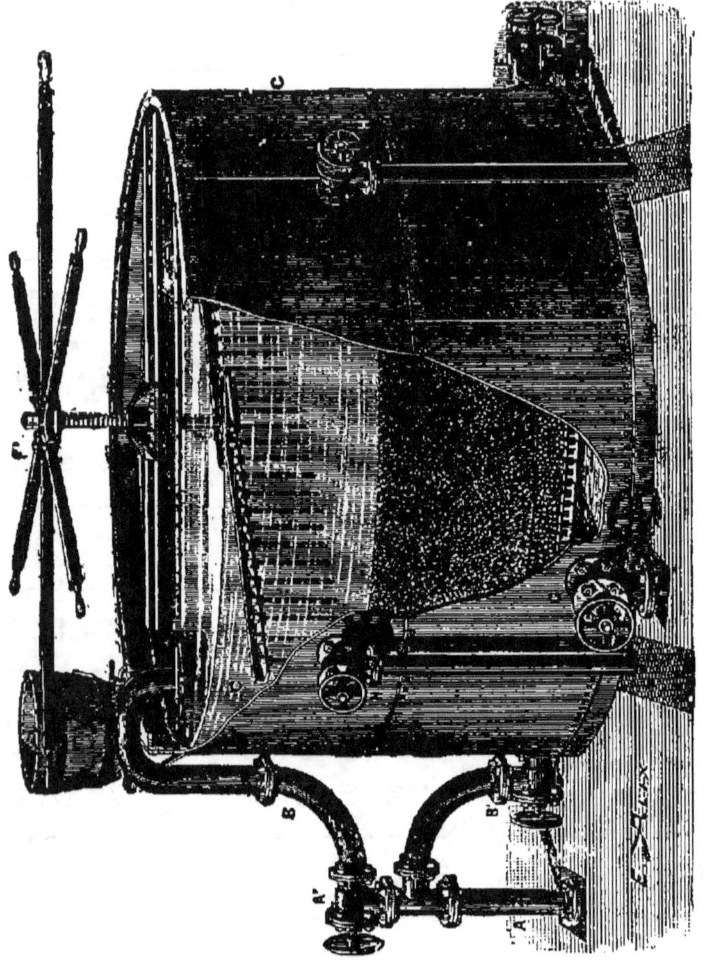

Fig. 100. — Filtre Howatson.

d'être bue. A Hambourg, où l'eau d'Elbe est consommée non filtrée, le choléra a sévi avec une intensité extraordinaire et a fait de nombreuses victimes.

(1) Koch, *Semaine médicale* du 23 juin 1893.

La filtration en grand peut rendre de sérieux services, à la condition que les filtres fonctionnent régulièrement et soient l'objet d'une surveillance constante.

Filtre Howatson. -- C'est un filtre à sable dans lequel, ainsi que le montre la fig. 100, l'eau arrive par les tubes A A' B, traverse la couche filtrante D et sort par la partie inférieure.

La partie F F' C permet le nettoyage du filtre en agitant la couche supérieure du sable. La vis F F' sert à régler la profondeur de la couche filtrante qui doit être remuée.

Filtres en pierre artificielle. — J. Arnould a décrit ainsi qu'il suit (1), d'après Bernard Fischer, les *filtres en pierre artificielle* ou *filtres de Fischer-Peters* : « On fait, avec du sable de rivière lavé, d'une grosseur de grains déterminée, agglutiné au moyen d'un silicate de soude calcaire, des plaques creuses de 1 mètre de hauteur, autant de large sur 0,10 mètre d'épaisseur, qui sont ensuite cuites au feu. Quand on immerge dans l'eau une de ces pierres artificielles poreuses, l'eau y pénètre par tous les côtés et arrive, purifiée par son passage à travers les parois, dans l'espace vide intérieur, d'où l'on peut, à l'aide d'un tuyau introduit par la partie inférieure de la pierre, la conduire au dehors. »

Ces filtres, qui ont été essayés à Worms et à Kiel, ne fournissent pas une eau complètement exempte de germes et ne nous paraissent pas donner de meilleurs résultats que les filtres sable.

<h3 style="text-align:center">§ 2. — FILTRATION DOMESTIQUE</h3>

Les filtres les plus employés sont les suivants : les petits filtres à sable, la fontaine à pierre filtrante, le filtre Maignen, ceux de Chamberland et de Mallié et celui de Berkefeld.

Petits filtres à sable. — Il existe différentes dispositions de ces filtres.

L'un de ces appareils se compose de deux vases superposés : le vase supérieur est percé à la partie inférieure de très petits trous; c'est au-dessus de ces trous que l'on met une couche

(1) J. Arnould, *La stérilisation de l'eau* (*Revue d'hygiène*, XV, p. 501, 1893), et *Nouveaux éléments d'hygiène*, 3e édition, Paris, 1895, p. 206.

plus ou moins épaisse de sable fin. Le sable est lui même recouvert d'une plaque en poterie de terre percée de trous. Le vase inférieur est muni d'un robinet. Il est destiné à recevoir l'eau au fur et à mesure qu'elle a passé à travers le sable.

Ces filtres sont les plus mauvais qui puissent exister. Certes, on ne saurait nier que lorsqu'un filtre est neuf, c'est-à-dire lorsque le sable est propre, il peut retenir quelques bactéries en même temps que certains corps plus ou moins ténus ; mais il ne peut, même au début, empêcher de passer un grand nombre de bactéries. Il y a plus : au bout de très peu de temps, par suite de l'accumulation des microbes dans le sable et dans tout l'appareil, le nombre qu'en contient l'eau filtrée est plus grand qu'avant la filtration.

On doit considérer ces appareils comme des clarificateurs, et non comme de véritables filtres. Le public doit être mis en garde contre les marchands de semblables appareils qui prétendent presque toujours que leurs filtres possèdent les meilleures qualités.

Bien que ces filtres soient défectueux, ils sont très employés dans certaines villes. A Marseille, par exemple, presque tous les ménages possèdent un de ces filtres au sable.

Nous conseillons aux personnes, qui, par habitude ou pour toute autre raison, se servent de ces filtres, des lavages très fréquents, à l'aide de l'eau bouillante, du sable et de tout l'appareil.

Fontaine à pierre filtrante. — La fontaine à pierre lithographique, si ancienne et si répandue à Paris, est un filtre dans le genre du précédent où le sable est remplacé par des pierres lithographiques soudées aux parois de l'appareil. Cette soudure est souvent très mal faite ; en outre, la filtration est extrêmement lente, de telle sorte que l'eau séjourne trop longtemps avec les dépôts de toute nature qui se sont formés et qu'elle s'échauffe, en été, au point de ne plus être buvable.

L'usage de ces fontaines filtrantes ne peut pas plus être recommandé que celui des petits *filtres à sable*.

Filtre Maignen. — Le procédé anglais de Maignen consiste à filtrer l'eau sur un mélange de charbon animal et de poudre d'amiante que l'auteur appelle *carbo-calcis*.

Ce mélange est placé sur une chausse d'amiante dans des

appareils spéciaux dont le principe est toujours le même. La disposition seule diffère selon l'usage auquel l'appareil est destiné. Il existe, en effet des filtres de voyage, des filtres de table, des filtres à poche, de soldat, d'hôpital, de campagne, et enfin de grands filtres qui peuvent servir pour les grandes et petites agglomérations.

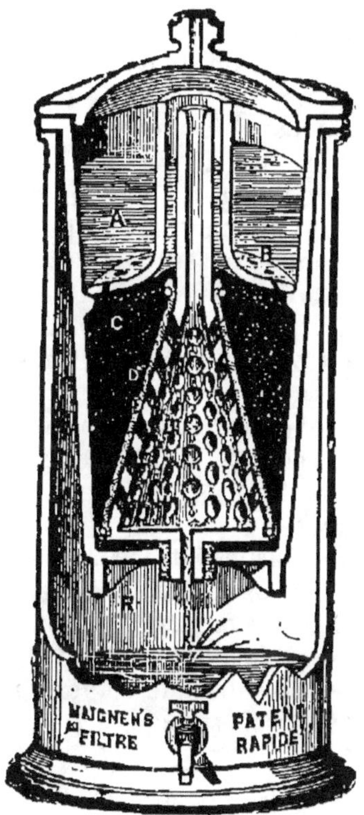

Fig. 101. — Filtre Maignen.

Fig. 102. — Addition de la
poudre carbo-calcis.

Filtre de ménage. — Le filtre de ménage se compose, comme le montre la figure 101 : 1° d'un réservoir; 2° du récipient qui contient le mélange de *carbo-calcis* F; 3° d'une chausse en amiante E.

Préparation du filtre. — La préparation du filtre est assez simple. On doit d'abord recouvrir la chausse d'amiante, sur toute sa surface extérieure, d'une couche de *carbo-calcis* (fig. 102).

Pour cela, on délaye le carbo-calcis en poudre fine avec une certaine quantité d'eau de façon à obtenir un liquide chargé de *carbo-calcis*. On agite et on verse le tout sur la chausse en amiante. Le *carbo-calcis* en suspension dans l'eau se dépose sous forme d'une couche régulière, et l'eau passe à travers la chausse. On remplit avec du *carbo-calcis* en grains l'espace compris entre les parois du vase et le tissu recouvert de carbo-calcis en poudre fine. On place le déversoir, et on met de l'eau dans le récipient F. On laisse couler pendant un quart d'heure ou demi-heure, et le filtre est prêt à donner de l'eau filtrée.

On voit par l'examen de la figure 69 que l'air arrive dans le châssis-filtre par une tubulure et par un petit trou pratiqué dans le couvercle et que l'on bouche avec un petit tampon de coton. On doit de temps à autre laver tout l'appareil et changer le mélange de charbon et d'amiante. Si l'on veut utiliser le même mélange, il faut le calciner *avant* de l'employer.

Filtre robinet. — Le filtre, dit de *robinet*, s'adapte à un robinet auquel il est suspendu. Son débit peut varier de 5 à 15 litres par heure.

Filtre de conduite. — Les filtres de conduite peuvent fournir de 20 à 200 litres par heure. On place généralement cet appareil en un point de la conduite au bas de la maison de manière à fournir de l'eau filtrée à tous les étages.

Nous ne croyons pas utile de décrire tous les filtres Maignen qui ont été employés; nous nous contenterons d'indiquer la dernière modification du procédé Maignen. Elle consiste à traiter l'eau, avant de la filtrer, par un mélange de carbonate de soude, de chaux et d'alun. La composition chimique d'une eau ainsi traitée est tellement modifiée qu'elle n'est plus, à notre avis, propre à la consommation.

M. Maignen a également appliqué son procédé à la purification des eaux industrielles à l'aide de l'appareil représenté par la fig. 103.

L'eau arrive sur une roue qui distribue automatiquement la poudre anticalcaire de Maignen Le mélange se fait surtout dans un cône renversé contenu dans le cylindre de gauche. Les flèches indiquent la direction que suit l'eau circulant dans cet appareil.

Quelques auteurs prétendent que le procédé Maignen présente de grands avantages et possède la propriété de priver l'eau, non seulement des germes qu'elle peut contenir, mais

encore des matières toxiques qui peuvent avoir été dissoutes.
Certes, quelques substances toxiques peuvent être retenues
par le charbon animal, mais les ptomaïnes et autres produits
de sécrétion des microbes peuvent-ils être complètement rete-
nus par un semblable appareil? Il nous est permis d'en douter
jusqu'à preuve du contraire.

D'ailleurs, d'après M. Gabriel Pouchet, « le filtre Maignen
donne au début de bons résultats ; mais, au bout de peu de temps,
il laisse passer les bactéries et devient par conséquent sujet à
caution. »

Lorsqu'on veut une filtration sérieuse, on doit avoir recours
aux appareils en porcelaine poreuse dont nous allons parler.

Filtre Chamberland. — C'est le plus connu et le plus employé,
au moins en France, de tous les filtres. Ce filtre donne, quand
il est bien nettoyé et entretenu, de l'eau bactériologiquement
pure. C'est ce qui résulte des expériences de Miquel, de Fol et
Dunant, et de celles, plus récentes, de Guinochet (1).

MM. Boulet et Cie ont construit différents types d'appareils
pour la filtration des eaux ayant tous pour principe la bougie
en porcelaine poreuse et dégourdie. Ces appareils fonctionnent
avec ou sans pression. Les uns sont destinés aux usages domestiques, les autres servent pour les agglomérations, les troupes en campagne, etc.

Nous décrirons les filtres en « biscuit » de porcelaine les plus
employés.

Appareil Chamberland pour usages domestiques (fig. 104). —
Il se compose d'une bougie creuse A en porcelaine dégourdie,
fermée à l'un de ses bouts et ouverte à l'autre extrémité. Cette
dernière est garnie d'une bague émaillée percée d'un trou pour
l'écoulement de l'eau. La bougie en porcelaine se place dans
un tube métallique D, muni d'un robinet que l'on soude sur la
conduite d'eau. Un écrou construit de manière à être serré à
la main et une rondelle en caoutchouc placée sur la bague
émaillée B permettent d'obtenir une fermeture hermétique entre le tube métallique et la bougie filtrante.

L'eau arrive donc du robinet, remplit l'espace clos et, sous
l'action de la pression, filtre lentement à travers la porcelaine
et vient s'écouler par l'extrémité ouverte de la bougie. Le débit

____

(1) Guinochet, *Les eaux d'alimentation*. Paris, 1895.

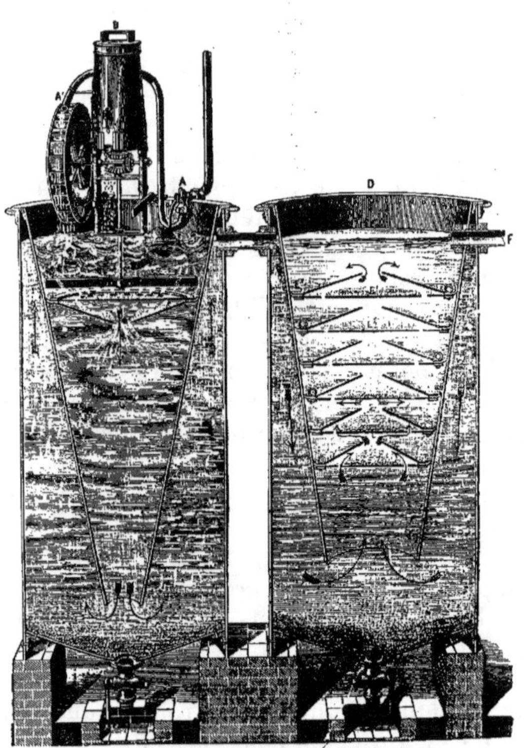

Fig. 103. — Epurateur automatique (système Maignen).

A A' B, distributeur automatique de poudre anticalcaire ; C, saturateur ; D, décanteur ; E E' E'. pour le repos des précipités légers. Les précipités lourds restent au fond des deux cuves. L'eau épurée sort en F.

d'une seule bougie, ayant 20 centimètres de longueur et 25 millimètres de diamètre, est de 30 litres d'eau par vingt-quatre heures, sous une pression moyenne de 2 atmosphères.

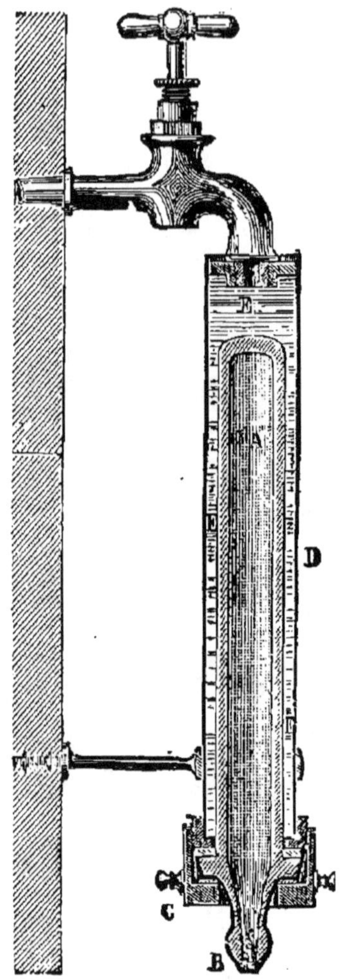

Fig. 104. — Filtre Chamberland.

Le nettoyage de ce filtre est extrèmement simple. La filtration de l'eau se faisant du dehors au dedans de la bougie, il en résulte que la surface extérieure seule de celle-ci est souillée. Il suffit donc de retirer la bougie avec précaution et de la bros-

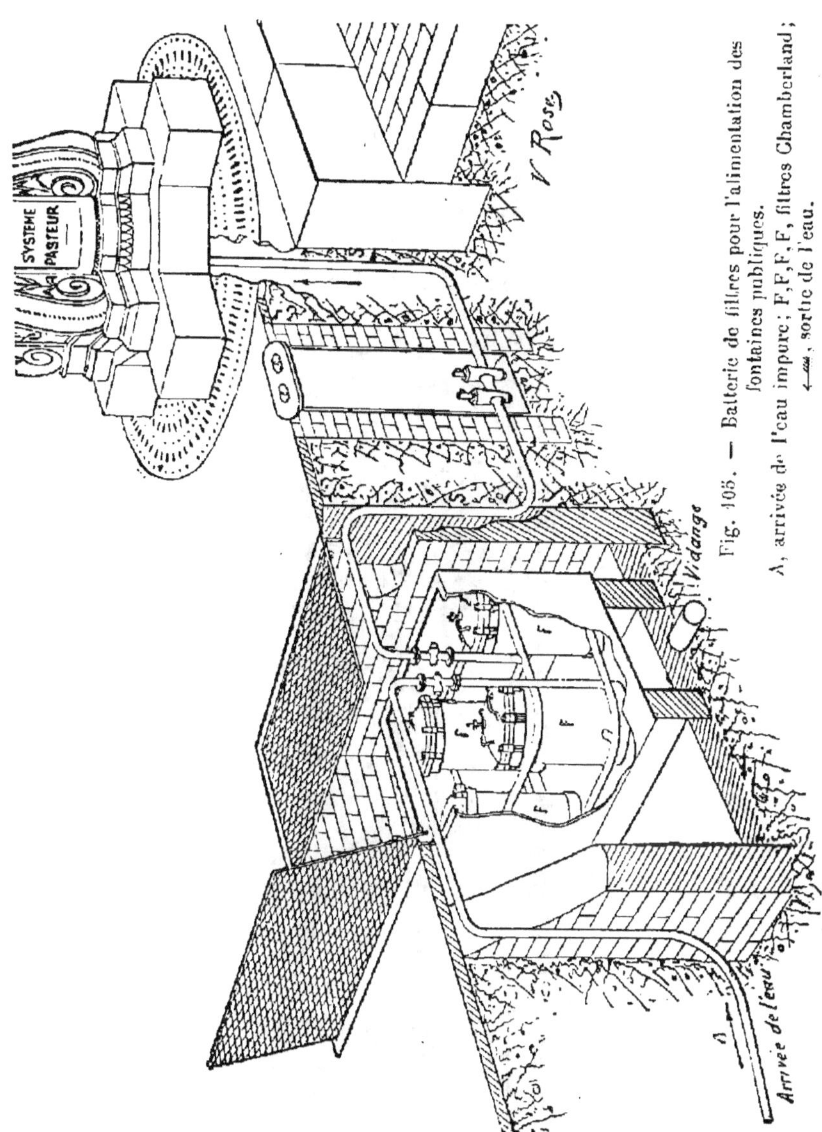

Fig. 105. — Batterie de filtres pour l'alimentation des
fontaines publiques.

A, arrivée de l'eau impure; F,F,F,F, filtres Chamberland;
←, sortie de l'eau.

ser soigneusement. On peut encore, et cela est même préférable, plonger la bougie dans l'eau bouillante pour la stériliser.

Nous verrons bientôt que ce nettoyage n'est pas toujours suffisant. Nous avons fréquemment constaté que les bougies en

porcelaine qui ont servi à filtrer des eaux chargées en bicar-

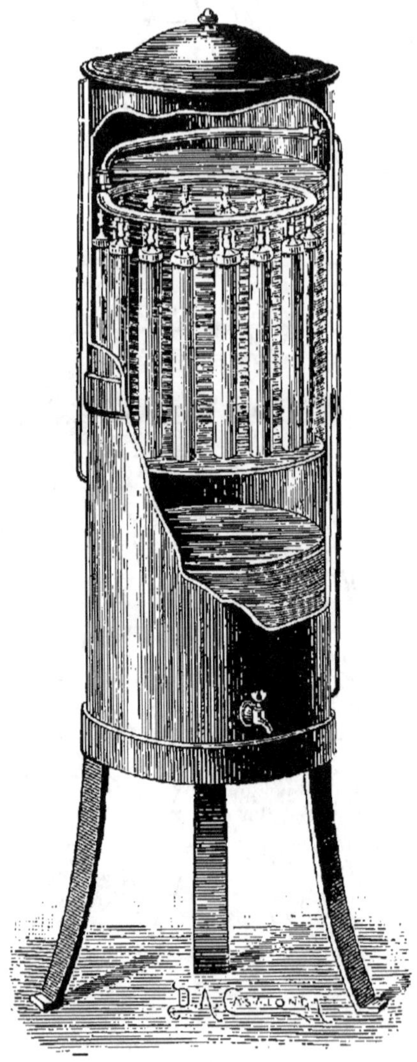

Fig. 106. — Filtre Chamberland, filtre de ménage sans pression.

bonate de chaux finissent par ne plus fonctionner par suite des
incrustations qui se produisent. Il faut alors les plonger dans

de l'acide chlorhydrique étendu de son volume d'eau pour dissoudre le carbonate de chaux déposé.

Cette bougie Chamberland que nous venons de décrire peut être disposée en batteries d'un nombre plus ou moins considérable de bougies.

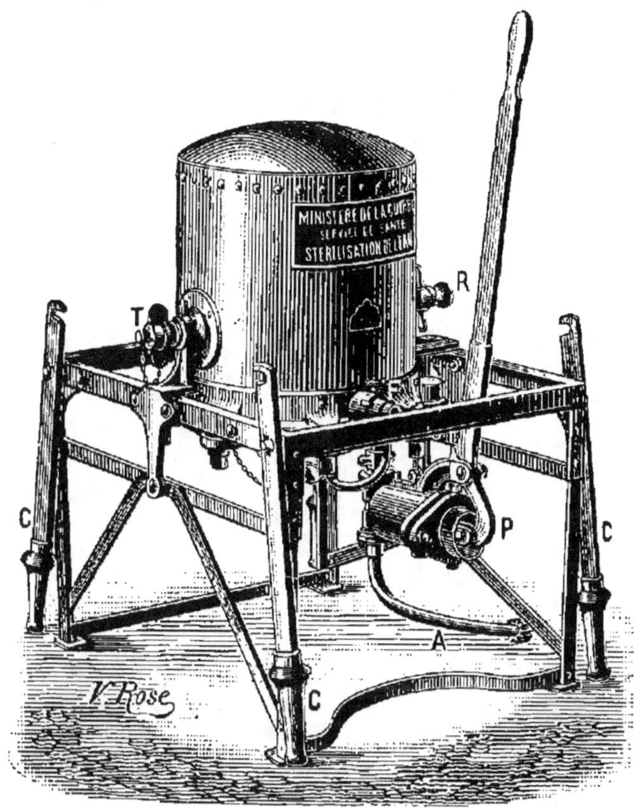

Fig. 107. — Filtre transportable ou filtre de campagne (Boulet et Cie).

Des batteries de 21 bougies groupées au nombre de quatre, comme le montre la fig. 105, ont été adaptées aux fontaines Wallace à Paris et ont fourni de l'eau pure à la population.

Il existe un filtre transportable à 21 bougies qui a été utilisé por nos troupes, lors de la campagne du Dahomey.

Dans cet appareil très léger et peu encombrant, le récipient est en cuivre rouge étamé et sert d'autoclave pour stériliser les bougies (fig. 107).

La maison Boulet et Cie fait encore des filtres fonctionnant sans pression. La figure 108 représente l'un de ces filtres. Une application de cet appareil se trouve réalisé par la *fontaine de ménage* (fig. 106) et par le filtre dit *Cosmos* (fig. 109).

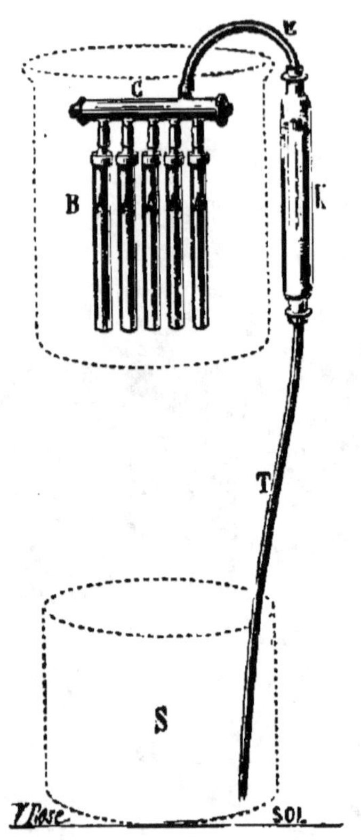

Fig. 108. — Filtre Chamberland, sans pression avec amorceur.

Filtre Mallié. — Les filtres Mallié sont construits avec de l'amiante dont on fait, par la cuisson, une sorte de porcelaine poreuse. Ces appareils se rapprochent de ceux de Chamberland : la porcelaine d'amiante y remplace la porcelaine d'argile.

M. F. Garros, l'inventeur de ces filtres, s'exprime comme il suit (1) :

(1) Garros, *Comptes rendus de l'Académie des sciences.*

« De toutes les fibres animales, végétales ou minérales, il n'en
est pas qui présentent, au microscope, un plus petit diamètre
que celles de l'amiante (0,00016 à 0,00020 millimètre); ces
fibres, mises en poudre, devaient facilement produire des par-

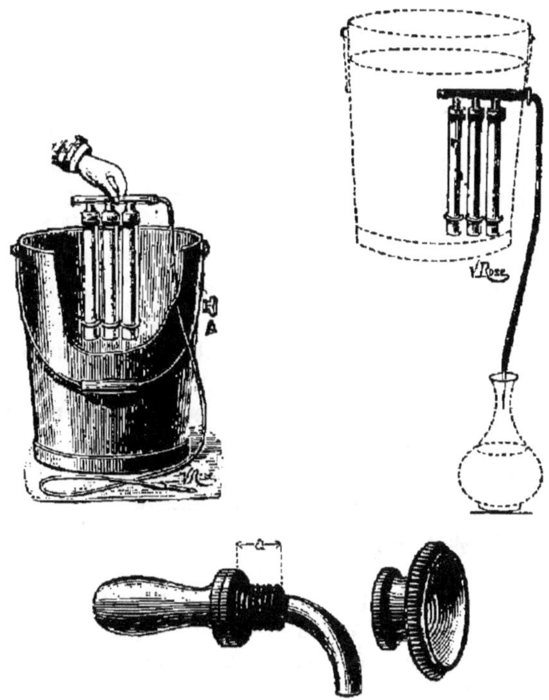

Fig. 109. — Filtre *Cosmos.*

ticules extrêmement petites. J'ai donc pensé que si, sans addition de corps solides étrangers, j'arrivais à agglomérer ces particules; la matière ainsi formée devait posséder des pores extrêmement petits et extrêmement nombreux à cause de cette
petitesse d'abord et ensuite, à cause de la facilité que l'on a de
se procurer ce minéral pur.

« La composition chimique de l'amiante (silicate de magnésie
et de chaux) m'a porté à croire qu'une poudre ainsi composée
devait former avec l'eau une pâte plastique qui, par la cuisson
dans des conditions spéciales, devait fournir une matière poreuse ayant une certaine dureté. C'est cette dernière matière
que je désigne sous le nom de *porcelaine d'amiante.*

« L'amiante employée jusqu'à ce jour, fibre, papier, carton, mastic, difficile à pulvériser dans un mortier, est facilement réduite en poudre impalpable au moyen des appareils employés dans l'industrie. La poudre présente, suivant la pureté de l'amiante employée, une couleur très blanche ou légèrement jaunâtre, coloration due à des traces de fer, qu'il est facile de faire disparaître par un lavage à l'acide sulfurique ou chlorhydrique, et par un lavage ultérieur.

« Avec la poudre ainsi préparée on fait une pâte. Dans ce but, on ajoute suffisamment d'eau pour couvrir la poudre et l'on malaxe fortement de façon à avoir un mélange très homogène, que l'on étend d'eau ensuite en ayant soin d'agiter. Lorsque la consistance est convenable, on malaxe à nouveau et on donne à la pâte par tournassage, moulage ou coulage (on emploie pour les filtres ce dernier procédé faisant éviter toute soufflure et donnant plus d'homogénéité), la forme des objets que l'on veut façonner; après quoi on porte ces objets dans des étuves légèrement chauffées où ils sèchent très lentement. On les cuit ensuite en cassette pendant dix-sept à dix-huit heures, et on chauffe à une température de 1200°. En chauffant à une température élevée (1700°), on obtient une porcelaine d'une translucidité comparable à celle de la porcelaine ordinaire.

« J'ai déjà dit que, en raison de la petitesse des particules qui constituent la poudre d'amiante, on devait obtenir, dans des conditions spéciales de cuisson, une matière à pores infiniment petits et nombreux. En conséquence, dans la porcelaine d'amiante et dans la porcelaine ordinaire dégourdie, j'ai fait des coupes microscopiques. J'ai pu constater, en les examinant, que les pores de la porcelaine d'amiante étaient beaucoup plus petits que ceux de la porcelaine ordinaire, de même qu'elle est plus homogène que cette dernière. Une expérience permet de vérifier et fait voir, avec d'autres observations, que les pores de la porcelaine d'amiante, contrairement à ceux de la porcelaine ordinaire, ne se laissent pas pénétrer à une certaine profondeur par les micro-organismes; lorsque la porcelaine d'amiante a servi à filtrer pendant très longtemps, il suffit pour lui rendre son débit primitif de la laver avec une éponge imbibée d'eau chaude.

« Ces avantages m'ont fait penser à utiliser cette nouvelle matière pour la filtration et la stérilisation des liquides.

16.

« On constate que l'eau est filtrée plus rapidement qu'avec la porcelaine ordinaire. D'autres expériences comparatives sur la filtration des vins, vinaigres, acides, ont également montré que ces différents liquides, après filtration à travers la porcelaine

Fig. 110. — Aérifiltre Mallié (vue extérieure).

d'amiante, n'ont pas été modifiés dans leur composition chimique. »

Des expériences faites au laboratoire municipal de Paris, au laboratoire de toxicologie et au laboratoire de M. Miquel, démontrent que les filtres en porcelaine d'amiante stérilisent

les eaux d'une manière aussi parfaite que les filtres en porcelaine.

La maison Mallié fait plusieurs modèles de filtres. Le plus
ancien, l'*aérifiltre Mallié* est représenté par la figure 110. La
filtration se fait du dedans au dehors, contrairement à ce qui
se passe pour les filtres Chamberland.

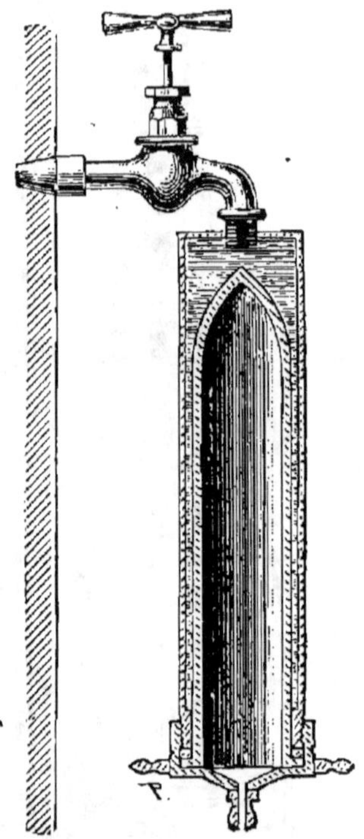

Fig. 111. — Filtre Mallié avec pression.

Il existe des appareils où la pression se fait du dehors au dedans. La figure 111 montre l'un de ces filtres. On construit de
même des filtres sans pression (fig. 112). En outre des bougies
que nous venons de voir, la maison Mallié construit des sphères
ou boules filtrantes (fig. 113 à 116) qui ne nous semblent présenter aucun avantage sur les bougies.

Filtre Berkefeld. — Le filtre Berkefeld, très employé en Allemagne, est construit avec de la terre d'infusoires, qui abonde
dans certaines régions de l'Allemagne du Nord.

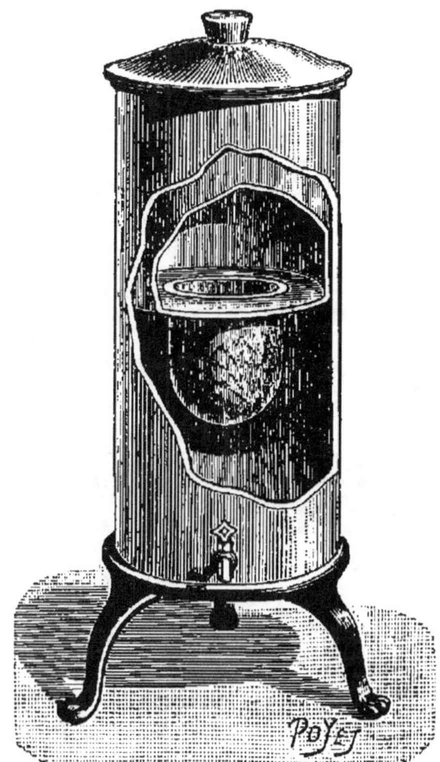

Fig. 112. — Filtre Maillé sans pression.

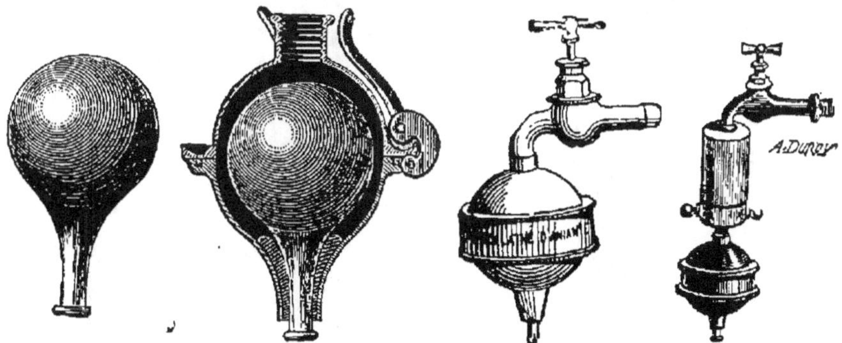

Fig. 113. Fig. 114. Fig. 115. Fig. 116.

Sphères ou boules filtrantes.

La figure 117 représente une coupe de cette porcelaine en terre d'infusoires.

Les appareils filtrants affectent des formes qui diffèrent très

Fig. 117. — Coupe de la porcelaine en terre d'infusoire.

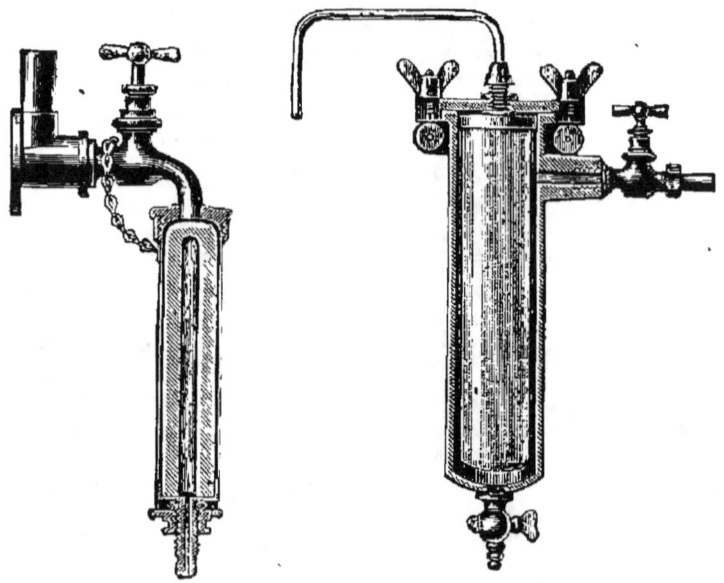

Fig. 118. — Filtre Berkefeld,
filtrant de dehors en dedans.

Fig. 119. — Filtre Berkefeld,
filtrant de dedans en dehors.

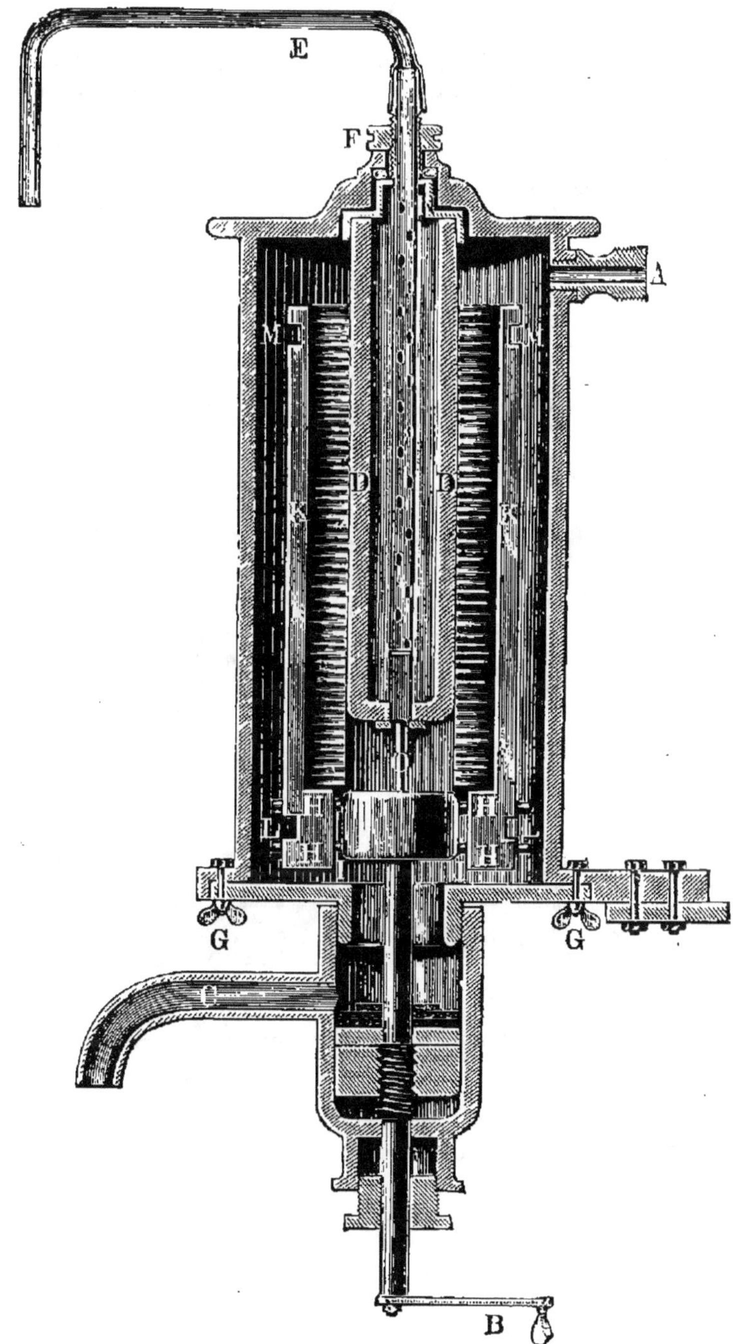

Fig. 120. — Filtre Berkefeld muni d'une brosse pour le nettoyage mécanique.

peu de celles de Chamberland (fig. 118 et 119). Quelques-uns
de ces appareils sont munis d'une brosse permettant le nettoyage (fig. 120).

Ces filtres peuvent donner de l'eau aussi pure que celle fournie par les filtres Chamberland et Mallié, mais ils offrent l'inconvénient d'être beaucoup plus fragiles.

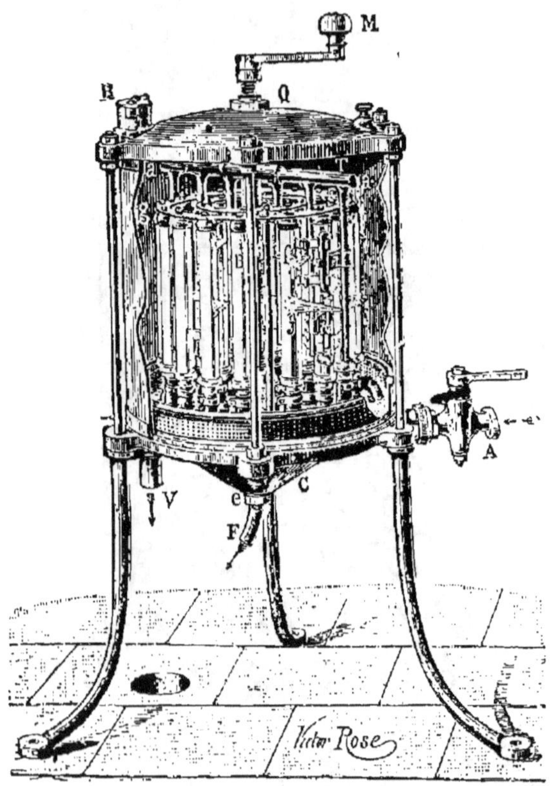

Fig. 121. — Filtre nettoyeur du système André.

§ 3. — NETTOYAGE ET STÉRILISATION DES FILTRES.

Nettoyeur mécanique de O. André. — Le fonctionnement et
l'entretien des filtres en porcelaine ont été notablement perfectionnés par le nettoyeur du système O. André. Cet appareil pourrait s'appliquer à la plupart des filtres en porcelaine, mais il a

été surtout construit pour le nettoyage des filtres Chamberland, système Pasteur.

Nous empruntons les renseignements suivants à l'instruction

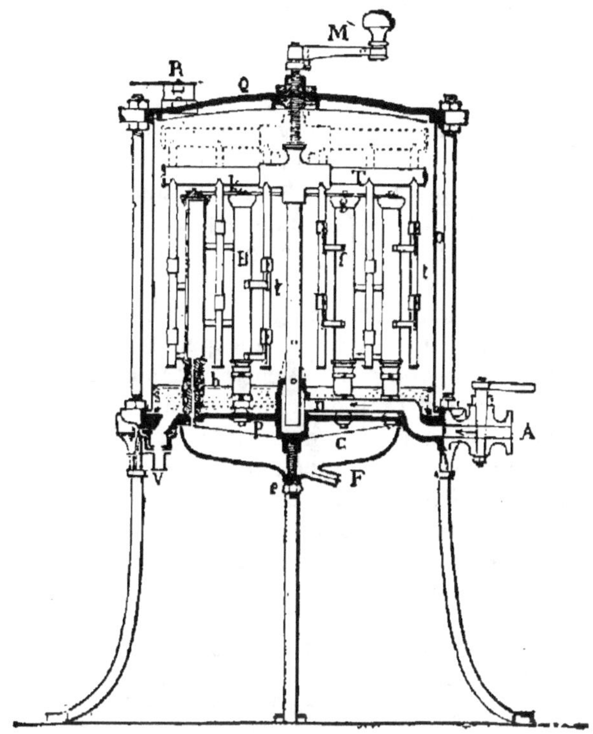

Fig. 122. — Filtre nettoyeur du système André.

LÉGENDE des figures 121 et 122

A Arrivée de l'eau non filtrée. — B Bougie Chamberland, système Pasteur. — C Collecteur. — D Tuyau d'arrivée de l'eau non filtrée à l'intérieur du filtre. — F Échappement de l'eau filtrée. — J Jets d'eau du nettoyeur. — M Manivelle du nettoyeur. — O Enveloppe du filtre. — P Plateau de fond. — Q Couvercle du filtre. — R Clapet d'introduction d'air. — S Tamis pour retenir la grenaille de liège. — T, t Nettoyeur. — V Vidange. — a Extrémité fermée du tuyau horizontal du nettoyeur. — c Ecrou fixant le collecteur. — f Frotteur en caoutchouc. — g Calotte de raccord supérieur des bougies. — h Raccord inférieur en caoutchouc. — k Cercle en fer supérieur maintenant les bougies. — l Chambre de distribution.

publiée par le Ministère de la Guerre et relative à l'installation et à l'entretien des filtres Chamberland avec nettoyeur mécanique O. André dans les établissements militaires.

Description du filtre. — Le filtre représenté (fig. 120 et 121) se compose essentiellement de bougies Chamberland, système Pasteur, disposées en cercles concentriques à l'intérieur d'un réservoir métallique étanche capable de recevoir de l'eau sous une pression de 3 atmosphères.

A leur partie inférieure, les bougies B sont liées, au moyen de tubes de raccord en caoutchouc serrés par deux colliers métalliques, à des tétons en bronze fixés sur un plateau de fond P; à leur partie supérieure, elles sont coiffées de calottes en caoutchouc surmontées de portées en ébonite qui s'encastrent dans des plates-bandes circulaires K. Le montage des bougies est assez élastique pour permettre un brossage énergique sans danger de cassure.

L'eau est amenée sous pression par un robinet A placé en bas et sur le côté de l'enveloppe O; elle pénètre dans le réservoir par un tuyau horizontal D, et ensuite par un tube vertical placé dans l'axe, et dont on indiquera plus loin le rôle; elle traverse les bougies en se filtrant de l'extérieur à l'intérieur; les jets d'eau filtrée sortant du plateau de fond sont recueillis dans un collecteur C en forme de cône renversé, muni vers son sommet d'une tubulure de diversement F.

Les filtres O. André sont de quatre modèles différents et renferment respectivement 50, 25, 12 et 6 bougies.

Description du nettoyeur. — Le nettoyeur (fig. 120 et 121) comprend, branchés les uns sur les autres, le tube vertical d'introduction de l'eau placé dans l'axe de l'appareil, le tube horizontal T et les tubes verticaux *t*. Ces tubes *t* sont fermés à leur partie inférieure; ils sont placés, les uns entre les cercles métalliques K qui supportent les bougies, les autres à l'intérieur du plus petit ou à l'extérieur du plus grand de ces cercles; ils portent chacun deux frotteurs *f* en caoutchouc ayant la forme de Y, dont les petites branches sont alternativement en contact avec la surface extérieure des bougies; enfin ces tubes sont percés d'un certain nombre de petits trous répartis sur leur hauteur.

Le tube vertical formant l'axe de cette sorte de peigne s'engage à frottement dans le plateau de fond; il porte à son extrémité supérieure une partie filetée, qui traverse un écrou taraudé fixé au couvercle et se termine, au-dessus de ce couvercle, par une manivelle M. La manœuvre de cette manivelle imprime au nettoyeur un mouvement de rotation en même temps qu'un mouvement vertical descendant ou ascendant.

Une petite chambre *l*, enveloppant le point de pénétration du tube central dans le plateau de fond, reçoit l'eau non filtrée provenant du tube D qui y débouche; si le tube central est à fond de course, l'eau pénètre librement dans son intérieur et s'échappe en jets cinglants par les orifices percés dans les tubes *t*; si, au contraire, le nettoyeur est en haut de sa course, position normale pendant le fonctionnement du filtre, l'eau arrive dans le tube central par son orifice inférieur et est déversée dans le filtre à la fois par les trous percés dans ce tube, et qui se trouvent alors à l'extérieur de la chambre *l*, et par ceux des tubes *t*.

Fonctionnement du nettoyeur. — Le nettoyage du filtre comprend quatre opérations successives faites dans l'ordre suivant :

1° *Supprimer la pression.* — Après avoir fermé le robinet A d'admission de l'eau, ouvrir le robinet de vidange V et le fermer aussitôt que l'écoulement cesse d'être violent ; ouvrir à ce moment le clapet R du couvercle, afin d'établir la pression atmosphérique à l'intérieur du filtre.

2° *Décrasser.* — Tourner la manivelle M du nettoyeur ; descendre la vis à fond, la remonter, et ainsi alternativement plusieurs fois de suite.

Pendant cette opération, les frotteurs touchent successivement tous les points de la surface extérieure des bougies, et l'eau renfermée dans le filtre se charge de toutes les impuretés déposées sur les bougies ; pour l'évacuer, on ouvre le robinet de vidange V, et, pendant l'écoulement de l'eau, on tourne la manivelle dans les deux sens, de manière à empêcher un nouveau dépôt sur les bougies.

3° *Rincer.* — Le robinet étant ouvert à la suite de l'opération qui précède, ouvrir celui d'admission A, tourner la manivelle plusieurs fois dans les deux sens. Le rinçage terminé, tourner le robinet V, et, lorsque l'eau a atteint le sommet des bougies, fermer le robinet A.

Pendant cette opération, les frotteurs complètent le nettoyage de la surface des bougies en même temps que l'eau sous pression, qui s'échappe vivement par les orifices des tubes *t*, vient frapper vivement les bougies sur toute leur surface.

4° *Introduire la poudre d'entretien.* — L'expérience a montré que, si on introduit dans le filtre une poudre inerte très fine

qui se dépose sur les bougies, cette poudre fait l'office de dé-
grossisseur, empêche l'adhérence des dépôts et facilite le nettoyage.

Pour introduire cette poudre, après l'opération du rinçage,
verser par le clapet R un demi-verre d'un mélange d'eau et de
poudre préparé à l'avance dans la proportion de 200 grammes
d'eau pour 500 grammes de poudre; fermer le clapet, donner
un coup de manivelle, aller et retour, pour opérer le mélange,
et, le nettoyeur étant en haut de sa course, ouvrir le robinet
d'admission A. Le filtre est alors prêt à fonctionner.

Le nettoyage est encore rendu plus complet par la présence
dans l'appareil de grenaille de liège. Par suite des remous im-
primés au liquide pendant la manœuvre du nettoyeur, les grains
de liège viennent heurter en tous sens les bougies et produisent
un effet analogue à celui d'un brossage. Un tamis circulaire en
toile métallique S, appliqué hermétiquement contre la paroi
du filtre, empêche que la grenaille ne soit entraînée avec l'eau
qui s'échappe par le robinet de vidange.

On a constaté que le débit du filtre est sensiblement plus
fort après chaque nettoyage qu'avant : il y aurait par suite à
multiplier ces nettoyages. Dans la pratique, il suffira de faire
deux nettoyages par jour, l'un le matin, l'autre le soir, à douze
heures d'intervalle.

Certaines eaux contiennent quelques principes mucilagineux
dont le dépôt lent sur les bougies peut, au bout d'un certain
temps, diminuer progressivement le débit malgré les nettoyages
ordinaires. Quand cette circonstance se produira, on fera un
nettoyage spécial, dit *nettoyage alcalin*, qui est décrit dans
la notice à l'usage du personnel chargé de l'entretien des filtres.
Ce nettoyage ne devra être fait que sur l'ordre et sous la surveillance du service du génie.

Depuis la publication de la note ministérielle, concernant le
nettoyeur O. André, on a supprimé l'emploi de la grenaille de
liège qui a l'inconvénient de se réduire en poudre et d'obstruer
les mailles du tamis S qu'il fallait placer dans les filtres pour
la conserver; ce tamis a par suite également été supprimé.

*Vérification de l'état des bougies. Remplacement et stérilisa-
tion.* — Si l'on dépose le collecteur C (fig. 120 et 121), après
avoir enlevé l'écrou *e*, on aperçoit l'orifice inférieur des tétons
fixés au plateau de fond de l'appareil. L'examen des jets permet de se rendre compte de l'état des bougies; si l'un de ces

jets est plus abondant que les autres, il y a lieu de supposer une cassure ou une fêlure de la bougie correspondante. Mais ce moyen n'offre pas toute la sécurité voulue, car des bougies légèrement fêlées pourraient livrer passage à de l'eau impure sans que l'on pût constater une différence appréciable dans le débit. Il a été, il est vrai, constaté que, sous l'effet de la pression de l'eau, la poudre d'entretien pénètre dans les fêlures légères et les colmate. Quoi qu'il en soit, le procédé suivant constitue un moyen de recherche suffisant. Après avoir supprimé la pression comme pour un nettoyage, on insuffle de l'air dans les bougies à l'aide d'un soufflet raccordé par un tube en caoutchouc avec la tubulure d'écoulement de l'eau filtrée. Si l'une des bougies est fêlée, l'air insufflé s'échappe par la fente et produit dans l'eau un bouillonnement que l'on peut observer par l'un des regards vitrés placés en opposition dans la paroi verticale de l'appareil. Un examen attentif permet de déterminer celle des bougies qui est endommagée.

Dès que l'on a constaté le mauvais état d'une bougie, on obture immédiatement le téton correspondant au moyen d'un bouchon à vis.

Il est d'ailleurs indispensable, pour être fixé d'une façon complète sur le bon fonctionnement du filtre, de contrôler de temps en temps, par des essais bactériologiques, la qualité de l'eau filtrée recueillie directement au collecteur.

Lorsqu'on aura une bougie à remplacer, on videra entièrement le filtre, on démontera le couvercle et la paroi latérale, on desserrera les colliers qui maintiennent le raccord en caoutchouc de la bougie avec le téton correspondant, on enlèvera la bougie et on le remplacera. Le filtre sera ensuite remonté et remis en charge.

Par suite d'usure, de colmatage ou de détérioration, les bougies ne peuvent pas rester en service plus de trois ans.

Le nettoyage journalier des bougies rend moins fréquente la nécessité de leur stérilisation, mais il ne saurait la supprimer en principe. La stérilisation devra être faite tous les six mois.

Rendement des filtres. — Pour une eau déterminée et dans des conditions identiques de nettoyage, le débit des filtres est à peu près proportionné aux pressions, au moins jusqu'à la pression de 3 atmosphères ou environ 30 mètres d'eau.

Le rendement des filtres subit de nombreuses variations dans

un intervalle de vingt-quatre heures, lorsque l'eau d'alimentation est fournie sous pression. En effet, la pression, dans la canalisation, est soumise à des oscillations nombreuses dues à
des causes diverses, notamment à l'importance de la consommation de l'eau dans la ville ; en outre, le débit du filtre est
accru aussitôt après un nettoyage et décroît ensuite. La nature de l'eau a aussi une influence considérable sur la vitesse
de filtration.

Ces diverses causes de variation dans le débit ne permettent
pas de fixer un rendement théorique des filtres.

On a toutefois réuni dans le tableau suivant, à titre d'indication, les résultats moyens trouvés à la suite de nombreuses
expériences sur le rendement des filtres pendant vingt-quatre
heures consécutives (jour et nuit). L'eau employée était l'eau
de la Seine puisée en amont de Paris et que l'on peut classer
comme une eau moyennement chargée d'impuretés.

*Débits approximatifs moyens par vingt-quatre heures des filtres
Chamberland, système Pasteur, avec nettoyeur O. André.*
(Eau moyenne. — Un nettoyage par 24 heures).

Pression en mètres d'eau	Débit en litres par 24 heures des appareils de :			
	50 bougies	25 bougies	12 bougies	6 bougies
5	300	150	70	35
10	600	300	140	70
15	900	450	210	105
20	1,200	600	280	140
25	1,500	750	350	175
30	1,800	900	420	210

L'expérience prouve que la pression la plus favorable à un
fonctionnement régulier des filtres est celle de 20 mètres de
hauteur.

Détermination du nombre de filtres. — En se basant sur les ren-
dements consignés au tableau précédent et en admettant une
pression variant en vingt-quatre heures de 15 à 20 mètres
d'eau, on adoptera les fixations suivantes :

Pour une compagnie d'infanterie
  ou un effectif équivalent . . .   1 filtre de 12 bougies
Pour deux compagnies d'infanterie
  ou un effectif équivalent. . .   1 filtre de 25 bougies
Pour un bataillon d'infanterie
  ou un effectif équivalent . . .   2 filtres de 25 bougies ou 1 de 50

Dans un projet d'installation de filtres, il sera utile de prévoir un ou plusieurs appareils supplémentaires, soit pour pourvoir au remplacement de l'un de ceux en service qui serait devenu accidentellement inutilisable, soit pour le cas d'appels éventuels (réservistes ou territoriaux).

Organisation du service de l'eau filtrée. — *Principe de l'organisation.* — En principe, le service de l'eau filtrée sera organisé dans les locaux du rez-de-chaussée. L'eau filtrée sera recueillie dans des réservoirs placés au-dessous des filtres et y sera amenée par simple gravitation. Les filtres et les réservoirs seront réunis dans un local spécial. La distribution de l'eau filtrée se fera dans une chambre contiguë au local précédent et séparée de lui par un mur ou une cloison sans ouverture.

Chambre des appareils. — La chambre des appareils sera fermée à clef. Ne pourront y entrer que les personnes chargées de la visite et de l'entretien des appareils et les hommes désignés pour la surveillance et le nettoyage des filtres.

Cette chambre sera autant que possible séparée des murs extérieurs du bâtiment par une autre pièce ou un corridor. Dans le cas où elle serait contiguë à ces murs extérieurs, elle devra être exposée au nord autant que possible, et la porte d'entrée donnera sur un corridor extérieur. Les ouvertures sur la cour seront peu nombreuses, de petites dimensions, et juste suffisantes pour donner le degré de lumière nécessaire aux opérations ; elles seront munies de volets intérieurs que l'on fermera toujours au moment de quitter le local. Dans le cas où la chambre serait contiguë à un mur de façade exposé au soleil, des auvents inclinés de haut en bas seront placés au-dessus des fenêtres. Pendant les fortes chaleurs on enveloppera les filtres et les réservoirs de toiles humides qui contribueront à maintenir la température de ces appareils sensiblement égale à celle de l'eau naturelle dans la canalisation.

La chambre devra être à l'abri de la gelée ; en cas d'impossibilité, une chemise en bois enveloppera le filtre, et une petite lampe ou un bec de gaz en veilleuse maintiendra la température de $+ 5$ à $+ 10°$ autour du filtre.

Le sol de la chambre des appareils sera cimenté, et des rigoles y seront tracées pour recueillir et conduire à l'égout les eaux provenant du nettoyage des filtres ou des trop-pleins.

Chambre de distribution de l'eau filtrée. — Ce local sera bien éclairé, d'un accès facile, d'une superficie suffisante pour éviter tout encombrement; il s'ouvrira directement sur une cour ou sur un corridor à proximité d'une porte d'escalier. Cette chambre ne contiendra que les robinets de distribution (1 par réservoir). Ces robinets, fixés au mur, seront du système à ressort et à pression, de manière à éviter le gaspillage de l'eau. Une rigole recouverte d'une grille sera établie au pied du mur portant les robinets pour recueillir et conduire au dehors l'eau de trop-plein des récipients ; cette rigole sera mise en communication avec celle de la chambre des appareils, pour ne faire qu'un départ des eaux à évacuer.

A défaut d'une pièce spéciale pour la distribution de l'eau filtrée, on utilisera pour cet usage les lavabos existants, les filtres et les réservoirs étant toujours réunis dans un local spécial, et étant entendu que les robinets de distribution d'eau filtrée, installés comme il vient d'être dit, seront isolés des robinets de lavabos par une séparation, et qu'une entrée spéciale y donnera accès.

On pourra même, dans le cas où là dimension et la configuration d'une des pièces affectées aux lavabos le permettraient, prélever sur cette pièce les locaux des filtres et de distribution d'eau filtrée, à la condition toujours que ces divers locaux soient séparés l'un de l'autre, ainsi que de la partie de la pièce restant affectée à l'usage du lavabo.

Nature et installation des réservoirs (fig. 123 et 124). — Les réservoirs sont cylindriques, en tôle galvanisée extérieurement et intérieurement, munis d'un couvercle formant aussi hermétiquement que possible. L'air pénètre à l'intérieur du réservoir par l'intermédiaire d'un siphon stérilisateur.

Les réservoirs seront placés verticalement sur un bâti à un niveau tel que la tubulure inférieure d'écoulement soit à hauteur des robinets de distribution. Les filtres seront placés au-dessus ou à côté des réservoirs, la tubulure d'écoulement de l'eau filtrée étant au moins à hauteur du couvercle des réservoirs, de façon que l'eau filtrée qui en sort sans pression puisse remplir ces réservoirs. Ceux-ci seront enfin munis d'un trop-plein à siphon hydraulique et de deux poignées permettant leur transport.

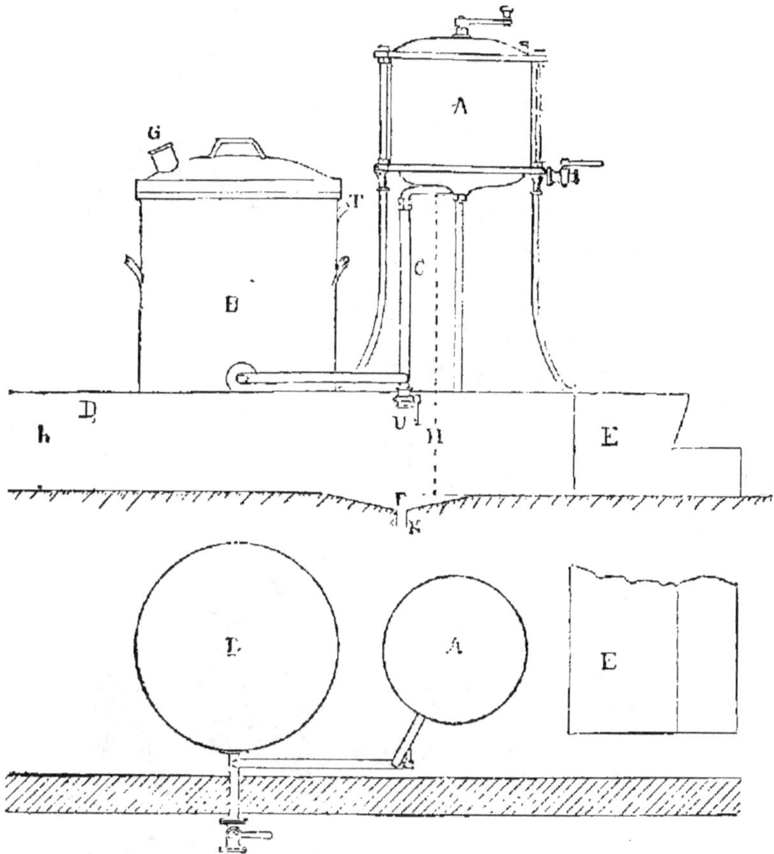

Fig. 123. — Installation des réservoirs pour filtre nettoyeur du système André.

A chaque filtre correspondra un réservoir ayant la capacité suivante :

Pour un filtre de 6 bougies	. . . .	75 litres
— 12 —	. . . .	150 —
— 25 —	. . . .	300 —

Cas où l'eau d'alimentation fournie à l'établissement arrive avec une pression moindre que 10 mètres. — Le débit des filtres

Fig. 124. — Filtre Chamberland, système Pasteur, à nettoyeur mécanique,
installé au Grand Hôtel.

17.

étant très faible lorsque la pression dans les conduites est inférieure à 10 mètres d'eau ou 1 atmosphère, il sera nécessaire, dans ce cas, de recourir aux accumulateurs de pression.

La description et le mode d'emploi des accumulateurs de pression pour le filtrage de l'eau seront donnés dans la note ministérielle n° 56, en date du 7 février 1890, insérée au *Bulletin Officiel* du Ministère de la Guerre.

Les accumulateurs seront mis en pression tous les soirs, de manière à assurer le fonctionnement des filtres pendant la nuit; une remise en charge sera faite le matin pour le service de jour. La pression dans les accumulateurs sera portée à 25 mètres d'eau ou 2 atmosphères et demi environ.

Installation pour débit intermittent. — Dans certains cas spéciaux, notamment pour le service des infirmeries, lorsque celles-ci seront éloignées des locaux de distribution de l'eau filtrée, on pourra organiser un service spécial d'eau filtrée, à la condition toutefois que l'eau y soit amenée par une canalisation sous pression. Le filtre à employer dans ce cas sera celui qui contient 6 bougies.

L'appareil de O. André peut servir à nettoyer les filtres en porcelaine, même lorsqu'on n'a pas de l'eau sous pression. On se sert dans ce cas du dispositif représenté par le dessin ci-contre (fig. 125).

Stérilisation des réservoirs. — L'instruction prescrit la stérilisation des réservoirs deux fois par an, en même temps que celle des filtres.

Pour procéder à cette opération, on arrête la marche du filtre correspondant au réservoir à stériliser; on vide celui-ci jusqu'à 0,10 mètre environ de hauteur au-dessus du fond, on démonte les raccords avec le filtre et avec les robinets de distribution, on transporte le réservoir sur le réchaud spécial dont il a été question pour la stérilisation des filtres, et on fait bouillir pendant un quart d'heure l'eau qui y est restée. Le réchaud employé pour produire l'ébullition de l'eau peut être, soit une coquille en fonte entourant l'appareil, soit une couronne de becs de Bunsen remplissant le même but.

Le réservoir étant stérilisé, on le vide entièrement et on le remet en place.

Cette stérilisation par la chaleur présente des inconvénients. Bien que ces appareils soient en fonte ou en tôle d'acier, ils

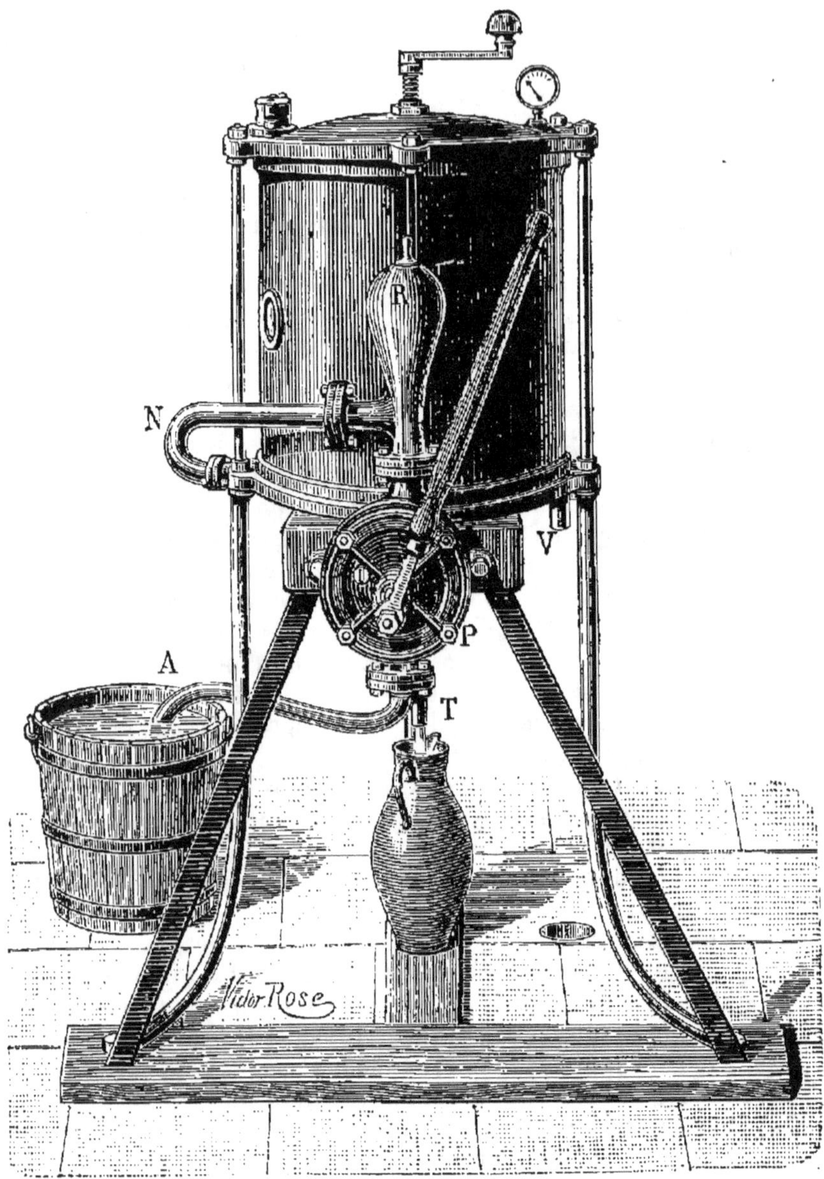

Fig. 125. — Filtre Chamberland, système Pasteur, à nettoyeur mécanique O. André,
et muni d'une pompe aspirante et foulante.

n'ont pas été construits en définitive pour servir de marmites.

M. Guinochet a proposé la stérilisation à l'aide du permanganate de potasse qui, d'après les expériences de cet auteur, remplit parfaitement le but que l'on désire.

Voici comment, d'après M. Guinochet, il convient de procéder :

On introduit par l'ouverture supérieure de l'appareil, le courant d'eau étant nécessairement arrêté, et après un nettoyage préalable avec les frotteurs en caoutchouc, une solution de permanganate à 1/1000ᵉ, et on ferme cette ouverture ; on laisse en contact une demi-heure, puis on rétablit le courant d'eau afin de faire passer cette solution à travers les bougies et au contact de toutes les parties formant réservoir ; au bout d'un quart d'heure, on arrête l'eau, on fait écouler la solution contenue dans l'appareil, on rince deux ou trois fois à l'eau ordinaire, puis on rétablit définitivement le courant d'eau et on ne recueille celle-ci que lorsqu'elle sort parfaitement incolore, ce qui demande seulement quelques minutes. La couleur si intense du permanganate permet de reconnaître facilement le moment où il a été complètement éliminé de l'appareil.

Indépendamment de ces stérilisations périodiques, il y aura lieu de procéder à cette opération dès qu'un essai bactériologique de l'eau filtrée aura décelé la présence de germes en quantité notable.

De tous les appareils domestiques, les filtres Chamberland et Mallié sont ceux qui doivent le plus retenir notre attention. Ces filtres, soumis à de fréquents nettoyages et à une stérilisation sérieuse, peuvent fournir indéfiniment de l'eau microbiologiquement pure. M. Guinochet résume, comme suit, une instruction pour l'entretien des filtres Chamberland qui peut aussi s'appliquer à ceux de Mallié :

« 1º Faire *tous les jours* un nettoyage superficiel par frottement ;

« 2º Faire *toutes les semaines* (plus souvent, si l'eau est très impure) une stérilisation à froid au moyen d'une solution de permanganate à 1 pour 1000 ;

« 3º Faire trois ou quatre fois par an un nettoyage à fond en faisant usage successivement d'une solution de permanganate à 5 pour 1000 et d'une solution de bisulfite à 1 pour 20. »

CHAPITRE III

PROCÉDÉS PHYSIQUES

La chaleur et l'électricité sont les agents physiques employés pour purifier les eaux.

Article I. — Purification par l'électricité.

On a essayé d'appliquer l'électricité à la purification des eaux potables. On sait que, lorsqu'un courant électrique traverse une eau, il se produit un dégagement d'hydrogène et d'oxygène, lesquels détruiraient, d'après quelques auteurs, les bactéries. Il est probable que l'action de l'électricité sur les eaux potables est plus complexe et que certains sels, les chlorures par exemple, décomposés par le courant électrique, donnent naissance à des produits pouvant avoir une action destructive sur les germes des eaux.

Nous ne connaissons pas d'application de l'électricité à l'épuration des eaux potables; mais nous savons qu'on commence à l'employer pour la désinfection des eaux d'égoûts. L'appareil Hermitte a été construit dans ce but (1).

Article II. — Stérilisation par la chaleur

Nous avons appris en bactériologie qu'une température de 100°, maintenue pendant quinze à vingt minutes, tuait presque toutes les bactéries contenues dans une eau. Aucun germe pathogène connu ne résiste à cette température, mais la des-

(1) On en trouvera la description dans *L'eau dans l'industrie*, Guichard.

truction complète des microbes saprophytes et de leurs spores
n'est obtenue que si l'on chauffe l'eau au-dessus de 100°, à 110
ou 120° par exemple.

C'est en nous basant sur ces principes que nous avons pu
étudier, cultiver et isoler les bactéries de l'eau. La *stérilisation*
de l'eau, c'est-à-dire la destruction complète de tous les germes,
est basée sur les mêmes principes.

§ 1er. — STÉRILISATION A 100°.

Ébullition. — C'est le procédé le plus simple et celui auquel
l'on a recours le plus souvent en temps d'épidémie.

Quelle est l'action de l'ébullition sur l'eau? L'ébullition fait
disparaître les produits volatils que peut renfermer l'eau; elle
précipite une bonne partie des sels calcaires ou magnésiens
qui sont habituellement à l'état de bicarbonate; elle détruit enfin toutes les bactéries pathogènes et la plupart des saprophytes
qui peuvent se trouver dans l'eau.

On a reproché à l'eau bouillie d'être lourde, indigeste, fade,
peu aérée, et d'avoir perdu ses principes nutritifs par suite de
la précipitation de certains sels.

Les expériences de Guinard (1) démontrent que tous ces re-
proches sont mal fondés. La diminution des gaz et des sels
n'est d'ailleurs pas si grande qu'on le croit généralement. Pour
ce qui concerne les gaz, il est certain que l'ébullition les fait
tous disparaître; mais le temps nécessaire pour que l'eau refroidie en dissolve une nouvelle quantité n'est pas très long
(vingt à vingt-quatre heures environ). Enfin peu nous importe
qu'une eau soit plus ou moins aérée et renferme plus ou moins
de sels.

Nous avons dit, au commencement de ce volume, que le rôle
de l'eau potable devait être d'introduire dans notre organisme
de l'eau et pas autre chose, et que c'était aux aliments à nous
fournir les sels minéraux. Nous ajoutons que c'est à la respiration, et non à l'eau, qu'il appartient de prendre à l'air l'oxygène
dont nous avons besoin.

Le seul reproche que l'on puisse faire à l'eau bouillie, c'est
le goût tout à fait spécial qu'elle prend. Il est certain que c'est

____

(1) *Gazette hebdomadaire de médecine*, septembre 1892.

là un inconvénient sérieux pour les personnes qui ne boivent que de l'eau. Le mélange de l'eau au vin fait très bien disparaître ce goût particulier. Nous avons eu souvent l'occasion, durant les différentes épidémies que nous avons traversées, de boire assez longtemps de l'eau bouillie additionnée de vin, et nous ne nous sommes jamais aperçu que ce mélange fût plus désagréable à boire que s'il avait été fait avec de l'eau non bouillie.

En somme, les avantages de l'ébullition sont assez grands pour qu'il n'y ait pas lieu de tenir compte des faibles inconvénients qui en résultent. Nous continuerons, avec tous les hygiénistes, à conseiller l'usage de l'eau bouillie pendant les épidémies et toutes les fois que les eaux potables seront suspectes.

Précautions à observer. — Il faut, pour obtenir de l'ébullition les avantages que l'on en attend, avoir certaines précautions qu'on ne prend malheureusement pas toujours et sur lesquelles nous croyons devoir insister :

L'ébullition doit se faire dans des récipients quelconques, parfaitement propres et munis de couvercles. Elle doit être maintenue pendant dix à quinze minutes au moins, et non pendant quatre à cinq minutes, comme on a l'habitude de le faire. Le récipient, toujours muni de son couvercle, doit être placé après l'opération dans un endroit frais et à l'abri des poussières de l'air.

On trouvera peut-être que nous sommes trop minutieux, mais il nous est souvent arrivé de constater qu'aucune précaution n'est prise vis-à-vis de l'eau bouillie. Que de fois n'avons-nous pas vu placer la marmite d'eau bouillie dans la chambre même du malade atteint de fièvre typhoïde ou de choléra !

Procédé de M. Grimbert. — Nous recommandons tout particulièrement le procédé de stérilisation de l'eau par la chaleur que M. Grimbert a indiqué à la *Société de thérapeutique* (1). Ce procédé permet de stériliser l'eau sans la priver de ses gaz et sans provoquer la précipitation des sels de chaux. Il suffit d'introduire l'eau à stériliser dans des bouteilles à bière munies de leur fermeture mécanique; on les porte ensuite au bain-marie, qu'on élève progressivement à 100°. Cette température, maintenue pendant une demi-heure, est nécessaire

(1) Grimbert, *Société de thérapeutique*, séance du 9 mai 1894.

pour stériliser l'eau sûrement, car l'auteur a reconnu que l'eau additionnée d'une culture de *bacille typhique* était stérile après un chauffage à 65° pendant quatre heures, mais qu'une eau ensemencée de *bacterium coli commune* en contenait encore dans les mêmes conditions.

L'eau stérilisée en vase clos dans les conditions précédentes est parfaitement limpide et conserve ses gaz et ses sels.

Stérilisateur de Strebel. — L'appareil de Strebel, de Hambourg, pour stériliser l'eau à 100° (1) se compose « de deux cylindres creux, concentriques, laissant entre eux un espace annulaire qu'un troisième cylindre, en fer laminé, divise en deux compartiments. L'eau froide, à purifier, arrive par en bas dans le compartiment interne; quand elle a bouilli, elle passe, stérilisée, dans l'espace externe d'où elle est conduite dans un réservoir. A la faveur de la minceur de la cloison métallique, l'eau froide s'échauffe déjà en montant au voisinage de l'eau chaude, et celle-ci se refroidit en descendant à côté de l'eau froide. Les surfaces de chauffe sont, à la partie supérieure du cylindre intérieur, multipliées par des tubes transversaux. Une conduite de gaz, pénétrant par la partie inférieure, vient alimenter un brûleur sous toutes ces surfaces. Une couche isolante enveloppe tout l'appareil, sauf aux points de passage des conduites diverses. L'arrivée de l'eau et celle du gaz se règlent automatiquement. »

Cet appareil peut fournir 100 litres d'eau stérilisée par heure et dépense 7.500 litres de gaz pour 1000 litres d'eau.

Stérilisateur de Siemens. — Le stérilisateur de Siemens se compose d'une marmite à couvercle avec réchaud à gaz (fig. 126), et d'un réfrigérant *c* en communication avec la marmite par deux tuyaux horizontaux dont l'un amène l'eau à stériliser et l'autre évacue l'eau chaude sur le réfrigérant. Cet appareil est muni d'un régulateur à eau et d'un régulateur de température.

Il consomme 33 décimètres cubes de gaz à l'heure, sous la pression de 25 millimètres dans la conduite, et donne 36 litres d'eau à 30°, la température ambiante étant de 17,°5.

D'après Arnould, Schultz de Rostock, qui a étudié le fonction-

---

(1) J. Arnould, *La stérilisation de l'eau* (*Revue d'Hygiène*, XV, p. 501, 1893).

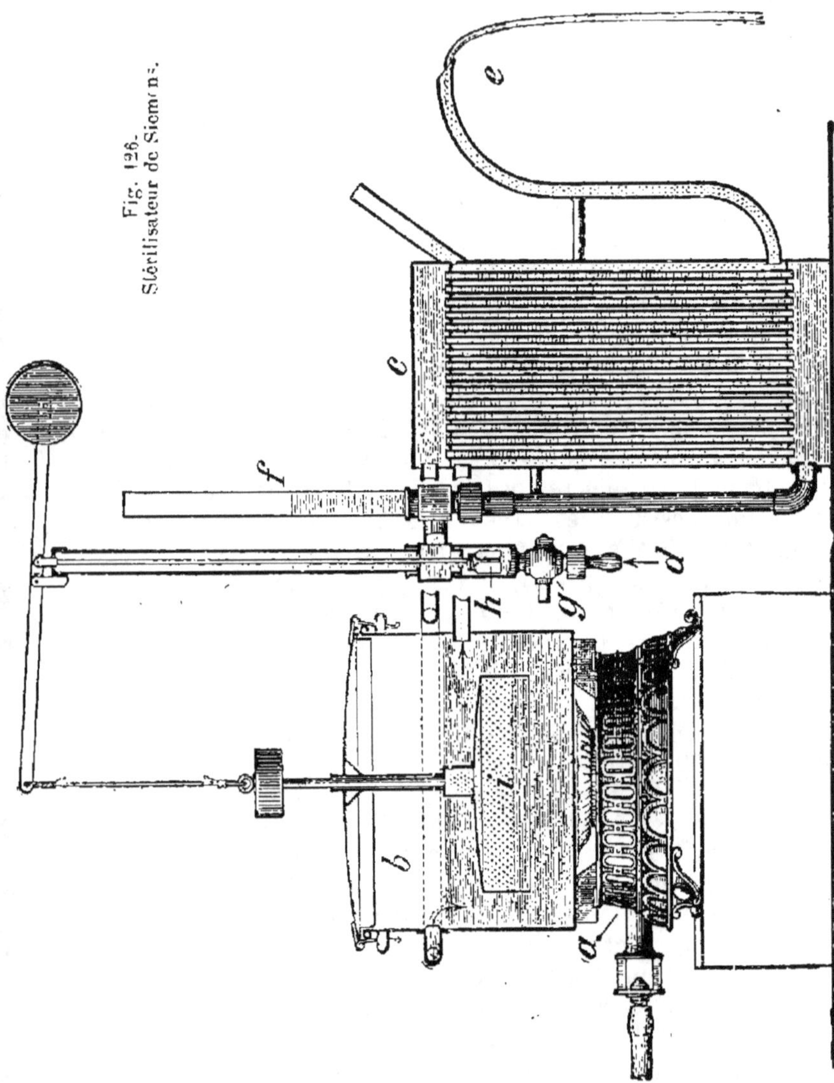

Fig. 126. — Stérilisateur de Siemens.

nement de cet appareil et les résultats qu'il fournit, a constaté que ce procédé détruit les bactéries, mais ne fournit pas de l'eau stérile. En se plaçant dans les meillleures conditions, l'eau n'est soumise, dans cet appareil, que pendant sept minutes et demie, à une température de 100°. D'autre part, dans les mêmes conditions, l'eau fournie en été a toujours une température de 27 à 28°.

Construire des appareils aussi compliqués pour arriver à une stérilisation incomplète et pour donner de l'eau chaude nous paraît inutile, quand on peut obtenir de meilleurs résultats par l'ébullition pure et simple.

Distillation. — La *distillation* est un procédé de purification qui peut être classé parmi ceux qui épurent à 100°. A proprement parler, il y a dans cette opération une séparation complète des parties volatiles de celles qui ne le sont pas ; par suite, disparition des microbes et des sels fixes.

Nous avons donné des détails suffisants sur la *distillation*, au chapitre relatif aux *différentes eaux potables* (*Eau distillée*, p. 29). Nous croyons inutile d'en parler de nouveau.

§ 2. — Stérilisation au-dessus de 100°.

Appareil de Tellier. — M. Tellier a construit un appareil qui permet de stériliser l'eau au-dessus de 100° et de lui conserver ses gaz et ses sels. C'est une bouteille en métal que l'on remplit en dévissant un bouchon ; la tubulure sur laquelle est vissé ce bouchon se prolonge dans l'intérieur de l'appareil. Une autre tubulure, de même longueur, est placée sous un robinet destiné à laisser passer l'air.

Quand l'appareil est rempli, on ferme le bouchon et l'on place la bouteille dans une chaudière remplie d'une solution de chlorure de calcium ou de tout autre sel, dans le but d'élever le point d'ébullition du liquide.

On laisse dans le bain-marie le temps voulu, on retire la bouteille et on la met dans l'eau froide.

Lorsqu'on veut boire l'eau ainsi cuite, on place la bouteille sur un trépied, et l'on n'a plus qu'à ouvrir les robinets pour soutirer l'eau bouillie. Au-dessus du robinet inférieur est une sorte de chambre contenant du charbon, du sable ou toute autre matière filtrante. Le robinet supérieur est surmonté d'une boule disposée de manière à filtrer l'air qui pénètre dans l'appareil.

Stérilisateur de Grove. — Cet appareil stérilise l'eau à 105°. Comme le montre la figure (fig. 127), il a l'aspect d'une chaise sous le siège de laquelle se trouvent des tuyaux accouplés K, en étain pur, disposés horizontalement, qui ont pour effet de refroidir l'eau. Les diverses conduites et les autres parties indispensables de l'appareil sont fixées au dossier. Parmi ces pièces se trouve un brûleur à gaz, à flammes multiples, chauffant un tuyau à ailettes enfermé dans un cylindre S. Un thermomètre T plongeant dans un petit réservoir cylindrique R indique la température. Le réservoir cylindrique sert, en outre, à régler la pression dans les conduites. A côté du thermomètre se trouvent un disque et une manivelle destinée à ouvrir les robinets d'eau et de gaz.

Le stérilisateur de Grove donne 100 litres, par heure, d'une eau refroidie à 17°,5. La dépense de gaz est de 4 mètres cubes par mètre cube d'eau.

Cet appareil remplit le but que l'on se propose, mais se trouve peut-être un peu compliqué pour un appareil domestique.

Stérilisateur de la Société « La force motrice gratuite ». — La Société *La force motrice gratuite* (1) a fait construire un stérilisateur sous pression pour usages domestiques qui, d'après la note publiée par cette Société, « porte l'eau à 135°, et l'eau qu'il produit est légère à l'estomac, car elle a conservé l'air et les sels qu'elle renfermait avant sa cuisson. »

L'appareil (fig. 128) se compose : 1° d'une petite chaudière d'une contenance de 5 litres munie d'une soupape de sûreté et d'un mouvement automatique destiné à éteindre le réchaud dès qu'il est arrivé à la température voulue; 2° d'un double réservoir en tôle émaillée dont l'un contient l'eau à stériliser, et l'autre reçoit l'eau stérilisée. Au sortir de la chaudière, l'eau traverse un serpentin placé dans le réservoir d'eau à stériliser et la réchauffe en se refroidissant; elle rencontre à sa sortie un filtre qui la clarifie.

(1) Société anonyme, 5, boulevard Magenta, Paris.

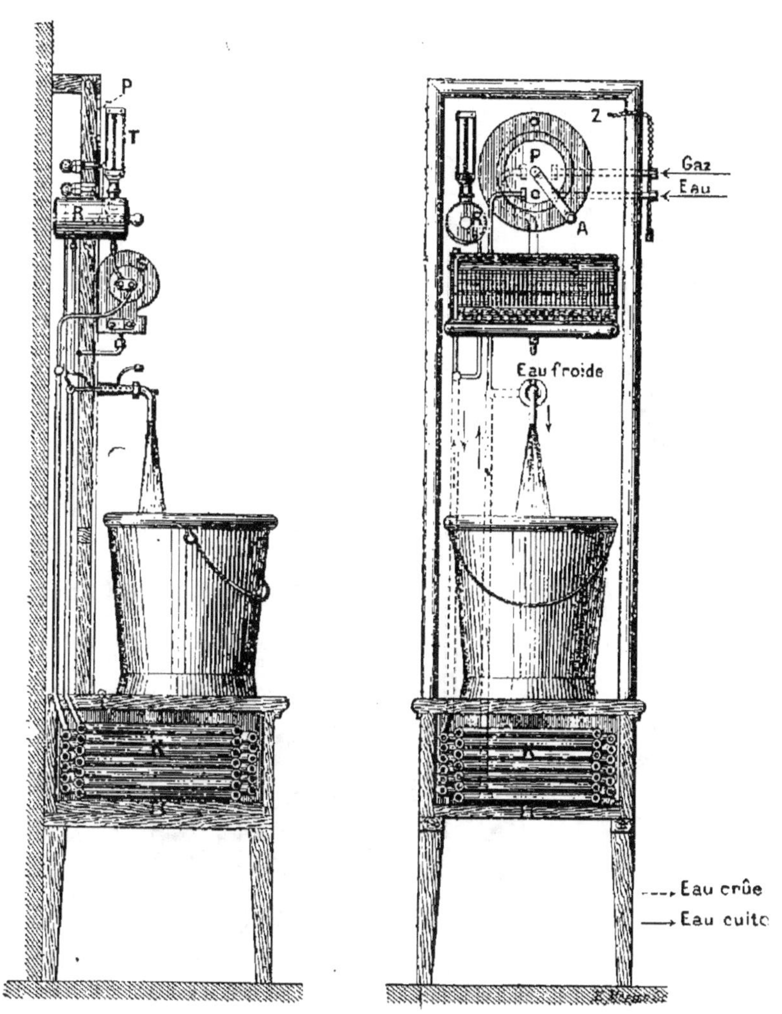

Fig. 127. — Stérilisateur de David Grove, de Berlin.

K, refroidisseur ; S, chauffeur rapide ; R, réservoir ; P, disque portant manivelle ;
ZA, trajet de la manivelle ; T, thermomètre.

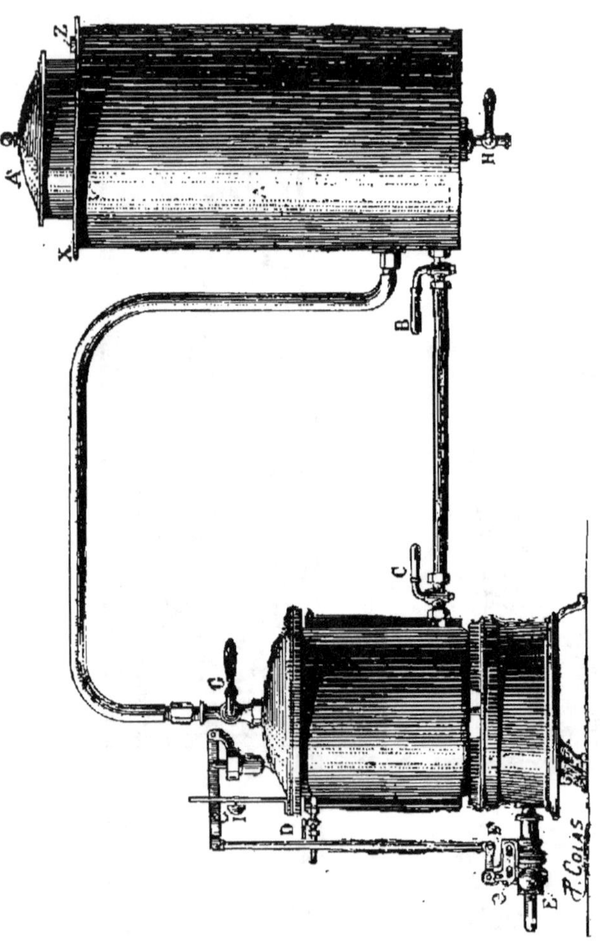

Fig. 128. — Stérilisateur de la Société de la force motrice.

Cet appareil est muni d'un mouvement automatique et son fonctionnement n'exige pas une surveillance assidue.

Lorsqu'on fait fonctionner cet appareil et que la température de l'eau atteint 135°, le chauffage s'arrête, ce dont on est prévenu par un coup de timbre. L'eau ainsi stérilisée revient, d'après le prospectus, à 1 à 2 centimes le litre.

Stérilisateurs sous pression de Rouart, Geneste et Herscher. — Dès 1892, un appareil construit par MM. Rouart frères, pour la stérilisation de l'eau sous pression, était expérimenté à Brest concurremment avec un stérilisateur analogue présenté par MM. Geneste et Herscher.

Ces deux appareils étaient basés sur le même principe et ne différaient que par certains détails de construction, Ces ingénieurs se sont réunis et ont construit plus tard l'appareil qui porte le nom de Rouart, Geneste et Herscher. avec lequel on obtient de l'eau parfaitement stérilisée.

MM. Rouart, Geneste et Herscher ont trois types d'appareils : 1° le grand appareil pouvant servir (fig 129) pour les agglomérations, et même pour les villes ; 2° l'appareil mobile (fig. 130) ; 3° l'appareil domestique.

Voici, d'après M. G. Pouchet, la description de cet appareil :

Cet appareil se compose :

1° D'une chaudière ;

2° D'un échangeur ;

3° D'un complément d'échangeur ;

4° D'un clarificateur.

Chaudière. — La chaudière est disposée pour être chauffée rapidement, soit à feu nu, soit au gaz, soit à la vapeur.

Dans les grands appareils, elle est entourée d'un serpentin où l'eau s'échauffe avant d'entrer dans la chaudière.

L'eau est entretenue à un niveau constant dans la chaudière par l'alimentation directe des eaux en charge des villes, ou par un bélier donnant une alimentation automatique, ou enfin par l'un quelconque des appareils alimentateurs en usage.

La température est maintenue dans la chaudière entre 120 et 130° ; ce résultat s'obtient sans production sensible de vapeur, car on opère sous pression en vase clos. De là deux avantages importants :

1° Absence de vaporisation, qui a pour effet de ne pas modifier sensiblement la composition de l'eau ; celle-ci con-

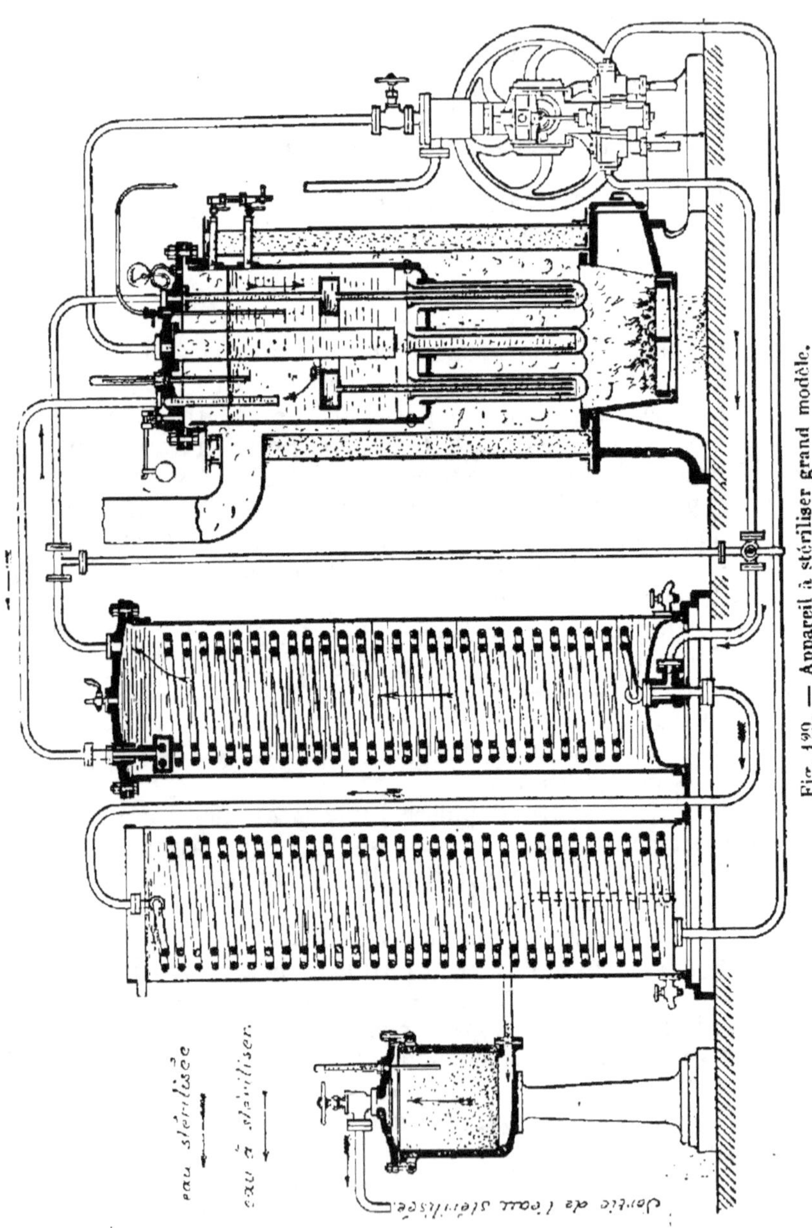

Fig. 120. — Appareil à stériliser grand modèle.

Fig. 130. — Appareil portatif Rouart, Geneste et Herscher, et Cie.

serve, pour la majeure partie, l'air qu'elle contenait en dissolution ;

2° Opération rendue extrêmement économique, puisqu'il n'y a pas à fournir la chaleur latente de vaporisation de l'eau.

Pour rendre l'appareil automatique, on peut le munir de régulateurs de température, ne laissant sortir l'eau de l'appareil qu'après qu'elle a été portée à la température voulue.

L'eau, ayant séjourné dans la chaudière un temps suffisant pour arriver à la stérilisation complète (temps variable suivant la température à laquelle on fonctionne), se rend ensuite dans l'échangeur.

Échangeur. — Cet appareil est composé d'un serpentin où circule l'eau chaude stérilisée, de haut en bas par exemple, et d'une enveloppe étanche où est placé ce serpentin, et dans laquelle circule en sens inverse l'eau froide à traiter, avant d'être refoulée à la chaudière.

Grâce à cet appareil, on obtient une très grande économie dans la dépense. En effet, l'eau stérilisée, qui sort chaude de la chaudière, se refroidit dans l'échangeur, pendant que l'eau à stériliser, entrant froide dans l'appareil, en sort à une température voisine de 100°, c'est-à-dire qu'il suffit d'une légère surchauffe pour l'amener au degré nécessaire pour la stérilisation.

Complément d'échangeur. — A la suite du serpentin d'échangeur, l'eau stérilisée, déjà refroidie, parcourt un second serpentin plongé dans un réservoir ouvert à sa partie supérieure. Le complément d'échangeur, refroidi ainsi par de l'eau qui ne passera pas dans l'appareil, a pour effet de faire sortir l'eau stérilisée, à 2 ou 3 degrés près, à la même température que l'eau d'alimentation.

Le complément d'échangeur n'est pas nécessaire quand on peut accepter qu'il y ait entre l'eau d'alimentation et l'eau stérilisée une différence de température de 10° à 12°.

Clarificateur. — A la suite de ces divers organes de refroidissement, l'eau stérilisée traverse un clarificateur, où elle dépose toutes ses matières en suspension. Le stérilisateur peut d'ailleurs être muni d'un autre clarificateur rudimentaire à l'entrée de l'eau ; l'objet de ce dernier est de retenir les grosses impuretés pouvant engorger les organes de la machine.

L'appareil, avant de servir, doit être préalablement stérilisé. Il suffit de faire arriver directement à la chaudière l'eau à stériliser, sans la faire passer par le vase d'échangeur.

N'étant plus refroidie, l'eau stérilisée traverse les serpentins et le clarificateur de sortie à la température de 120 ou 130°, et stérilise par conséquent tout l'espace qu'elle doit parcourir avant d'être recueillie, et durant le temps jugé nécessaire.

Cet appareil présente donc les avantages suivants :

1° Stérilisation de l'eau à une température dont on peut disposer à volonté;

2° Chauffage sous pression, sans distillation, ce qui conserve l'air dissous dans l'eau, au moins en partie;

3° Economie de combustible due à la suppression de la vaporisation et à l'emploi d'un échangeur (1 kilogramme de charbon suffit à stériliser 100 litres d'eau).

L'appareil est fixe ou mobile, susceptible de petites comme de grandes dimensions, et peut s'appliquer aussi bien au service des villes qu'à celui des casernes, des hôpitaux, des troupes en campagne, etc.

La sécurité pour l'obtention de l'eau stérilisée est complétée au moyen du simple jeu de deux robinets, correspondant à des tubes plongeant dans la chaudière à des hauteurs inégales et laissant toujours, lorsque l'appareil ne fonctionne pas, une solution de continuité entre l'eau à stériliser et l'eau déjà stérilisée, ce qui donne toute tranquillité. De plus, le robinet de sortie a une ouverture telle que, à la pression de deux kilos, la quantité maxima d'eau stérilisée qu'il peut débiter est celle qui correspond au temps que l'eau doit séjourner dans l'appareil pour une stérilisation complète.

Les appareils domestiques reposent sur le même principe, seulement l'échangeur est supprimé; le filtre est placé dans la même enveloppe que la chaudière, et le chauffage est réglé automatiquement.

Le complément d'échangeur est refroidi par de l'eau courante.

Les appareils destinés à l'usage des hôpitaux sont fondés sur les mêmes principes que les appareils ordinaires; ils possèdent serpentin de chauffage, chaudière, régulateur de chauffage, alimentateur, tel que bélier, etc., clarificateur faisant partie de la chaudière, et échangeur. Ce dernier organe est conçu de manière à pouvoir fournir d'un seul coup une quantité d'eau stérilisée chaude à 80° environ, et il lui a été adjoint un réservoir où peut s'accumuler une provision d'eau stérilisée froide, de manière à satisfaire aux diverses nécessités des hôpitaux.

D'après les expériences de M. G. Pouchet, ces appareils four-

nissent une eau parfaitement stérilisée et présentant peu de
différence avec l'eau avant stérilisation, au point de vue chimique.

Ces appareils ont été expérimentés par la Marine au deuxième
dépôt des équipages de la flotte à Brest. Le Ministère de la
Guerre les a utilisés au camp de Satory.

La ville de Parthenay a été obligée de s'alimenter en eau stérilisée à l'aide des appareils Rouart, Geneste et Herscher, et
c'est sur le rapport de M. Ogier que le projet d'installation de

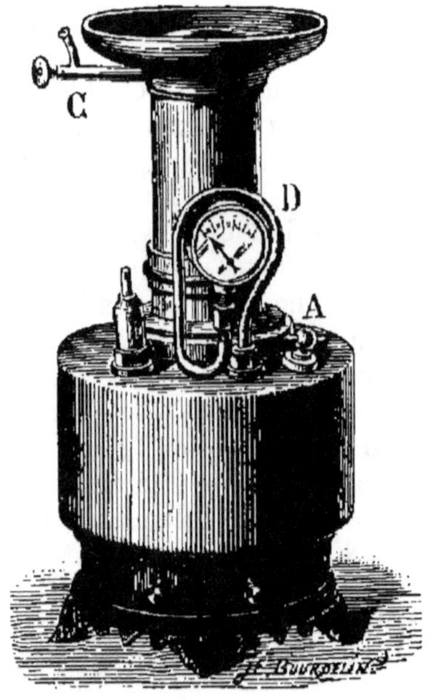

Fig. 131. — Stérilisateur domestique de Rouart, Geneste et Herscher.

ces appareils par cette commune a été approuvé par le Comité
consultatif d'hygiène de France.

Il serait à souhaiter que ces stérilisateurs soient utilisés par
les troupes coloniales qui sont si souvent obligées de consommer des eaux plus ou moins suspectes.

Appareil domestique. — MM. Rouart, Geneste et Herscher ont
fait construire un appareil domestique d'un prix moins élevé et
pouvant, par sa faible dimension, être employé dans les ménages.

Cet appareil se compose d'un récipient en métal dans lequel

on met l'eau à stériliser. Un autre récipient peut être placé sur le premier et le fermer hermétiquement. L'appareil, disposé ainsi que le montre la figure 131, est placé sur un fourneau.

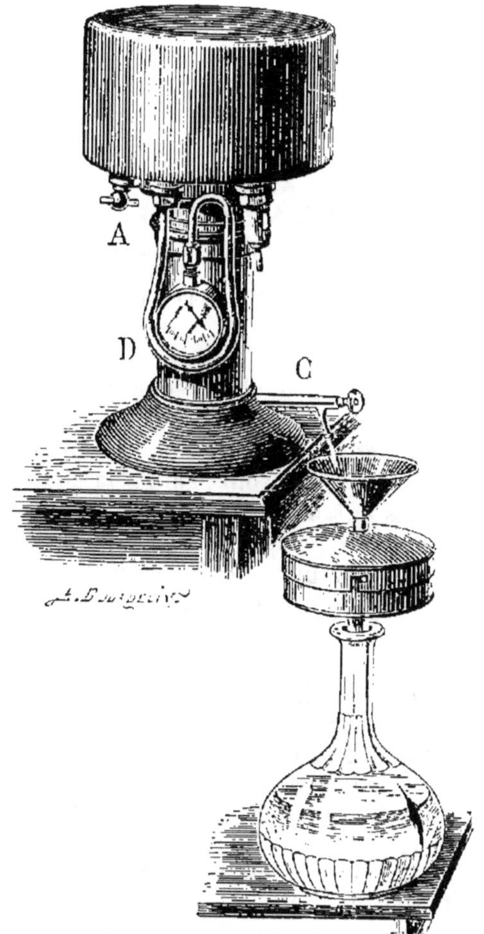

Fig. 132. — Stérilisateur en fonction.

L'eau est chauffée sous pression; cette dernière est indiquée par un manomètre D; en A se trouve une soupape de sûreté. Quand l'opération est terminée, on laisse refroidir l'appareil et on le renverse (fig. 132). Un robinet C permet l'écoulement de

l'eau que l'on filtre, parce qu'elle est trouble, sur le vase où on
la recueille, à l'aide d'un petit appareil à entonnoir renfermant
du sable fin.

Le stérilisateur domestique de Rouart, Geneste et Herscher,
fournit de l'eau dans les mêmes conditions que les grands appareils.

CHAPITRE IV

PROCÉDÉS CHIMIQUES

Les réactifs chimiques dont on se sert pour l'amélioration
des eaux sont de deux sortes. Les uns agissent en déterminant
des réactions chimiques qui précipitent les impuretés minérales
ou organiques de l'eau, tels sont : l'alun, la chaux, le carbonate
de soude, etc. ; les autres, comme les permanganates, oxydent
les matières organiques et les détruisent, au moins en partie.
Quelques-uns des produits chimiques employés détruisent les
bactéries ou en diminuent le nombre, tels : les acides, l'alun,
le permanganate de potasse, etc.

Alun. — L'alun ou sulfate d'alumine et de potasse est le réactif le plus anciennement employé pour la clarification des eaux.
C'est vers le milieu du siècle dernier que l'on a commencé à
faire usage de ce sel pour précipiter l'argile, le carbonate de
chaux et d'autres matières en solution ou en suspension dans
l'eau.

Il suffit d'ajouter 0 gr. 20 à 0 gr. 50 d'alun par litre d'eau
pour la clarifier au bout d'un certain temps.

D'après M. Lefort, M. Danet s'est servi avec avantage de
l'alun pour clarifier l'eau du Nil. M. Junet a utilisé le sulfate
simple d'alumine, au lieu de l'alun, pour clarifier les eaux
bourbeuses de certaines provinces de l'Algérie, et il a constaté
que ce sel était aussi actif que l'alun sous un poids moindre,
dans le rapport de 7 à 10.

18.

L'addition de sulfate d'alumine simple ou d'alun change la composition chimique des eaux et leur donne, pour peu qu'il y en ait un excès, une saveur astringente et désagréable. L'introduction dans l'économie des sels solubles d'alumine n'est pas exempte d'inconvénients. De faibles doses d'alun ne sont pas toxiques, mais elles produisent à la longue des désordres dans le tube digestif. Dragendorff dit que l'usage prolongé de doses faibles de sels d'alumine amène quelquefois un catarrhe chronique de l'intestin.

Quelle est l'action de l'alun sur les bactéries?

M. Francis Wat (1), cherchant un procédé destiné à clarifier les liquides opalescents et tenant en suspension des particules assez fines pour passer à travers les filtres, a obtenu de bons résultats en ajoutant à l'eau à clarifier un sel d'alumine et de l'eau de chaux. L'hydrate d'aluminium qui se forme englobe les corps en suspension et les précipite. M. Francis Wat a donné sa préférence, pour enlever les micro-organismes, aux sels de fer.

M. Constantin Paul a communiqué, à la séance du 14 mars 1894 de la *Société de thérapeutique* de Paris, un procédé très simple pour stériliser l'eau : on ajoute 0 gr. 20 d'alun cristallisé à chaque litre d'eau; après vingt-quatre heures, les micro-organismes sont tombés au fond du vase; il suffit de puiser les couches supérieures pour avoir une eau sans mauvais goût, qui reste quatre à cinq jours sans microbes, comme l'ont montré des cultures faites à la Charité.

Sels ferriques. — Le perchlorure et le sulfate ferrique agissent sur les eaux à peu près de la même façon que l'alun. Les sels de fer ne sont ni toxiques, ni dangereux. Des eaux qui en renfermeraient un excès ne présenteraient pas les inconvénients de celles qu'on aurait additionnées d'alun.

Sels de baryum. — Le chlorure de baryum et le carbonate de baryte ont été proposés pour précipiter le sulfate de chaux à l'état de sulfate de baryte complètement insoluble. On ne saurait recommander l'usage de ces sels pour purifier les eaux de boisson. Les sels de baryum sont toxiques ou tout au moins dangereux.

(1) *Chemical News*, 13 octobre 1893.

Carbonate de soude. — Le carbonate de soude a été indiqué pour débarrasser les eaux séléniteuses de leur sulfate de chaux. Ajouté à de telles eaux, ce sel produit du carbonate de chaux insoluble et du sulfate de soude qui demeure en solution dans l'eau.

Silicate et carbonate de soude. — Le mélange de ces deux sels a été proposé par MM. Buffet et Versmann pour précipiter la chaux et la magnésie de certaines eaux *dures*.

Permanganates. — Le permanganate de chaux et le permanganate de potasse ont été indiqués depuis longtemps pour la purification des eaux.

Dernièrement, M. Chicandard a publié (1) un travail sur la purification des eaux où il préconise l'emploi du permanganate de potasse.

Voici d'ailleurs, presque en entier, la note de M. Chicandard :

« Étant donnée une eau impure contenant des matières organiques en décomposition ou des ptomaïnes (poisons de la putréfaction) ou des alcaloïdes vénéneux, existe-t-il un procédé pour la purifier et la rendre potable ? A cette question nous répondons : Oui, il existe un procédé et, à notre avis, un seul.

« Le permanganate de potasse a la propriété d'oxyder toutes les matières organiques en les transformant en acide carbonique, eau et ammoniaque (ce dernier corps, si le composé est azoté). Nous avons fait de nombreux essais, soit avec des alcaloïdes, tels que la strychnine, soit avec des produits animaux, tels que la peptone, c'est-à-dire avec les corps dont la composition se rapproche le plus des ptomaïnes fabriquées par les microbes ou engendrées par la putréfaction, et nous avons toujours constaté la destruction complète de ces produits après quelques minutes de contact avec le permanganate. Pour assurer cette décomposition, il est nécessaire d'ajouter à l'eau assez de permanganate de potasse pour colorer celle-ci en violet ; il reste par conséquent un excès de sel. Comment s'en débarrasser ? En ajoutant une matière organique quelconque, mais parmi celles-ci nous mettons au premier rang la poudre d'écorce de chêne, la poudre de kola, la poudre de café ou la poudre de réglisse.

(1) Chicandard, *L'Union pharmaceutique*, mai 1893.

« Qu'un voyageur, par exemple, rencontre en route une mare d'eau sale, il peut en quelques minutes avoir de l'eau claire et potable. Pour cela il ajoute à l'eau assez de permanganate de potasse pour la colorer en violet (5 à 10 centigrammes par litre sont largement suffisants dans la plupart des cas); puis après avoir bien agité pendant cinq à six minutes, il ajoute quelques décigrammes d'une des poudres que nous citons plus haut.

« Le permanganate en excès se détruit, l'eau se décolore; il ne reste plus qu'à filtrer si l'on veut de l'eau absolument claire et qu'on possède un filtre, ou à laisser déposer simplement l'excès de poudre. Cette dernière précaution n'est même nullement indispensable ; on peut boire le liquide décoloré, contenant en suspension la poudre sans aucun inconvénient, les diverses réactions qui se passent dans cette épuration de l'eau ne donnant naissance, outre les produits déjà indiqués, qu'à quelques centigrammes de carbonate de potasse, produits absolument inoffensifs. Si c'est une eau de rivière qu'il s'agit de purifier, le procédé est exactement le même, mais il suffit d'ajouter de 1/2 à 2 centigrammes de permanganate de potasse par litre d'eau.

« Enfin si l'on doit se servir de ce procédé pour purifier l'eau à domicile et qu'on ne veuille pas se servir d'une poudre végétale qui donne toujours à l'eau un léger goût, on peut filtrer l'eau chargée de permanganate de potasse sur du charbon animal lavé. Il existe dans le commerce un filtre qui se trouverait très bien approprié à cet usage, c'est le filtre Maignen.

« En temps d'épidémie, l'eau purifiée par le procédé au permanganate est la seule (abstraction faite de l'eau distillée) dont on puisse garantir l'innocuité ; les autres procédés de filtrage et l'ébullition sont incertains. »

En lisant ce qui précède, il semble que l'auteur n'a eu comme objectif, au commencement de sa note, que la purification des eaux au point de vue des poisons (ptomaïnes ou alcaloïdes vénéneux) qu'elles peuvent contenir. M. Chicandard nous dit cependant que, si un voyageur rencontre en route une mare d'eau sale, il peut en quelques minutes avoir de l'eau claire et potable. Enfin, plus loin, l'auteur prétend que, en temps d'épidémie, l'eau purifiée au permanganate est la seule dont on puisse garantir l'innocuité, les procédés de filtrage et l'ébullition étant incertains.

Un grand nombre de journaux français et étrangers ont

reproduit le travail de M. Chicandard ou en ont donné des extraits. Il ne pouvait guère en être autrement pour la découverte d'un procédé simple, rapide et peu coûteux (1), pour rendre pures et potables les eaux les plus mauvaises.

Le procédé de purification des eaux à l'aide du permanganate de potasse dont M. Chicandard tente la vulgarisation pourrait être d'une très grande utilité, s'il était réellement démontré qu'il fut parfait, comme l'auteur le prétend. On voit, par contre, les dangers sérieux qui pourraient résulter de la publication et de la vulgarisation d'un procédé qui ne donnerait pas les résultats qu'on serait en droit d'en attendre, qui, en un mot, ne purifierait pas les eaux d'une façon parfaite.

En principe, une eau de boisson peut être dangereuse par les microbes pathogènes qu'elle renferme ou par les produits toxiques fabriqués par certaines bactéries.

Il faudrait donc pour purifier une eau, dans le sens strict du mot, la débarrasser et des microbes et des produits de leur sécrétion.

Le procédé au permanganate remplit-il ces deux conditions ?

Nous voulons bien admettre que les ptomaïnes ou autres corps toxiques qui peuvent exister dans une eau soient détruits par le permanganate de potasse. Mais ce dernier fait-il complètement disparaître les bactéries d'une eau contaminée ?

C'est ce qu'il nous a paru intéressant de vérifier, et c'est dans le but de nous assurer de l'action du permanganate sur les bactéries que nous avons fait les expériences suivantes publiées aux *Annales d'hygiène publique et de médecine légale* (2).

« **Première expérience** (20 *juillet* 1893). — Je recueille de l'eau de la ville au robinet du laboratoire et dans un grand ballon stérilisé (A). J'agite fortement le ballon et je verse avec toutes les précautions voulues 500 centimètres cubes de l'eau du ballon **A** dans deux autres ballons également stérilisés.

J'ensemence, après une forte agitation et dans des godets Nicati et Rietsch, un centimètre cube de l'eau de chacun des ballons. La méthode employée est celle de M. le professeur Rietsch (3), de Marseille, méthode que j'ai exposée dans mon travail sur les eaux

(1) C'est un des journaux auxquels nous faisons allusion qui l'a dit.
(2) *Annales d'hygiène publique de médecine légale*, n° de janvier 1894.
(3) Rietsch, *Recherches bactériologiques sur les eaux d'alimentation de la ville de Marseille* (*Marseille médical*, 1891), et Corcil, *Recherches sur les eaux de Toulon* (*Annales d'hygiène*, n° de juin 1893).

de Toulon (1). A cause de la température élevée du laboratoire, je me suis servi comme milieu nutritif d'un bouillon à la gélose et à la gélatine.

Les deux ballons sont marqués par les lettres B et C.

J'ajoute au ballon B un centimètre cube d'une solution de permanganate au 1/10ᵉ ; l'eau du ballon B contient alors 0 gr. 02 de ce sel par litre.

J'additionne l'eau du ballon C de 5 centimètres cubes de la solution de permanganate, de façon que l'eau du ballon C renferme 0 gr. 10 de ce sel par litre.

J'agite fortement chaque ballon et je les laisse au repos deux à trois minutes après les avoir recouverts à l'aide d'une lame de verre flambée ou d'un couvercle de godet.

J'ensemence dans quatre godets, et après avoir agité, 1 centimètre cube de l'eau de chaque ballon additionnée de permanganate. Les godets sont exposés à une température de 28 à 30ᵉ.

Ensemencé le 20 juillet à 8 heures du matin.

Compté le 22 juillet de 9 à 10 heures du matin.

Nombre de colonies trouvées dans 1 centimètre cube :

Ballon B.

Eau sans permanganate. 92
— avec 0 gr. 02 de permanganate par litre. . . 80

Ballon C.

Eau sans permanganate. 92
— avec 0 gr. 10 de ce sel par litre. 19

Deuxième expérience (10 *novembre* 1893). — J'opère comme dans l'expérience précédente. J'ajoute toutefois au ballon C 10 centimètres cubes de la solution permanganique, au lieu de 5 ; ce qui nous donne 0 gr. 20 de permanganate par litre d'eau.

J'ensemence de la même manière en me servant d'un bouillon nutritif à la gélatine. Je compte les colonies le 14 novembre au matin. Les godets sont placés à une température variant entre 15 et 18°.

Nombre de colonies dans 1 centimètre cube :

Ballon B.

Eau sans permanganate 34
— additionnée de 0 gr. 02 de permanganate par litre . 29

Ballon C.

Eau sans permanganate 34
— avec 0 gr. 20 de ce sel. 13

(1) *Annales d'hygiène publique et de médecine légale*, nᵒ de juin 1893.

J'étais, grâce à ces expériences, à peu près fixé sur la valeur microbicide du permanganate de potasse employé aux doses précédentes. Mes opérations n'étaient cependant pas exactement pratiquées comme l'indiquait M. Chicandard. Ce dernier ne prescrit qu'un contact de cinq à six minutes, tandis que, dans mes expériences, les produits provenant de la décomposition du permanganate sont restés tout le temps en contact avec l'eau et le milieu de culture.

Pour me mettre exactement dans les conditions prescrites par M. Chicandard, j'ai fait cette nouvelle expérience.

Troisième expérience. — Je mets à stériliser à l'autoclave, au four de Pasteur, des paquets de 0 gr. 50 de poudre de réglisse, des entonnoirs, des filtres, des ballons, etc., en un mot tout ce qui m'était nécessaire pour cette opération.

Je recueille dans un grand ballon de l'eau de la conduite de la ville. Je mets dans un ballon stérilisé 500 centimètres cubes de cette eau dont j'ensemence 1 centimètre cube en gélatine nutritive et, comme précédemment, dans quatre godets ; j'ajoute alors la solution de permanganate, j'agite fortement après avoir recouvert le ballon avec un couvercle de godet flambé ; je laisse en contact cinq minutes. Après ce temps, je verse dans le ballon un paquet de poudre de réglisse, j'agite et jette le liquide sur un filtre stérilisé placé sur un tube à essai. Le petit entonnoir est aussitôt recouvert d'une lame de verre flambée. J'ensemence immédiatement 1 centimètre cube des premières portions de l'eau filtrée.

Ces opérations sont faites avec beaucoup de précautions et très rapidement.

J'ai fait de cette façon trois essais. Dans le premier essai, j'ai ajouté à l'eau 0 gr. 02 de permanganate par litre ; dans le deuxième, j'en ai mis 0 gr. 10, toujours à l'aide de la solution au 1/10e.

Mon troisième essai servait de contrôle aux deux premiers et me renseignait sur le point de savoir si l'eau n'était pas contaminée par suite des manipulations auxquelles elle était soumise. Je me suis servi pour cela d'eau stérilisée aditionnée de poudre de réglisse (sans permanganate) filtrée et ensemencée.

L'ensemencement est fait le 21 novembre ; on compte le 25 novembre.

Nombre de colonies par centimètre cube :

1er *Essai.* — *Ballon B.*

Eau sans permanganate 42
— avec 0 gr. 02 de permanganate et soumise aux opérations ci-dessus 28

2º *Essai.* — *Ballon C.*

Eau sans permanganate 41
— avec 0 gr. 10 de ce sel et soumise aux opérations ci-lessus 7

3º *Essai.*

Eau stérilisée et soumise aux conditions précédentes, sans addition de permanganate 0

Dans ma première expérience, l'addition de 0 gr. 02 de permanganate de potasse par litre d'eau a produit une diminution de 12
pour 100 des bactéries. La diminution a été de 14,7 pour 100
dans la deuxième, et de 33,3 pour 100 dans la troisième.

L'addition de 0 gr. 10 de permanganate par litre d'eau a diminué
le nombre des bactéries de 79,3 pour 100 dans la première expérience, et du 82,9 pour 100 dans la troisième. Enfin, les bactéries
n'ont diminué dans la deuxième expérience que de 61,8 pour 100
malgré une addition de 0 gr. 20 de permanganate.

La diminution plus grande du nombre de microbes dans la troisième expérience tient fort probablement à ce que le papier qui a
servi à la filtration en a retenu un certain nombre. »

Quoi qu'il en soit nous avons constaté un affaiblissement sensible du nombre des bactéries, mais non la disparition complète,
comme on serait tenté de le croire en lisant le travail de
M. Chicandard.

La mise en pratique du procédé au permanganate de potasse dont M. Chicandard a essayé la vulgarisation peut présenter de très graves dangers. On voit, en effet, ce qui arrive-
rait si, écoutant, pendant une épidémie, les conseils de cet
auteur, on donnait aux populations de l'eau *purifiée* (?) au permanganate, au lieu d'une eau soumise à l'ébullition, comme il
est d'usage de le recommander.

Chaux. — *Procédé Clark*. — La chaux a été employée pour
précipiter l'excès de chaux des eaux calcaires. Ces dernières
renferment de la chaux à l'état de bicarbonate soluble, qui
passe sous l'action d'un lait de chaux à l'état de carbonate neu-

tre insoluble. La précipitation du carbonate de chaux entraîne une partie des matières en supension.

Le lait de chaux est la base du procédé anglais de Clark pour l'adoucissement des eaux.

La chaux, on doit le remarquer, n'a aucune action sur le sulfate et le chlorure de calcium qu'elle ne précipite pas.

Baryte. — La baryte, ou plutôt l'hydrate de baryte, a été proposée pour précipiter le sulfate de chaux des eaux séléniteuses. La baryte, comme la chaux, précipite également le bicarbonate en le transformant en carbonate neutre.

On ne peut songer à mettre en pratique un pareil procédé pour purifier des eaux destinées à la boisson.

Soude. — La soude a été mise en usage pour précipiter la chaux et la magnésie que peut renfermer une eau.

Alumine. — Nous avons vu que l'alumine a été employée d'une façon indirecte par M. Francis Wat pour la purification des eaux.

Sesqui-oxyde de fer. — M. Francis Wat donne sa préférence, pour débarrasser une eau de ses bactéries, au sesqui-oxyde de fer.

Les expériences poursuivies pendant plus de deux ans par cet auteur ont démontré que tous les microbes étaient enlevés à l'eau en ajoutant à celle-ci du perchlorure de fer, puis un peu d'eau de chaux ou de carbonate de soude qui donne naissance à l'hydrate ferrique. On agite vivement pour provoquer la granulation du dépôt; on laisse déposer, on décante ou l'on passe à travers un filtre quelconque.

Procédé de Gaillet et Huet. — Dans le procédé de MM. Gaillet et Huet, on additionne l'eau d'un mélange de chaux et de soude ou de carbonate de soude, et on la dirige dans une sorte de tour (fig. 133 et 134), munie de diaphragmes, qui a pour effet de hâter la précipitation.

Cette dernière se fait en deux heures.

Procédé Burlureaux. — On traite l'eau par une poudre dite *anticalcaire*, composée de carbonate de soude, de chaux vive et d'alun.

COREIL. — Les Eaux potables.　　　　　　　19

Fig. 133. — Épurateur cylindrique à filtre extérieur, système Paul Gaillet.
(de Lille)

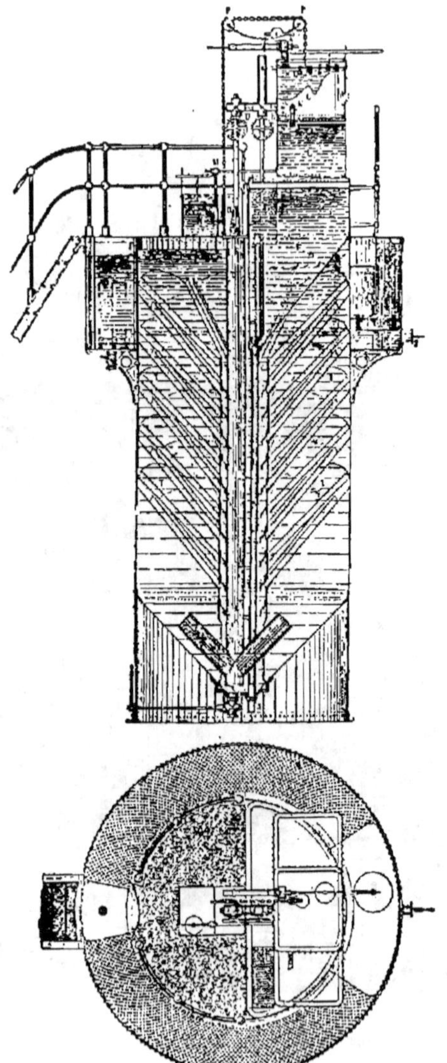

Fig. 134. — Epurateur cylindrique à filtre extérieur, système Paul Gaillet,
(de Lille).

La formule employée varie avec les eaux qu'il s'agit de purifier.
Ainsi pour les eaux qui contiennent plus de bicarbonate que
de sulfate de chaux, l'anticalcaire doit renfermer :

        Poudre de chaux vive . . . . 9 parties
          —   de carbonate de soude 6   —
          —   d'alun 1   —

Pour les eaux qui renferment plus de sulfate que de bicarbonate, M. Burlureaux prescrit :

        Poudre de carbonate de soude. . . . 9 parties
          —   de chaux vive 5   —
          —   d'alun 1   —

Enfin une troisième formule est donnée par M. Burlureaux
pour les eaux ne contenant pas d'excès de sels calcaires :

        Poudre de chaux vive . . . . 9 parties
          —   de carbonate de soude. . . . 5   —
          —   d'alun 1   —
          —   de sulfate de fer 1   —

Comment les eaux sont-elles épurées par de semblables mé-
langes ?

Il est bien difficile de le préciser. L'auteur dit cependant
avoir obtenu la stérilisation de l'eau de la Vanne avec 1 gr. 60
d'anticalcaire.

Mais il paraît que la stérilisation n'est jamais complète, et que
certaines bactéries qui paraissent avoir été tuées par l'action de
l'anticalcaire retrouvent leur vitalité au bout de quelques jours.

L'addition à l'eau de poudres, telles que l'anticalcaire, ne nous
paraît pas sans inconvénient. On fera, d'ailleurs, difficilement
accepter par le public une eau ainsi traitée.

Procédé Anderson. — Le procédé Anderson consiste à agiter
l'eau avec de la tournure de fer ou de fonte dans un appareil
spécial, l'appareil d'Anderson (fig. 135).

Voici comment M. Guinochet décrit cet appareil, d'après la
brochure publiée par la Compagnie qui exploite le brevet Anderson :

« Cet appareil se compose d'un cylindre A, supporté par deux
tourillons creux, B^1 B^2, tournant sur des socles C^1 et C^2 placés
à chacune de ses extrémités. L'intérieur du cylindre est garni
d'une série de cinq tablettes courbes D, placées en gradins à

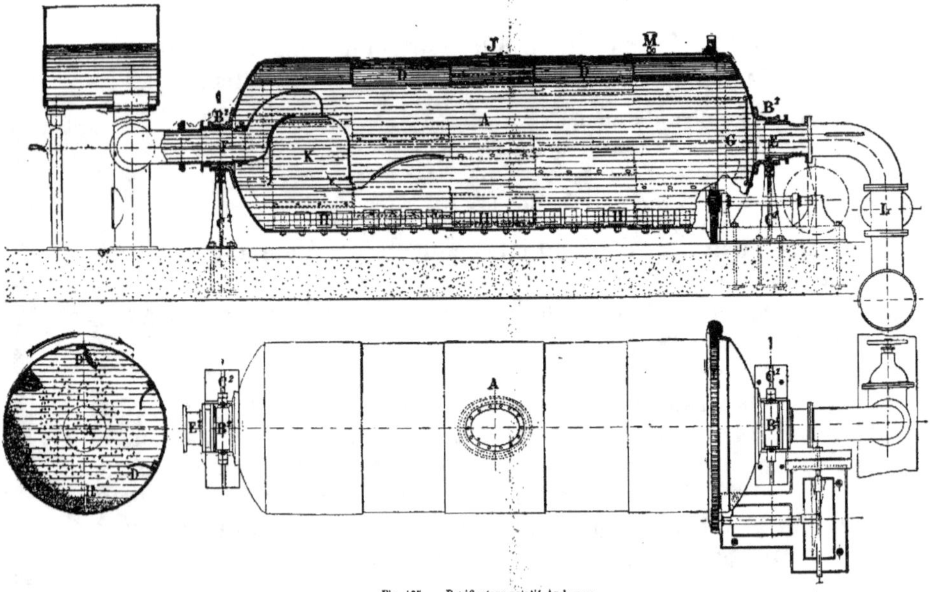

Fig. 135. — Purificateur rotatif Anderson.

égale distance sur la circonférence et allant d'une extrémité à l'autre. Une sixième rangée, au lieu d'être formée de tablettes incurvées, se compose de petites palettes carrées droites H, supportées par une tige fixée au cylindre par un écrou extérieur et permettant d'obliquer ces palettes par rapport à l'axe du cylindre. Ces palettes ont pour but de diriger le fer dans sa chute et de le faire rétrograder vers l'entrée de l'appareil, d'où le courant tend à l'entraîner. Par les tourillons creux, munis de presse-étoupe, passent les bouts du tuyau d'entrée E et du tuyau de sortie F pour la circulation de l'eau à purifier. Devant le tuyau d'entrée E se trouve une plaque circulaire G fixée à une distance de 0,15 à 0,20 mètre du fond du cylindre, elle sert à distribuer également dans tous les sens l'eau qui entre dans l'appareil, et à empêcher qu'elle ne coule directement d'une extrémité à l'autre. Le tuyau de sortie est muni d'une cloche renversée K dont le but est de retenir les fines parcelles de fer que le courant pourrait entraîner. Le cylindre est mis en rotation par une roue dentée I fixée à une de ses extrémités et à laquelle le mouvement est donné par une transmission. La vitesse de rotation à la circonférence de l'appareil doit être d'environ 2 mètres par minute. Un trou J permet l'introduction du fer à un état de division suffisante; on répartit celui-ci bien également sur le fond, de façon à occuper environ un dixième du volume total du cylindre.

« Pour mettre le purificateur en marche, on introduit d'abord le fer comme il vient d'être dit, on le remplit ensuite d'eau en ayant soin d'ouvrir le purgeur d'air M; l'air expulsé, le purgeur est fermé et le mouvement est donné à l'appareil. Pendant la rotation le fer se loge sur les tablettes d'où il retombe à travers la masse liquide. Un robinet-vanne L permet de régler la vitesse du courant, et partant, la durée du contact avec le fer. Cette durée varie avec la nature de l'eau à purifier.

« On a d'abord employé dans le cylindre rotatif le fer spongieux du professeur Bishof, puis des tournures de fonte, le fer spongieux étant moins convenable à cause de l'irrégularité de ses surfaces et de son coût beaucoup plus élevé; mais les tournures de fonte ont le désavantage d'être très friables et de se briser facilement, de sorte que, outre l'usure normale du métal due aux réactions chimiques, une certaine quantité de fer est enlevée à l'état pulvérulent.

« Les formes de fer les plus convenables et les plus économiques à employer dans les revolvers sont le fer granulé, les ballettes de fonte et les petits nodules provenant des machines à percer. L'expérience a démontré que sous ces trois formes, la perte de poids est la même par mètre cube de la même eau ; cette perte s'élève à 3 kilogrammes par 1.000 mètres cubes avec l'eau de la Nèthe, tandis qu'elle s'élève à 9 kilogrammes lorsqu'on emploie des tournures de fonte ; à Dordrecht, avec une eau de rivière d'ordinaire assez pure, les pépins de perçage ne perdent pas tout à fait 1 kilogramme et 1/2. D'une façon générale, tout le fer doit passer par un tamis à mailles de $9^{mm},5$ pour les cylindres de faible diamètre et par des mailles de $12^{mm},5$ pour les grands diamètres.

« Les purificateurs rotatifs Anderson se construisent en 14 calibres, qui se désignent d'après le diamètre en pouces anglais des tuyaux d'entrée et de sortie. Lorsqu'il s'agit de faire choix d'un revolver capable de donner une quantité déterminée d'eau par jour, il est nécessaire de se baser sur la durée du contact de l'eau avec le fer ; cette détermination doit se faire par des expériences préalables. On peut estimer que pour rendre potable une eau ordinaire de rivière, la durée de ce contact ne doit pas être au-dessous de trois minutes et demie et nécessitera rarement plus de cinq minutes ; par un contact trop prolongé, le fer se dissout en excès dans l'eau, ne peut en être facilement précipité et ne produit aucune amélioration ; avec moins de trois minutes et demie de contact, il est difficile d'assurer une purification régulière et suffisante.

« Pour déterminer le débit d'un purificateur par 24 heures, lorsque la durée du contact change, il suffit de diviser le nombre de litres d'eau contenus dans le revolver par le nombre de minutes assigné pour le contact et de multiplier le résultat par 1.440 (nombre de minutes contenu dans 24 heures). Et inversement, pour déterminer le calibre d'un purificateur destiné à débiter un nombre donné de litres par jour, étant connu le nombre de minutes de contact, il suffit de diviser le débit journalier par 1.440 et de multiplier par le nombre de minutes de contact.

« Un purificateur de 14 pouces peut traiter près de 6.000 mètres cubes par jour avec un contact de trois minutes et demie, tout en n'occupant qu'un espace de 31 mètres carrées.

« On a reconnu, à Anvers, qu'il est inutile de renouveler toute la charge du fer ; il suffit de maintenir le poids initial de la charge en ajoutant périodiquement la quantité suffisante pour compenser la perte due à l'action chimique et à l'entraînement des particules de fer par l'eau. Le temps après lequel la charge doit être complétée varie suivant la quantité d'eau qui a passé et le degré d'usure. Généralement, il est de bonne mesure de reconstituer la charge une fois par semaine. »

Après l'agitation de l'eau avec le fer, on la bat ensuite à l'air en présence de ce métal, puis on la clarifie par filtration sur une couche de sable. On trouvera le détail des appareils employés dans le volume de M. Guinochet (1).

Dans ce procédé, le fer, dissous à l'état de sel ferreux dans la première partie de l'opération, se peroxyde par le battage à l'air et se précipite à l'état d'hydrate qui entraîne les matières organiques et les bactéries.

D'après M. Gabriel Pouchet, ce procédé donne d'assez bons résultats, en ce sens qu'il prive l'eau d'une très grande partie des germes et qu'il diminue la proportion des matières organiques dissoutes; mais il ne donne pas d'eau *absolument privée de micro-organismes*, complètement stérile. C'est à l'usine de Billancourt où ce procédé était employé en grand, à titre d'essai, par la Compagnie générale des eaux, que M. G. Pouchet a pu effectuer ces expériences très concluantes (2).

Anvers et Boulogne-sur-Seine sont alimentées en eau traitée par l'appareil d'Anderson.

Charbon. — Le charbon est depuis fort longtemps employé pour purifier l'eau.

On sait que le charbon végétal possède la propriété d'absorber les gaz et que le charbon animal fixe les sels métalliques, le plomb particulièrement. Le charbon animal renferme une forte proportion de phosphates qui peuvent être favorables au développement des micro-organismes de l'eau et qui ont souvent fait renoncer à son emploi.

D'après P. Frankland, le coke serait supérieur, au point de vue de la purification de l'eau, aux autres variétés de charbon.

On a construit des filtres en charbon extrêmement simples.

(1) Guinochet, *Les Eaux d'alimentation, épuration, filtration, stérilisation.* Paris, 1894 (Encyclopédie de Chimie industrielle).

(2) G. Pouchet, *Étude critique des procédés d'épuration et de stérilisation des eaux de boisson* (Annales d'hygiène publique, 1891, t. XXV, p. 310).

La figure 136 montre un de ces filtres qui est composé d'un bloc de charbon dans lequel on a fixé un tube d'une certaine longueur. Il suffit, pour faire fonctionner ce filtre, d'aspirer l'eau par l'extrémité libre de ce tuyau, de la même manière que s'il s'agissait d'amorcer un siphon.

Fig. 136. — Filtre à charbon.

Acides minéraux et organiques. — Un fait connu de tous ceux qui s'occupent de bactériologie, c'est que les bactéries vivent difficilement et meurent même dans un milieu acide.

Koch a le premier démontré l'extrême sensibilité du spirille du choléra vis-à-vis des acides.

Après Koch, d'autres ont fait des essais dans le but de connaître la quantité de tel ou tel acide pour tuer telle ou telle bactérie pathogène.

Le docteur Christmas (1) a établi qu'une solution d'acide ci-

_____

(1) Christmas, *De l'acide citrique comme moyen de stérilisation de l'eau pendant les épidémies de choléra* (*La Médecine moderne*, 1892).

trique à 8 pour 10,000 tue le koma-bacillus, et que le bacille typhique n'est pas certainement détruit par une solution du même
acide à 1 pour 1000. Partant de là, l'auteur conseille, en temps
de choléra; de faire dissoudre chaque jour 10 grammes d'acide
citrique dans 10 à 12 litres d'eau placée dans un seau et de se
servir de l'eau ainsi traitée pour tous les usages de la maison.

Des auteurs allemands, MM. Slutzer et Burri (1) ont démontré
l'action microbicide de l'acide sulfurique sur le bacille du choléra. Cette bactérie est tuée en une heure par une solution de
cet acide à 0,03 pour 100.

Enfin M. Aloïs Pick (2) a conseillé, en 1893, l'addition à l'eau
d'un tiers de son volume de vin pour tuer le germe cholérigène.

Mais bien avant tous les auteurs précédemment cités, MM. Nicati et Rietsch disaient (3), après avoir conseillé l'ébullition
comme moyen de stérilisation de l'eau pendant le choléra :

« L'addition à l'eau de 2 grammes d'acide tartrique par litre,
que l'on neutralise, après un intervalle d'une heure au moins,
par une quantité correspondante de bicarbonate de soude, est
un moyen de désinfection à la portée de tout le monde et fournissant une boisson gazeuse. Les acides minéraux, en particulier l'acide sulfurique, ne devront être employés que par des
mains exercées aux manipulations chimiques, et il faudra neu-
traliser avec soin avant de se servir de l'eau comme boisson;
celle-ci ne se trouverait ainsi additionnée que d'une faible
quantité de sulfate de soude; ce procédé pourra peut-être rendre des services, quand il s'agira de stériliser rapidement et
économiquement de grandes quantités d'eau suspecte, par exemple dans les usines employant de nombreux ouvriers. Nous ne
croyons pas qu'il y ait lieu de conseiller l'usage habituel de
boissons acides (limonade sulfurique, chlorhydrique), on s'ex-
poserait trop à des troubles digestifs et partant à une plus
grande réceptivité pour le choléra.

Pour ceux qui boivent d'habitude du vin, l'eau peut être rendue inoffensive, mais au point de vue du choléra seulement,

(1) Stutzer et Burri, *Untersuchungen über die Bakterien der Cholera asiatica (Zeitschr. f. Hyg. und Infectionskrank*, 1893).

(2) Pick, *Ueber die Einwirkung von Wein und Bier, sowie von einigen
organischen Saüren auf die Cholera-und Typhus-Bakterien (Archiv
f. Hygiene*, 1893).

(3) Nicati et Rietsch, *Recherches sur le Choléra*, p. 167, 1885.

19.

en la mélangeant cinq à six heures d'avance avec le quart ou le tiers de son volume de vin. »

Les acides citrique et tartrique, grâce à leur innocuité et à la facilité avec laquelle ils peuvent être maniés, sont peut-être les seuls produits chimiques susceptibles d'être appliqués sérieusement à la purification des eaux.

Quant au vin, son action microbicide, vis-à-vis du choléra, est due fort probablement à la présence des acides organiques qu'il renferme normalement.

TABLE DES MATIÈRES

TABLE ALPHABÉTIQUE

ANGERS, IMPRIMERIE BURDIN ET Cᵉ, RUE GARNIER, 4.

AÉRI-FILTRE MALLIÉ

BREVETÉ S. G. D. G.

PORCELAINE D'AMIANTE

Académie des Sciences : Prix Montyon 1893

La meilleure application des théories Pasteur

FILTRES et FONTAINES à PRESSION et sans PRESSION

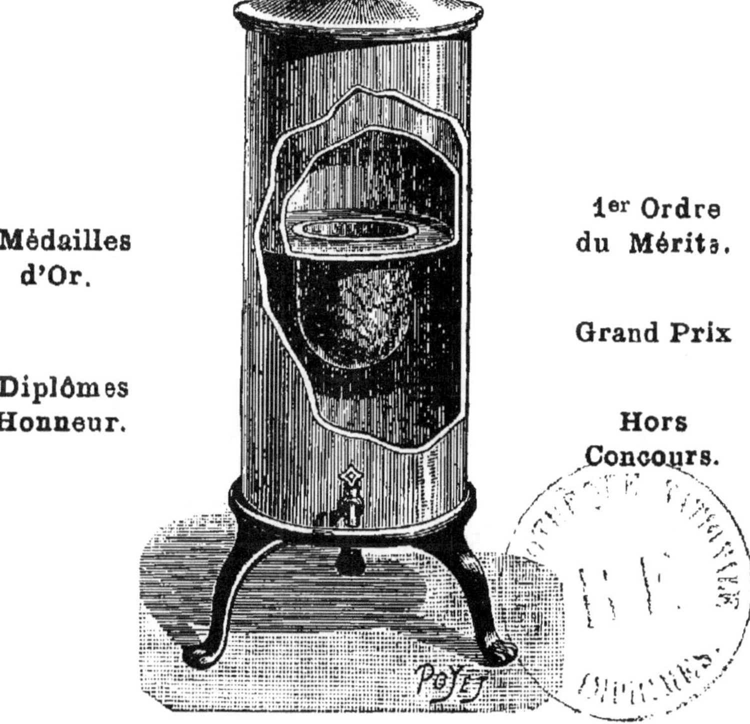

La Porcelaine d'Amiante est la matière la plus parfaite au point de vue de la filtration et de la stérilisation complète de l'eau et tous liquides.

Maison MALLIÉ, 155, Faubourg Poissonnière, PARIS